高等院校计算机应用系列教材

中文版 AutoCAD 工程制图
（2020 版）

邓　飞　于冬梅　编著

清华大学出版社
北　京

内 容 简 介

本书全面介绍了运用 AutoCAD 2020 进行工程制图的方法。全书共分为 15 章，主要内容包括 AutoCAD 2020 的基本概念与基本操作、绘制与编辑二维图形、图层操作、图形显示控制、精确绘图、填充与编辑图案、标注文字、标注尺寸、参数化绘图、创建表格、创建块与属性、各种绘图辅助工具、打印图形、三维绘图基础、创建和编辑三维模型、创建复杂实体模型等。本书除重点介绍工程设计中常用的 AutoCAD 2020 命令与操作外，还详细讲解了应用它进行工程制图的实例。此外，每章均配有本章小结和习题，供读者进一步巩固所学知识。

本书结构清晰、内容丰富，可作为工科院校相关专业的教材，也可作为工程设计人员的参考书。

为使读者更好地掌握使用 AutoCAD 2020 进行工程制图的方法，作者还编写了与本书配套的上机实验辅导教材《中文版 AutoCAD 工程制图——上机练习与指导(2020 版)》(书号为 ISBN 978-7-302-60351-1)，并提供了与上机练习对应的实例源文件和机械设计制图标准等内容。辅导教材既可作为学生上机实验、课后复习的辅导书，也可作为自学者及工程设计人员的参考书。

本书配套的电子课件和习题答案可以通过 http://www.tupwk.com.cn/downpage 网址下载，也可以通过扫描前言中的二维码获取。

图书在版编目(CIP)数据

中文版 AutoCAD 工程制图：2020 版/邓飞，于冬梅 编著. --北京：清华大学出版社，2022.5
高等院校计算机应用系列教材
ISBN 978-7-302-60681-9

Ⅰ. ①中… Ⅱ. ①邓… ②于… Ⅲ. ①工程制图-AutoCAD 软件-高等学校-教材 Ⅳ. ①TB237

中国版本图书馆 CIP 数据核字(2022)第 069385 号

责任编辑：胡辰浩
封面设计：高娟妮
版式设计：妙思品位
责任校对：成凤进
责任印制：曹婉颖

出版发行：清华大学出版社
　　网　　　址：http://www.tup.com.cn，http://www.wqbook.com
　　地　　　址：北京清华大学学研大厦 A 座　　　　邮　　编：100084
　　社 总 机：010-83470000　　　　　　　　　　邮　　购：010-62786544
　　投稿与读者服务：010-62776969，c-service@tup.tsinghua.edu.cn
　　质 量 反 馈：010-62772015，zhiliang@tup.tsinghua.edu.cn
印 装 者：三河市东方印刷有限公司
经　　销：全国新华书店
开　　本：185mm×260mm　　印　　张：21.25　　字　　数：490 千字
版　　次：2022 年 5 月第 1 版　　印　　次：2022 年 5 月第 1 次印刷
定　　价：79.00 元

产品编号：064369-01

前　言

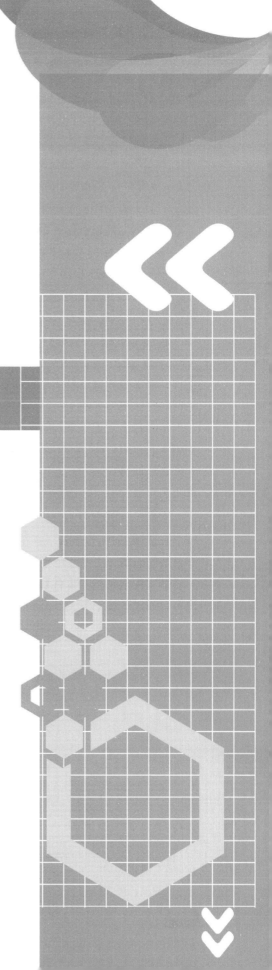

　　AutoCAD 是一款由美国 Autodesk 公司开发的计算机辅助绘图软件包，具有易于掌握、使用方便及体系结构开放等特点，深受广大工程技术人员的喜爱。自 1982 年问世以来，AutoCAD 进行了一系列升级，其功能逐渐增强，日趋完善。如今，AutoCAD 已被广泛应用于机械、建筑、电子、航天、造船、石油化工、土木工程、冶金、农业气象、纺织及轻工业等领域，并成为许多院校相关专业重点学习的 CAD 应用软件之一。Autodesk 公司于 2019 年推出了 AutoCAD 2020。

　　本书全面介绍了运用 AutoCAD 2020 进行工程制图的方法，具有以下特点。

- 结构清晰、内容翔实。每章开头都简要说明本章介绍的内容，便于读者了解本章的要点。在讲解每个 AutoCAD 命令时，首先介绍该命令的功能、执行该命令的方式，然后介绍命令的执行过程，且在介绍过程中还配有插图予以说明。在各章的最后设有本章小结，以总结本章介绍的内容，使讲解前后呼应，系统全面。

- 按照运用 AutoCAD 2020 进行工程制图的方法与顺序，从基本绘图设置入手，循序渐进地介绍了利用 AutoCAD 2020 进行工程制图的操作步骤与绘图技巧，并在各章配有应用实例。这些实例既有较强的代表性和实用性，又综合应用对应章节介绍的知识，使读者能够达到举一反三的效果。

- 每章内容的最后都提供了习题。习题包括判断题、上机习题和思考题，均紧扣本章内容。通过完成判断题，读者可以更好地掌握本章介绍的基本概念；通过上机操作完成绘图习题，读者可以提高绘图效率与技能。

本书共分为 15 章：第 1 章介绍 AutoCAD 的发展历史及 AutoCAD 2020 的主要功能；第 2 章介绍 AutoCAD 2020 的基本概念与基本操作；第 3、4 章分别介绍二维绘图、图形编辑功能；第 5 章介绍线型、线宽、颜色及图层；第 6 章介绍图形显示控制及常用的精确绘图工具；第 7 章介绍绘制、编辑复杂图形对象；第 8 章介绍图案填充；第 9 章介绍文字标注、创建表格；第 10 章介绍尺寸标注与参数化绘图；第 11 章介绍块与属性的概念与操作；第 12 章介绍 AutoCAD 2020 提供的高级绘图工具，如设计中心及"工具"选项板，同时，还介绍了样板文件、图形数据查询及图形打印等功能；第 13 章介绍三维绘图基础；第 14 章介绍创建曲面模型与实体模型；第 15 章介绍三维编辑、创建复杂实体模型等内容。

为使读者更好地掌握 AutoCAD 2020，作者还编写了与本书配套的上机实验辅导教材《中文版 AutoCAD 工程制图——上机练习与指导(2020 版)》，并提供了与上机练习对应的实例源文件和机械设计制图标准等内容。辅导教材既可作为学生上机实验、课后复习的辅导书，也可作为自学者及工程设计人员的参考书。

最后，向为出版本书提出宝贵建议的各位专家、老师表示感谢。

由于编者水平有限，本书难免有不足之处，欢迎广大读者批评指正。我们的邮箱是 992116@qq.com，电话是 010-62796045。

本书配套的电子课件和习题答案可以通过 http://www.tupwk.com.cn/downpage 网址下载，也可以通过扫描下方的二维码获取。

配套资源

编　者

2022 年 1 月

目　录

第 1 章

概　述

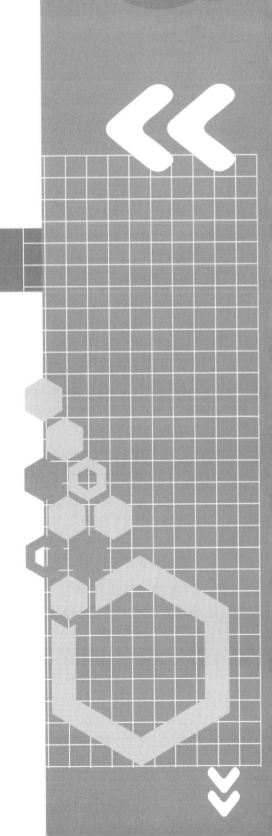

本章要点

本章简要介绍 AutoCAD 的发展历史及其 2020 版的主要功能。通过本章的学习，读者应了解以下内容：

- AutoCAD 的发展历史
- AutoCAD 2020 的主要功能

1.1 AutoCAD 的发展历史

AutoCAD 是由美国 Autodesk 公司开发的通用计算机辅助绘图软件包,具有易于掌握、使用方便及体系结构开放等特点,深受广大工程技术人员的欢迎。自1982 年发布以来,AutoCAD 进行了多次升级,其功能逐渐强大并日趋完善。如今,AutoCAD 已被广泛应用于机械、建筑、电子、航天、造船、土木工程、农业、气象及纺织等领域,并成为工程设计领域的主流计算机绘图软件之一。

1982 年 12 月,美国 Autodesk 公司推出了 AutoCAD 的第一个版本——AutoCAD 1.0。在此后的几年里,Autodesk 公司几乎每年都会推出 AutoCAD 的升级版本,从而使 AutoCAD 不断地快速完善,并赢得了广大用户的信任。

1990 年和 1992 年,Autodesk 公司分别推出了 AutoCAD 11.0 和 AutoCAD 12.0。同以往版本相比,其绘图功能进一步增强。特别是在 AutoCAD 12.0 中,Autodesk 公司引入了 Windows 版本。该版本采用图形用户界面(graphical user interface,GUI)和对话框功能,提供了访问标准数据库管理系统的 ASE 模块,并提高了绘图速度。

1994 年,Autodesk 公司推出了 AutoCAD 13.0。该版本的命令达到 288 个。

1997 年 6 月,Autodesk 公司推出了 AutoCAD R14。该版本全面支持 Microsoft Windows 95/NT,不再支持 DOS 平台,其在工作界面、操作风格等方面都更加符合 Microsoft Windows 95/NT 的风格,运行速度更快,而且在功能和稳定性等方面有很大改进。从 AutoCAD R14 开始,Autodesk 公司对 AutoCAD 的每一个新版本均同步推出对应的简体中文版,为中国用户提供了方便。

1999 年 3 月,Autodesk 公司推出了 AutoCAD 2000。同 AutoCAD R14 相比,AutoCAD 2000 增加和改进了数百个功能,提供了多文档设计环境、设计中心及一体化绘图输出体系等。基于面向对象结构的 AutoCAD 2000 是一款一体化、功能丰富的 CAD 设计软件,它能让用户真正置身于一种轻松的设计环境中,专注于设计对象和设计过程。

随着 Internet 的迅速发展,用户的工作和设计思维与网络的联系也越来越密切。同样,工程设计人员也希望能借助 Internet 提高工作效率与操作的灵活性。为满足此类市场需求,Autodesk 公司于 2000 年 7 月推出了 AutoCAD 2000i。该版本在 AutoCAD 2000 的基础上重点增强了 Internet 功能。通过该功能,AutoCAD 2000i 将设计者、同事、合作者及设计信息等元素有机地联系起来。该版本具有多种访问 Web 站点并获取网上资源的功能,使用户能够方便地建立和维护用于发布设计内容的 Web 页面,同时可以实现跨平台设计资料共享,使用户在 AutoCAD 设计环境中能够通过 Internet 提高工作效率。

2001—2008 年,Autodesk 公司相继推出了 AutoCAD 2002、AutoCAD 2004、AutoCAD 2005、AutoCAD 2006、AutoCAD 2007、AutoCAD 2008 及 AutoCAD 2009 等版本,新版本软件在运行速度、图形处理、三维建模等方面都达到了一个新的水平。

2009 年，Autodesk 公司推出了 AutoCAD 2010。该版本除了在图形处理等方面的功能有所增强外，另一个最显著的特征是增加了参数化绘图功能。用户可以对图形对象建立几何约束，以保证图形对象之间的位置关系准确无误，如平行、垂直、相切、同心及对称等关系；可以建立尺寸约束，通过该约束，既可以锁定对象使其大小保持固定，又可以通过修改尺寸值来改变所约束对象的大小。

2010—2014 年，Autodesk 公司先后推出了 AutoCAD 2011、AutoCAD 2012、AutoCAD 2013、AutoCAD 2014、AutoCAD 2015，使得 AutoCAD 在三维处理、参数化绘图、文档编制、创意设计、用户定制、模型出图和点云支持等方面得到了改善。在 AutoCAD 2013 中，客户可以访问 App Store，以获取世界各地的二次开发商提供的灵活精巧的工具插件；还可以很便捷地访问 Autodesk 360 云服务，运用这些服务存储和分享设计数据，可渲染模型，配置同步软件等。

2015 年，Autodesk 公司推出了 AutoCAD 2016。AutoCAD 2016 在优化界面、新标签页、功能区库、命令预览、帮助窗口、地理位置、实景计算、Exchange 应用程序、计划提要等方面有所改进，新增了暗黑色调界面，整体优化了底部状态栏，更加实用便捷。

2016、2017、2018 年，Autodesk 公司分别推出了 AutoCAD 2017、AutoCAD 2018 和 AutoCAD 2019。这些版本具有强大的图形绘制与处理功能，以及渲染和三维打印功能，可以在各种操作系统支持的微型计算机和工作站上完美运行，可以实现平滑移植、PDF 支持、设计视图共享、DWG 比较、图形共享等功能。

2019 年，Autodesk 公司推出了 AutoCAD 2020。该版本允许通过移动/悬停光标来动态显示对象的尺寸、距离和角度数据，可以一次删除多个不需要的对象，能够从全球通过 Internet 在任何桌面、Web 页面或移动设备上查看、编辑或创建 AutoCAD 图形。该版本更加方便了 AutoCAD 用户的使用。

1.2　AutoCAD 2020 的主要功能

AutoCAD 2020 的主要功能包括如下几个方面。

1. 二维绘图与编辑

二维绘图用于创建各种基本的二维图形对象，如直线、射线、构造线、圆、圆环、圆弧、椭圆、矩形、等边多边形、样条曲线及多段线等；为指定的区域填充图案(如剖面线)；将常用图形创建成块，当需要绘制这些图形时直接插入块即可。二维编辑功能包括删除、移动、复制、旋转、缩放、偏移、镜像、阵列、拉伸、修剪、延伸、对齐、打断、合并、倒角和创建圆角等。将绘图命令与编辑命令结合使用，可以快速、准确地绘制出各种复杂的图形。

2. 创建表格

可以直接通过对话框创建表格；可以设置表格样式，便于快速插入相同格式的表格；还可以在表格中使用简单的公式，用于计算总数和平均值等。

3. 文字标注

文字标注可以为图形标注文字，如标注说明或技术要求等；还可以设置文字样式，以便按不同的字体和大小等设置来标注文字。

4. 尺寸标注

尺寸标注可以为图形对象标注各种形式的尺寸；还可以设置尺寸标注样式，以便满足不同行业、不同国家对尺寸标注样式的要求。

5. 参数化绘图

AutoCAD 2020 具有几何约束和标注约束功能。利用几何约束，可以在一些对象之间建立约束关系，如垂直约束、平行约束及同心约束等，以保证图形对象之间的位置关系准确无误；利用标注约束，可以约束图形对象的尺寸，并且在更改约束尺寸后，相应的图形对象也会发生变化，从而实现参数化绘图。

6. 三维绘图与编辑

通过三维绘图，能够创建各种形式的基本曲面模型和实体模型。其中，可以创建的曲面模型包括平面曲面、三维面、旋转曲面、平移曲面、直纹曲面和复杂网格面等；可以创建的基本实体模型包括长方体、球体、圆柱体、圆锥体、楔体和圆环体等；还可以通过拉伸、旋转、扫掠及放样等方式创建三维面或实体。AutoCAD 2020 还提供了专门用于三维编辑的功能，如三维旋转、三维镜像和三维阵列；对实体模型的边、面及体进行编辑；对基本实体进行布尔操作等。通过使用这些编辑功能，用户可以创建出复杂的模型。

7. 视图显示控制

视图显示控制用于以多种方式放大或缩小所绘图形的显示比例，以及改变图形的显示位置。对于三维图形，可以通过改变视点的方式从不同的角度观看模型。对于曲面模型或实体模型，可以将其以二维线框、三维线框及三维隐藏等视觉样式显示；也可以对其进行渲染，并设置渲染时的光源及材质等。

8. 绘图实用工具

使用绘图实用工具可以方便地设置绘图图层、线型、线宽及颜色等内容。通过各种绘图辅助工具设置绘图模式，可以提高绘图效率与准确性。利用"特性"选项板，能够方便地查询和编辑所选对象的特性。AutoCAD 2020 设计中心提供了一个直观的、与 Windows 资源管理器相类似的工具，利用该工具，可以对图形文件进行浏览、查找，以及管理有关设计内容等方面的操作；可以将其他图形中的命名对象(如块、图层、文字样式和尺寸标注样式等)插入当前图形。

9. 数据库管理

数据库管理可以将图形对象与外部数据库中的数据建立关联，尽管这些数据库是由独立于 AutoCAD 的其他数据库应用程序(如 Access、Oracle 和 SQL Server 等)建立的。

10. Internet 功能

AutoCAD 2020 提供了强大的 Internet 功能，使用户之间能够共享资源和信息。即使不熟悉 HTML 编码，利用 AutoCAD 2020 的网上发布向导，也可以方便、快速地创建格式化的 Web 页面。利用电子传递功能，可以将 AutoCAD 图形及其相关文件压缩成 ZIP 文件或自解压的可执行文件，然后将其以单个数据包的形式传送给客户、工作组成员或其他相关人员。利用超链接功能，能够将 AutoCAD 图形对象与其他对象(如文档、数据表格、动画及声音等)建立链接。此外，AutoCAD 2020 还提供了一种安全的、适合在 Internet 上发布的文件格式，即 DWF 格式。利用 Autodesk 公司提供的 DWF 查看器(如免费的 Autodesk DWF Viewer)，可以查看和打印 DWF 文件。

11. 图形的输入与输出

用户可以将不同格式的图形导入 AutoCAD 或将 AutoCAD 图形以其他格式输出。AutoCAD 2020 允许将所绘图形以不同样式通过绘图仪或打印机打印，并允许后台打印。

12. 开放的体系结构

作为通用 CAD 绘图软件包，AutoCAD 2020 提供了开放的平台，允许用户对其进行二次开发，以满足专业设计的要求。AutoCAD 2020 允许用户使用 Visual LISP、VB.NET、VBA 和 ObjectARX 等多种工具对其进行开发。

1.3 本章小结

AutoCAD 2020 具有强大的绘图功能，其中包括二维绘图与编辑、创建表格、标注文字与尺寸、参数化绘图、视图显示控制、各种绘图实用工具、三维绘图与编辑、图形打印、数据库管理及 Internet 功能等。利用这些功能，用户可以高效、便捷地绘制出各种工程图。本书将详细介绍其中的大部分功能。

1.4 习　　题

问答题

1. 叙述 AutoCAD 的发展历史。
2. 简述 AutoCAD 2020 的主要功能。

第2章

基本概念与基本操作

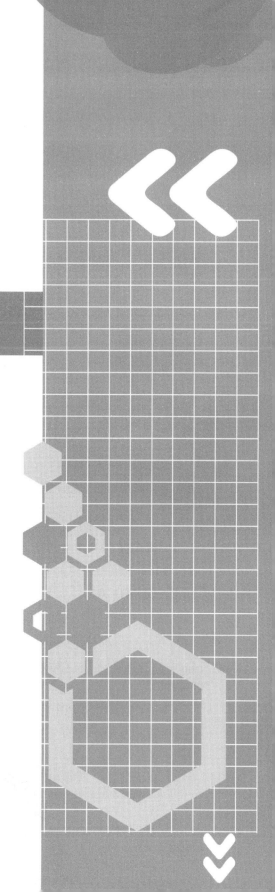

本章要点

本章主要介绍与 AutoCAD 2020 相关的基本概念与操作方法。通过本章的学习，读者应掌握以下内容：

- 安装、启动 AutoCAD 2020
- AutoCAD 2020 的二维绘图工作界面
- AutoCAD 命令及其执行方式
- 图形文件管理，主要包括新建图形、打开已有图形及保存图形等
- 点位置的确定方法
- 绘图基本设置与操作，包括设置图形界限、绘图单位及系统变量等
- AutoCAD 2020 的帮助功能

2.1 安装、启动 AutoCAD 2020

1. 安装 AutoCAD 2020

AutoCAD 2020 软件包通常以光盘形式提供，光盘中存有名为 setup.exe 的安装文件。执行该文件，将弹出如图 2-1 所示的安装初始化界面。

经过初始化后，将弹出如图 2-2 所示的安装选择界面。

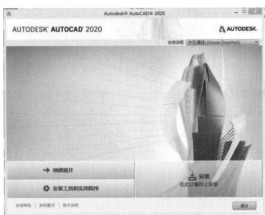

图 2-1 安装初始化界面   图 2-2 安装选择界面

此时如果单击"安装　在此计算机上安装"项，即可进行相应的安装操作，直至软件安装完毕。需要说明的是，安装 AutoCAD 2020 时，用户应根据提示进行必要的选择。

2. 启动 AutoCAD 2020

安装 AutoCAD 2020 后，系统将自动在 Windows 桌面上生成相应的快捷方式图标A。双击该图标，即可启动 AutoCAD 2020。也可以通过 Windows 资源管理器、Windows 任务栏等启动 AutoCAD 2020。

2.2 AutoCAD 2020 二维绘图工作界面

AutoCAD 2020 的工作界面分为"草图与注释""三维建模"和"三维基础"3 种。图 2-3 所示为 AutoCAD 2020 的"草图与注释"工作界面，主要用于二维绘图。该界面由标题栏、菜单栏、工具栏、绘图选项卡、绘图窗口、光标、坐标系图标、命令窗口(又称为命令行窗口)、状态栏、模型/布局选项卡、菜单浏览器、ViewCube 及功能区等组成。

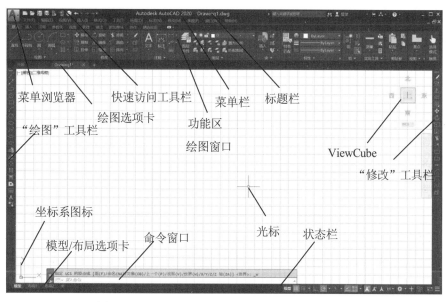

图 2-3　AutoCAD 2020 的"草图与注释"工作界面

说明:

切换工作界面的方法之一: 单击状态栏上的  (切换工作空间)按钮, 会弹出一个如图 2-4 所示的菜单项列表, 可通过其实现工作界面的切换。

下面介绍"草图与注释"工作界面中各主要组成部分的功能。

图 2-4　切换工作空间菜单项列表

1. 标题栏

标题栏位于工作界面的最上方, 用于显示 AutoCAD 2020 的程序图标及当前所操作图形文件的名称。位于标题栏右侧的各窗口管理按钮, 用于实现 AutoCAD 2020 窗口的最小化、还原(或最大化)及关闭等操作。

2. 菜单栏

菜单栏是 AutoCAD 2020 的主菜单。利用 AutoCAD 2020 提供的菜单可执行 AutoCAD 的大部分命令。选择菜单栏中的某一选项, 系统会弹出相应的下拉菜单。如图 2-5 所示为"修改"下拉菜单。

AutoCAD 2020 的下拉菜单具有以下特点。

(1) 右侧有 ▶ 标记的菜单项, 表示该菜单项有子菜单。图 2-5 所示为"修改"下拉菜单及其"对象"子菜单。

(2) 右侧有…的菜单项, 表示单击该菜单项后会打开一个对话框。

图 2-5　"修改"下拉菜单(部分)

(3) 右侧没有内容的菜单项，表示单击后系统会直接执行相应的 AutoCAD 命令。

说明：

显示 AutoCAD 菜单栏的操作方法：单击位于快速访问工具栏最右侧的向下小箭头▼，弹出一个下拉列表，从中选择"显示菜单栏"选项即可。

AutoCAD 2020 还提供了快捷菜单，右击空白处即可打开快捷菜单。当前的操作不同或光标所处的位置不同时，右击后弹出的快捷菜单也不同。

3. 工具栏

AutoCAD 2020 提供了 50 多个工具栏，每个工具栏上均提供了形象化的按钮。单击其中的某个按钮，即可执行 AutoCAD 的相应命令。图 2-3 所示为在工作界面中打开的"绘图"和"修改"工具栏。

如果将光标在某个命令按钮上稍作停留，AutoCAD 会弹出工具提示(即文字提示标签)，以说明该按钮的功能及对应的绘图命令。图 2-6 所示为"绘图"工具栏及与绘制矩形按钮□对应的工具提示。

将光标移至工具栏的某个按钮上，并在显示出工具提示后再停留一小会(约 2 秒)，系统一般会显示出扩展的工具提示，如图 2-7 所示。扩展的工具提示对相应的绘图命令进行了更详细的说明。

图 2-6　"绘图"工具栏及显示出的绘制矩形工具提示　　　　图 2-7　扩展的工具提示

在工具栏中，利用右下角有小三角形(▣)的按钮，可以引出一个包含相关命令的弹出式工具栏。将光标置于该按钮上，按住左键停留片刻，会显示弹出式工具栏。例如，从"标准"工具栏的窗口缩放按钮▣可以引出如图 2-8 所示的弹出式工具栏。

图 2-8　弹出式工具栏

用户可以根据需要打开或关闭任一工具栏，操作方法如下：选择菜单命令"工具"｜"工具栏"｜AutoCAD，AutoCAD 弹出如图 2-9 所示的工具栏列表(为了节省空间，将此工具栏分为 3 列显示)。该列表中列有 AutoCAD 可提供的全部工具栏，选择其中某一项，即可在绘图界面显示出该项对应的工具栏。在该列表中，前面有 √ 的菜单项表示对应的工具栏已处于打开状态，否则表示工具栏处于关闭状态。

图 2-9　工具栏列表

AutoCAD 的工具栏是浮动的，用户可以将各工具栏拖放到工作界面的任意位置。由于使用计算机绘图时的绘图区域有限，一般绘图时应根据需要只打开当前使用或常用的工具栏(如标注尺寸时打开"标注"工具栏)，并将其显示在绘图窗口的适当位置。

AutoCAD 2020 提供了快速访问工具栏(如图 2-3 所示)。该工具栏用于放置常用的命令按钮，默认有"新建"按钮、"打开"按钮、"保存"按钮及"打印"按钮等。

用户可以根据需要为快速访问工具栏添加命令按钮。操作方法如下：在快速访问工具栏上右击，AutoCAD 弹出如图 2-10 所示的快捷菜单。在此快捷菜单中选择"自定义快速访问工具栏"选项，打开"自定义用户界面"窗口，如图 2-11 所示。

图 2-10　快捷菜单　　　　　图 2-11　"自定义用户界面"窗口

从窗口的命令列表中找到需要添加的命令,并将其拖到快速访问工具栏中,即可为该工具栏添加对应的命令按钮。

4. 绘图选项卡

当在 AutoCAD 坏境中打开或绘制不同文件名的多个图形时,AutoCAD 会将各图形文件的名称显示在对应的选项卡上。单击某一选项卡,可将该图形文件切换为当前绘图文件。

5. 绘图窗口

绘图窗口类似于手工绘图时的图纸,是用户使用 AutoCAD 2020 绘图并显示所绘图形的区域。

6. 光标

由于光标位于 AutoCAD 的绘图窗口时呈十字形状,因此又称其为十字光标。十字线的交点为光标的当前位置。AutoCAD 的光标用于进行绘图、选择对象等操作。

7. 坐标系图标

进行二维绘图时,坐标系图标通常位于绘图窗口的左下角,表示当前绘图所使用的坐标系的形式及坐标方向等。AutoCAD 提供了世界坐标系(world coordinate system,WCS)和用户坐标系(user coordinate system,UCS)两种。世界坐标系为默认坐标系,且默认状态是水平向右方向为 X 轴的正方向,垂直向上方向为 Y 轴的正方向。对于二维绘图而言,世界坐标系已经可以满足绘图要求。但当绘制三维图形时,一般要使用用户坐标系。第 13 章将详细介绍用户坐标系的定义与使用方法。

8. 命令窗口

命令窗口是 AutoCAD 显示用户从键盘键入的命令和 AutoCAD 提示信息的位置。

9. 状态栏

状态栏用于显示或设置当前的绘图状态。本书在后续章节将陆续介绍以上各按钮的功能与使用方法。

10. 模型/布局选项卡

模型/布局选项卡用于实现模型空间与图纸空间之间的切换。

11. 菜单浏览器

AutoCAD 2020 提供了菜单浏览器,如图 2-3 所示。单击此菜单浏览器,AutoCAD 将展开浏览器,如图 2-12 所示。用户可通过菜单浏览器执行相应的操作。

图 2-12　菜单浏览器

12. ViewCube

ViewCube 是一种导航工具，利用它可以方便地将视图按不同的方位显示。AutoCAD 默认打开 ViewCube，但对于二维绘图而言，此工具的作用不大。可以通过菜单命令"视图"|"显示"| ViewCube 来设置是否显示 ViewCube。

13. 功能区

功能区位于标题栏(和菜单栏)下方，由"默认""插入""注释""参数化""视图""管理""输出"等多个选项卡组成，每个选项卡中又包含一些面板，每个面板提供了一些对应的命令按钮。单击选项卡标签，可显示对应的面板。例如，图 2-3 所示的工作界面中显示了"默认"选项卡及其面板，其中有"绘图""修改""注释""图层""块""特性"等面板。利用功能区，可以方便地执行对应的命令。同样，将光标放在面板的命令按钮上时，可以显示对应的工具提示或扩展的工具提示。

2.3　AutoCAD 命令

AutoCAD 2020 的功能大多是通过执行相应的 AutoCAD 命令来完成的。一般情况下，用户可以通过以下方式执行 AutoCAD 2020 的命令。

1. 通过键盘输入命令

当命令窗口中的最后一行提示为"键入命令"时，可以通过键盘输入命令，然后通过按Enter 键或 Space 键来执行该命令，但该操作方式需要用户牢记 AutoCAD 的相应命令。

2. 通过菜单执行命令

选择某个菜单命令，可执行相应的 AutoCAD 命令。

3. 通过工具栏执行命令

单击工具栏上的某个按钮，即可执行相应的 AutoCAD 命令。

4. 通过功能区按钮执行命令

单击功能区上的某个按钮，即可执行相应的 AutoCAD 命令。显然，同键盘输入命令相比，通过菜单、工具栏或功能区执行命令更加方便、简单。

5. 重复执行命令

当某一命令执行完毕，如果需要重复执行该命令，除了上述方式外，还可以通过以下方式重复执行命令。

- 直接按 Enter 键或 Space 键。
- 将光标置于绘图窗口，右击，在 AutoCAD 弹出的快捷菜单的第一行会显示可重复执行上一次所执行的命令，选择此命令即可。

在命令的执行过程中，可以通过按 Esc 键，或右击空白处并从弹出的快捷菜单中选择"取消"命令终止 AutoCAD 命令的执行。

说明：

利用 AutoCAD 2020 提供的帮助功能，可以浏览 AutoCAD 2020 提供的全部命令及其功能和使用方法。

2.4　图形文件管理

本节将详细介绍创建新图形、打开已有的图形及保存所绘图形等图形文件管理的操作方法。AutoCAD 图形文件的扩展名为.dwg。

2.4.1　创建新图形

1. 功能

创建新图形。

2. 命令调用方式

命令：NEW(AutoCAD 的命令输入不区分大小写，本书统一使用大写字母表示)。工具栏：快速访问工具栏 | ▦(新建)；"标准"工具栏 | ▦(新建)按钮。菜单命令："文件"|"新建"。

3. 命令执行方式

执行 NEW 命令，AutoCAD 将打开"选择样板"对话框，如图 2-13 所示。

图 2-13 "选择样板"对话框

在该对话框中选择相应的样板(初学者一般选择样板文件 acadiso.dwt)，单击"打开"按钮，即可以相应的样板为模板创建新图形。

说明：

AutoCAD 的样板文件是扩展名为.dwt 的文件。样板文件中通常包括一些通用图形对象，如图框、标题栏等；还包括一些与绘图相关的标准(或通用)设置，如图层、文字样式及尺寸标注样式的设置等。用户可以根据需要创建自己的样板文件，具体设置方法详见 12.4 节。

2.4.2　打开图形

1. 功能

打开 AutoCAD 图形文件。

2. 命令调用方式

命令：OPEN。工具栏：快速访问工具栏 | (打开)；"标准"工具栏 | (打开)按钮。菜单命令："文件" | "打开"。

3. 命令执行方式

执行 OPEN 命令，AutoCAD 将打开与图 2-13 类似的"选择文件"对话框(只是将其中的"文件类型"改为"图形(*.dwg)")，用户可以通过此对话框选择要打开的文件并将其打开。

AutoCAD 2020 支持多文档操作，可以同时打开多个图形文件；还可以通过"窗口"下拉菜单中的相应选项指定所打开的多个图形(窗口)的排列形式。

2.4.3　保存图形

AutoCAD 2020 提供了多种将所绘图形以文件形式保存的方式。

1．用 QSAVE 命令保存图形

1）功能

将当前图形保存到文件。

2）命令调用方式

命令：QSAVE。工具栏：快速访问工具栏 | (保存)；"标准"工具栏 | (保存)按钮。菜单命令："文件" | "保存"。

3）命令执行方式

执行 QSAVE 命令，如果当前图形没有被命名保存过，AutoCAD 将自动打开"图形另存为"对话框。用户可在该对话框中指定文件的保存位置及名称，然后单击"保存"按钮，即可完成保存图形的操作；如果执行 QSAVE 命令前已对当前绘制的图形命名并保存，那么执行 QSAVE 后，AutoCAD 将直接以原文件名和保存位置保存图形，不再要求用户指定文件的保存位置和文件名。

2．换名存盘

1）功能

将当前绘制的图形以新文件名存盘。

2）命令调用方式

命令：SAVEAS。工具栏：快速访问工具栏 | (另保存)。菜单命令："文件" | "另存为"。

3）命令执行方式

执行 SAVEAS 命令，AutoCAD 将打开"图形另存为"对话框，用户在该对话框中确定文件的保存位置及文件名即可。

2.5 确定点的位置

使用 AutoCAD 2020 绘图时，经常需要指定点的位置。例如，指定直线段的起点或终点、圆和圆弧的圆心等。本节将介绍使用 AutoCAD 2020 绘图时确定点的常用方法。

绘图过程中，当 AutoCAD 2020 提示用户指定点的位置时，通常用以下方式确定点。

1．用鼠标在屏幕上拾取点

移动鼠标，使光标移到相应的位置(AutoCAD 一般会在状态栏中动态显示光标的当前坐标)，单击拾取键(一般为鼠标左键)。

2．利用对象捕捉方式捕捉特殊点

利用 AutoCAD 提供的对象捕捉功能，可以准确地捕捉到一些特殊点，如圆心、切点、中点及垂足点等(详见 6.5 节)。

3. 通过键盘输入点的坐标

用户可以直接通过键盘输入点的坐标，输入时既可以采用绝对坐标的方式，也可以采用相对坐标的方式，而在各坐标方式中，又有直角坐标、极坐标、球坐标和柱坐标之分。下面将详细介绍各类坐标的含义。

2.5.1　绝对坐标

点的绝对坐标是指相对于当前坐标系的坐标原点的坐标，有直角坐标、极坐标、球坐标和柱坐标 4 种形式。

1. 直角坐标

直角坐标用点的 X、Y 及 Z 轴坐标值表示该点，且各坐标值之间用逗号隔开。例如，要指定一个点，其 X 轴坐标值为 100，Y 轴坐标值为 28，Z 轴坐标值为 320，则应在指定点的提示后输入"100,28,320"(不输入双引号)，再按 Enter 键。

当绘制二维图形时，由于点的 Z 轴坐标值为 0，因此用户不需要指定或输入 Z 轴坐标值。

2. 极坐标

极坐标用于表示二维点，其表示方法为：距离<角度。其中，距离表示该点与坐标系原点之间的距离；角度表示坐标系原点和该点的连线与 X 轴正方向的夹角。例如，某二维点距坐标系原点的距离为 180，坐标系原点与该点的连线相对于 X 轴正方向的夹角为 35°，则该点的极坐标表示为 180<35。

3. 球坐标

球坐标用于确定三维空间的点，其用 3 个参数表示一个点，即点与坐标系原点的距离 L；坐标系原点和空间点的连线在 XY 面上的投影与 X 轴正方向的夹角(简称在 XY 面内与 X 轴的夹角)α；坐标系原点和空间点的连线与 XY 面的夹角(简称与 XY 面的夹角)β，且各参数之间用符号<隔开，即 $L<\alpha<\beta$。例如，150<45<35 表示一个点的球坐标，各参数的含义如图 2-14 所示。

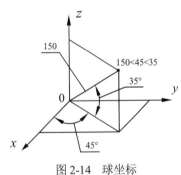

图 2-14　球坐标

4. 柱坐标

柱坐标也是通过 3 个参数表示一个点，即该点在 XY 面上的投影与当前坐标系原点的距离 ρ；坐标系原点和该点的连线在 XY 面上的投影与 X 轴正方向的夹角 α；以及该点的 Z 轴坐标值 z。距离与角度之间用符号<隔开，角度与 Z 轴坐标值之间用逗号","隔开，即"$\rho<\alpha,z$"。例如，"100<45,85"表示一个点的柱坐标，各参数的含义如图 2-15 所示。

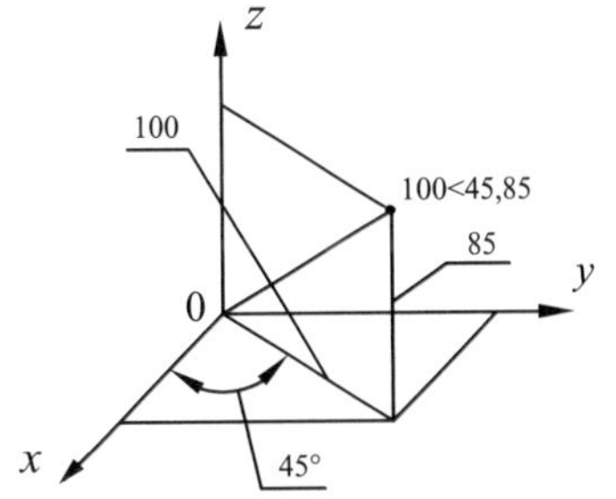

图 2-15　柱坐标

2.5.2　相对坐标

相对坐标指相对于前一坐标点的坐标。相对坐标也有直角坐标、极坐标、球坐标和柱坐标 4 种形式，其输入格式与绝对坐标相同，但需要在输入的坐标前加前缀@。例如，已知前一点的直角坐标为(100,350)，如果在指定点的提示后输入"@100,-45"(不输入双引号)，则表示新确定的点的绝对坐标为(200,305)。

2.6　绘图时的基本设置与操作

本节将介绍使用 AutoCAD 2020 绘图时的一些基本设置，如设置图形界限和绘图单位格式等。

2.6.1　设置图形界限

1. 功能

用于设置图形的绘制范围，类似于手工绘图时选择图纸的大小，但其操作更加灵活。

2. 命令调用方式

命令：LIMITS。菜单命令："格式"|"图形界限"。

3. 命令执行方式

执行 LIMITS 命令，AutoCAD 提示：

> 指定左下角点或 [开(ON)/关(OFF)] <0.0000,0.0000>:(指定图形界限的左下角位置，直接按 Enter 键或 Space 键采用默认值)
> 指定右上角点:(指定图形界限的右上角位置)

4. 说明

(1) 在第一个提示"指定左下角点或 [开(ON)/关(OFF)]"中，"开(ON)"选项用于打开绘图界限检验功能，即选择该选项后，用户只能在设定的图形范围内绘图，如果所绘图形超出界限，AutoCAD 将拒绝执行操作，并给出相应的提示信息；"关(OFF)"选项用于关闭 AutoCAD 的图形界限检验功能，即选择该选项后，所绘图形的范围不再受所设界限的限制。

(2) 利用 LIMITS 命令设置图形界限后，执行"视图"|"缩放"|"全部"命令，即选择 ZOOM 命令的"全部(A)"选项(有关 ZOOM 命令的功能及使用参见 6.1.1 节)，可使所设置的绘图范围位于绘图窗口内。

【例 2-1】将图形界限设置为竖装 A4 图幅(即尺寸为 210mm×297mm)，并使所设图形界限有效。

执行 LIMITS 命令，AutoCAD 提示：

指定左下角点或 [开(ON)/关(OFF)] <0.0000,0.0000>:✓(本书中，用符号✓表示按 Enter 键或按 Space 键)
指定右上角点: 210,297✓(也可以输入相对坐标@210,297)

重复执行 LIMITS 命令，AutoCAD 提示：

指定左下角点或 [开(ON)/关(OFF)] <0.0000,0.0000>: ON✓(使所设图形界限生效)

选择"视图"|"缩放"|"全部"命令，使所设绘图范围充满绘图窗口。

2.6.2　设置绘图单位的格式

1. 功能

用于设置绘图长度单位和角度单位的格式，以及它们的精度。

2. 命令调用方式

命令：UNITS。菜单命令："格式"|"单位"。

3. 命令执行方式

执行 UNITS 命令，打开"图形单位"对话框，如图 2-16 所示。下面详细介绍该对话框中各主要选项的功能。

1）"长度"选项组

● "类型"下拉列表

"类型"下拉列表用于确定测量单位的当前格式，列表中提供了"分数""工程""建筑""科学""小数" 5 个选项。其中，"工程"和"建筑"格式提供英尺和英寸显示并假设每个图形单位表示 1 英寸，其他格式则可以表示任何真实的世界单位。国内的工程制图通常采用"小数"格式。

● "精度"下拉列表

"精度"下拉列表用于设置长度单位的精度，用户根据需要从下拉列表中进行选择即可。

2）"角度"选项组

该选项组用于确定图形的角度单位、精度及正方向。

● "类型"下拉列表

该下拉列表用于设置当前的角度格式，其中提供了"百分度""度/分/秒""弧度""勘测单位""十进制度数" 5 种选择，默认设置为"十进制度数"。AutoCAD 将角度格式的标记规定为：十进制度数以十进制数表示；百分度以小写字母 g 为后缀；度/分/秒格式用小写字母 d 表示度，用符号'表示分，用符号"表示秒；弧度以小写字母 r 为后缀；勘测单位也有其专门的表示方式。

● "精度"下拉列表

用于设置当前角度显示的精度，用户根据需要从相应的下拉列表中选择即可。

● "顺时针"复选框

用于确定角度的正方向。如果选中此复选框,则表示顺时针方向为角度的正方向;如果取消选中此复选框,则表示逆时针方向为角度的正方向,它是 AutoCAD 的默认角度正方向。

3) "方向"按钮

用于确定角度的 0 度方向。单击该按钮,AutoCAD 将打开"方向控制"对话框,如图2-17 所示。

图 2-16　"图形单位"对话框

图 2-17　"方向控制"对话框

在该对话框中,"东""北""西""南"4 个单选按钮分别表示以东、北、西或南方向作为角度的 0 度方向。如果选中"其他"单选按钮,则表示将以所设置的其他某一方向作为角度的 0 度方向。此时,用户可以在"角度"文本框中输入 0 度方向与 X 轴正向的夹角值;也可以单击相应的"角度"按钮,在绘图屏幕上直接指定。

说明:

设置图形单位后,AutoCAD 会在状态栏中以相应的坐标、角度显示格式和对应的精度来显示光标坐标。

2.6.3　系统变量

通过 AutoCAD 的系统变量可以控制 AutoCAD 的某些功能和工作环境。AutoCAD 的每个系统变量都有其相应的数据类型,如整型、实数型、字符串型和开关类型等,其中开关类型变量有 On(开)和 Off(关)两个值,这两个值也可以分别用 1 和 0 表示。

用户可以根据需要浏览、更改系统变量的值(如果系统允许更改)。浏览、更改系统变量值的操作方法为:在命令窗口中,在"键入命令"提示后输入系统变量的名称并按 Enter 键或 Space 键,AutoCAD 会显示系统变量的当前值,此时,可以根据需要输入新值(如果系统允许设置新值)。

例如,系统变量 SAVETIME(AutoCAD 2020 的系统变量不区分大小写,本书统一将系统变量用大写字母表示)用于控制系统自动保存 AutoCAD 图形的时间间隔,其默认值为 10(单位为分)。如果在"键入命令"提示下输入 SAVETIME,然后按 Enter 键或 Space 键,AutoCAD 提示:

输入 SAVETIME 的新值<10>:

提示中位于尖括号中的 10 表示系统变量的当前默认值。如果直接按 Enter 键或 Space 键，变量值保持不变；如果输入新值后按 Enter 键或 Space 键，则变量更改为新输入的值。

需要说明的是，有些系统变量的名称与 AutoCAD 命令的名称相同。例如，命令 AREA 用于计算面积，而系统变量 AREA 则用于存储由 AREA 命令计算的最后一个面积值。当设置或浏览该系统变量的值时，应首先执行 SETVAR 命令，即在命令行中输入 SETVAR，然后按 Enter 键或 Space 键，再根据提示输入相应的变量名。例如：

```
键入命令: SETVAR↙
输入变量名或 [?]:
```

在该提示下如果输入符号？后按 Enter 键或 Space 键，AutoCAD 会列出系统中所有的系统变量；如果输入某一变量名后按 Enter 键或 Space 键，则系统会显示该变量的当前值，且可以为其设置新值(如果系统允许设置新值)。

用户可以利用 AutoCAD 2020 提供的帮助功能浏览 AutoCAD 2020 提供的全部系统变量及其功能。此外，也可以利用 AutoCAD 提供的"选项"对话框设置绘图环境。执行"工具"|"选项"命令可以打开"选项"对话框。

2.7　帮　　助

AutoCAD 2020 提供了强大的帮助功能，用户在绘图或开发过程中可以随时通过该功能得到相应的帮助。图 2-18 所示为 AutoCAD 2020 的"帮助"菜单。

选择"帮助"|"帮助"命令，AutoCAD 将打开帮助窗口，用户可以通过此窗口获得相关的帮助信息，或浏览 AutoCAD 2020 的全部命令与系统变量等信息。此外，用户还可以打开"帮助"菜单了解其他信息，如切换至"其他资源"子菜单了解如支持知识库、联机培训资源及开发人员培训等方面的新信息。

图 2-18　"帮助"菜单

2.8　本 章 小 结

本章首先介绍了与 AutoCAD 2020 相关的一些基本概念和基本操作，其中包括：安装、启动 AutoCAD 2020 的方法；AutoCAD 2020 经典工作界面的组成及其功能；AutoCAD 命令及其执行方式；图形文件管理，包括新建图形文件、打开已有图形文件及保存图形文件等操作；AutoCAD 2020 绘图时确定点的位置的方法；AutoCAD 2020 绘图时的基本设置与操作，如设置图形界限、绘图单位及系统变量等。最后介绍了 AutoCAD 2020 的帮助功能。

本章介绍的概念和操作非常重要，其中的某些功能在绘图过程中需要经常使用(如图形文件管理、确定点的位置及设置系统变量等)，建议读者熟练掌握。

2.9 习 题

1. 问答题

(1) 叙述 AutoCAD 2020 二维绘图工作界面的各个组成部分及其功能。

(2) 叙述利用 AutoCAD 2020 进行绘图时确定二维点的方式。

2. 判断题

(1) 启动 AutoCAD 2020 与启动一般 Windows 应用程序的方法相同。( )

(2) AutoCAD 2020 的命令和系统变量区分大小写。( )

(3) AutoCAD 图形文件的扩展名是.dwt。( )

(4) AutoCAD 2020 可以同时打开多个 AutoCAD 图形文件。( )

3. 上机习题

(1) 在 AutoCAD 绘图环境中,尝试打开或关闭某些工具栏,并调整各工具栏在工作界面中的位置。

(2) 用 AutoCAD 2020 绘制一些图形,分别用不同名称保存,关闭后再打开这些图形,通过"窗口"菜单分别层叠排列各窗口、水平平铺各窗口及垂直平铺各窗口。

(3) 以样板文件 acadiso.dwt 为模板绘制一幅新图形,并对其进行如下设置。

- 图形界限:将图形界限设为横装 A3 图幅(尺寸为 420mm×297mm),并使所设图形界限有效。
- 绘图单位:将长度单位设为"小数",精度为小数点后 1 位;将角度单位设为"度/分/秒",精度为 0d00'(即精确到分),其余设置均采用默认设置。
- 保存图形:将图形以 A3 为文件名进行保存。

(4) 以样板文件 acadiso.dwt 为模板绘制一幅新图形,并对其进行如下设置。

- 图形界限:将图形界限设为横装 A0 图幅(尺寸为 1189mm×841mm),并使所设图形界限有效。
- 绘图单位:将长度单位设为"小数",精度为小数点后 0 位;将角度单位设为"度/分/秒",精度为 0d(即精确到度),其余设置均采用默认设置。
- 保存图形:将图形以 A0 为文件名进行保存。

(5) 打开 AutoCAD 2020 的帮助窗口,通过该窗口了解 AutoCAD 2020 提供的帮助功能,并浏览 AutoCAD 2020 提供的命令与系统变量。

(6) 系统变量 SAVENAME 为只读变量,用于存储当前图形之后的图形文件名和目录路径。尝试通过此系统变量了解当前图形的文件名与保存路径,将当前图形文件重命名并保存到其他位置,然后用系统变量 SAVENAME 查看结果。

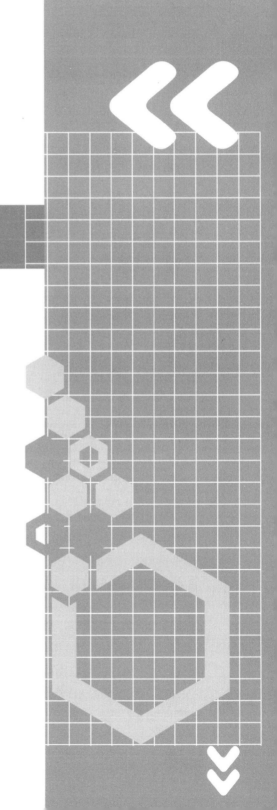

第**3**章

绘制基本二维图形

本章要点

本章介绍 AutoCAD 2020 的基本二维绘图功能。通过本章的学习，读者应掌握以下内容：

- 绘制直线对象，如绘制线段、射线及构造线
- 绘制矩形和正多边形
- 绘制曲线对象，如绘制圆、圆环、圆弧、椭圆及椭圆弧
- 设置点的样式及绘制点对象，如直接绘制点、绘制定数等分点及绘制定距等分点，可通过 AutoCAD 2020 的"绘图"菜单或"绘图"工具栏执行绘图命令

3.1 绘 制 线

利用 AutoCAD 2020 的绘图功能，可以绘制直线段、射线及构造线等直线对象。

3.1.1 绘制直线段

1. 功能

根据指定的端点连续绘制直线段。

2. 命令调用方式

命令：LINE。功能区："默认" | ▧(直线)按钮。工具栏："绘图" | ◢(直线)按钮。菜单命令："绘图" | "直线"。

3. 命令执行方式

执行 LINE 命令，AutoCAD 提示：

指定第一个点:(确定直线段的起始点)

指定下一点或 [放弃(U)]:(确定直线段的另一端点位置，或执行"放弃(U)"选项重新确定起始点)

指定下一点或 [退出(X)/放弃(U)]:(此时可以确定直线段的另一端点位置；执行"退出(X)"选项结束命令，也可以直接按 Enter 键或 Space 键结束命令；或执行"放弃(U)"选项取消前一次操作)

指定下一点或 [关闭(C)/退出(X)/放弃(U)]: (可以直接确定直线段的另一端点位置；或执行"退出(X)"选项结束命令，也可以直接按 Enter 键或 Space 键结束命令；或执行"放弃(U)"选项取消前一次操作；或执行"关闭(C)"选项创建封闭多边形)

指定下一点或 [关闭(C)/退出(X)/放弃(U)]:↙(也可以继续确定端点位置，或执行其他选项)

绘图命令执行结果：AutoCAD 将绘制出连接对应点的一系列直线段。

4. 说明

(1) 当执行 AutoCAD 的某一命令，且 AutoCAD 给出的提示中包含多个选项时(例如，提示"指定下一点或 [关闭(C)/退出(X)/放弃(U)]"中有 4 个选项，即"指定下一点""关闭(C)""退出(X)""放弃(U)")，此时可以直接执行默认选项(如指定一点表示执行"指定下一点"选项)；或用鼠标单击某一选项执行对应的选项命令；或从键盘输入要执行选项的关键字母(即位于选项括号内的字母，输入的字母不区分大小写，本书统一采用大写)后，按 Enter 键或 Space 键执行对应的选项命令；或右击，从弹出的快捷菜单中选择需要的选项。

(2) 利用 LINE 命令所绘制的一系列直线中的各条线段均为独立的对象，用户可以对各条直线段进行单独的编辑操作。

(3) 利用 AutoCAD 绘制直线段或进行其他绘图操作，当系统提示用户指定点的位置时，一般可以用本书 2.5 节中介绍的方式确定点的位置。

(4) 在提示"指定下一点或 [放弃(U)]:"或提示"指定下一点或 [关闭(C)/退出(X)/放弃(U)]:"中，"放弃(U)"选项用于放弃前一次操作。用户可以连续执行"放弃(U)"命令，按照与绘图顺序相反的次序依次取消已绘制的线段，直到重新确定起点；"闭合(C)"选项用于绘制封闭多边形，在最后一条直线的终点与第一条直线的起点之间绘制直线，然后结束 LINE 命令。

(5) 结束执行 LINE 命令后，如果再次执行 LINE 命令，并在"指定第一个点:"提示下直接按 Enter 键或 Space 键，AutoCAD 会以上一次所绘直线的终点作为新绘直线的起点。

(6) 动态输入。

如果启用了动态输入功能(系统默认启用该功能)，执行 LINE 命令后，AutoCAD 在命令窗口提示"指定第一个点:"的同时，会在光标附近显示一个提示框(即"工具提示")，在工具提示框中显示的是对应的 AutoCAD 提示"指定第一个点："和光标的当前坐标值，如图 3-1 所示。

图 3-1　动态显示工具提示

此时，若用户移动光标，工具提示会随着光标移动，且显示的坐标值也会动态变化，以反映光标的当前坐标值。

在如图 3-1 所示的状态下，可以直接在工具提示框中输入点的坐标值，而无须切换到命令行进行输入(切换到命令行进行输入的方式为：在命令窗口中，将光标置于"命令:"提示的后面，单击即可)。

当在"指定第一个点:"提示下指定直线的第一点后，AutoCAD 会再次显示对应的工具提示，如图 3-2 所示。

此时，可以直接通过工具提示输入对应的极坐标来确定新端点。注意，在工具提示中，提示信息"指定下一点或"之后有一个向下的小箭头，如果此时按键盘上的↓键，系统会显示与当前操作相关的多个选项，如图 3-3 所示。此时，可以通过单击某一选项的方式执行该选项。

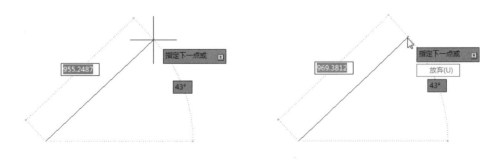

图 3-2　动态提示　　　　　　　图 3-3　显示相关的操作选项

当系统显示"工具提示"时，可以通过 Tab 键在显示的坐标值之间进行切换。

(7) 动态输入设置。

用户可以对动态输入的行为进行设置，具体操作方法如下。

选择"工具"|"绘图设置"命令，打开"草图设置"对话框，单击"动态输入"标签，打开"动态输入"选项卡，如图 3-4 所示。该选项卡用于动态输入的设置。

在"动态输入"选项卡中，"启用指针输入"复选框用于确定是否启用指针输入。启用指针输入和动态输入功能后，在工具提示中会动态显示光标坐标值，如图 3-1～图 3-3 所示，当 AutoCAD 提示输入点时，可以在工具提示中直接输入坐标值，而不必通过命令行输入。

单击"指针输入"选项组中的"设置"按钮，打开"指针输入设置"对话框，如图 3-5 所示。用户可通过此对话框设置工具提示的显示格式及工具提示的显示条件(通过"可见性"选项组设置)。

在"动态输入"选项卡中，"可能时启用标注输入"复选框用于确定是否启用标注输入功能。启用标注输入和动态输入功能后，当提示输入第 2 个点时，AutoCAD 将分别动态显示标注提示、距离值与角度值的工具提示，如图 3-2、图 3-3 所示。如果不选中"可能时启用标注输入"复选框，当提示输入第 2 个点时，AutoCAD 只给出如图 3-6 所示的显示方式。

图 3-4　"动态输入"选项卡

图 3-5　"指针输入设置"对话框

同样，此时可以在工具提示中输入对应的值，而不必通过命令行输入值。

需要说明的是，如果同时启用指针输入和标注输入功能，当标注输入有效时会取代指针输入。

单击"标注输入"选项组中的"设置"按钮，打开"标注输入的设置"对话框，如图 3-7 所示，可以通过该对话框进行标注输入的相关设置。

图 3-6　未启用标注输入功能时的工具提示

图 3-7　"标注输入的设置"对话框

(8) 执行 LINE 命令后，当 AutoCAD 提示"指定下一点或 [放弃(U)]:"或提示"指定下一点或 [闭合(C)/放弃(U)]:"时，如果拖动鼠标，AutoCAD 会从前一点引出一条随鼠标动态变化的直线(与是否启用动态输入功能无关)，通常称该直线为橡皮筋线。将光标移到某一位置后并单击，即可确定点的位置，AutoCAD 会将橡皮筋线转换为实际直线。

【例 3-1】绘制如图 3-8 所示的多边形。

执行 LINE 命令，AutoCAD 提示：

> 指定第一个点:(在绘图窗口内的适当位置拾取一点作为多边形的左下角点)
> 指定下一点或 [放弃(U)]: @0,40↙(采用相对直角坐标)
> 指定下一点或[退出(E)/放弃(U)]: @50<30↙(采用相对极坐标)
> 指定下一点或[关闭(C)/退出(X)/放弃(U)]: @14<-60↙(注意：极坐标中的角度指相对于当前坐标系的
> X 轴正方向的角度，而不是相对于前一条直线的角度)
> 指定下一点或[关闭(C)/退出(X)/放弃(U)]: @40<30↙
> 指定下一点或[关闭(C)/退出(X)/放弃(U)]: @14<120↙
> 指定下一点或[关闭(C)/退出(X)/放弃(U)]: @40<30↙
> 指定下一点或[关闭(C)/退出(X)/放弃(U)]: @38<0↙(也可以采用@38,0 的形式)
> 指定下一点或[关闭(C)/退出(X)/放弃(U)]: @0,-35↙
> 指定下一点或[关闭(C)/退出(X)/放弃(U)]: @-20,0↙
> 指定下一点或[关闭(C)/退出(X)/放弃(U)]: @0,-40↙
> 指定下一点或[关闭(C)/退出(X)/放弃(U)]: @20,0↙
> 指定下一点或[关闭(C)/退出(X)/放弃(U)]: @0,-30↙
> 指定下一点或[关闭(C)/退出(X)/放弃(U)]: @-50,0↙
> 指定下一点或[关闭(C)/退出(X)/放弃(U)]: @0,20↙
> 指定下一点或[关闭(C)/退出(X)/放弃(U)]: @-40,0↙
> 指定下一点或[关闭(C)/退出(X)/放弃(U)]: @0,-20↙
> 指定下一点或[关闭(C)/退出(X)/放弃(U)]: C↙(封闭图形)

执行结果如图 3-8 所示。

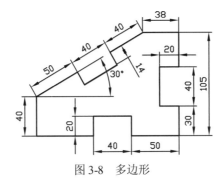

图 3-8 多边形

说明：

用户可以根据需要更改图形的显示比例和显示位置(注意：更改后图形的实际大小不变)，或删除不需要的图形。

更改显示比例的操作方法如下：单击"标准"工具栏中的 ⊞(实时缩放)按钮，当光标变为放大镜形状时，按住左键并向上拖动鼠标将放大图形；按住左键向下拖动鼠标则缩小图形。如果按 Esc、Enter 或 Space 键，或右击并从弹出的快捷菜单中选择"退出"命令，可结束缩放操作。

更改显示位置的操作方法如下：单击"标准"工具栏中的 🖐 (实时平移)按钮，当光标变为小手形状时，按住左键并向某一方向拖动鼠标，即可使图形沿光标移动的方向移动。如果按 Esc、Enter 或 Space 键，或右击并从弹出的快捷菜单中选择"退出"命令，则结束移动操作。

本书 6.1 节和 6.2 节还将详细介绍显示缩放及更改显示位置的操作方法。

删除图形的操作方法如下：单击"修改"工具栏中的 🖊 (删除)按钮，然后在"选择对象:"提示信息下选择要删除的图形，按 Enter 键或 Space 键即可。

3.1.2　绘制射线

1. 功能

绘制起始于指定点，沿某一方向无限延长的直线，即射线。射线一般用作辅助线。

2. 命令调用方式

命令：RAY。菜单命令："绘图"|"射线"。

3. 命令执行方式

执行 RAY 命令，AutoCAD 提示：

> 指定起点:(确定射线的起点位置)
> 指定通过点:(确定射线通过的任一点，AutoCAD 将绘制出通过起点与该点的射线)
> 指定通过点:✓(也可以继续指定通过点，绘制通过同一起点的一系列射线)

3.1.3　绘制构造线

1. 功能

绘制沿两个方向无限延长的直线，即构造线。构造线一般用作辅助线。

2. 命令调用方式

命令：XLINE。工具栏："绘图"| ✖ (构造线)按钮。菜单命令："绘图"|"构造线"。

3. 命令执行方式

执行 XLINE 命令，AutoCAD 提示：

> 指定点或 [水平(H)/垂直(V)/角度(A)/二等分(B)/偏移(O)]:

下面介绍提示中各选项的含义及其操作方法。

1) 指定点

绘制通过指定两点的构造线，为默认选项。如果在上面的提示下确定点的位置，即执行默认选项，AutoCAD 提示：

> 指定通过点：

在此提示下再确定一点，AutoCAD 将绘制出通过指定两点的构造线，同时提示：

> 指定通过点：

在此提示下如果继续确定点的位置，AutoCAD 将绘制出通过第一点与该点的构造线，按 Enter 键或 Space 键即可结束命令的执行。

2) 水平(H)

绘制通过指定点的水平构造线。执行该选项，AutoCAD 提示：

> 指定通过点：

在此提示下确定一点，AutoCAD 将绘制出通过该点的水平构造线，同时提示：

> 指定通过点：

在此提示下继续确定点的位置，AutoCAD 将绘制出通过指定点的水平构造线，按 Enter 键或 Space 键即可结束命令的执行。

3) 垂直(V)

绘制通过指定点的垂直构造线，具体绘制过程与绘制水平构造线类似，此处不再赘述。

4) 角度(A)

绘制沿指定方向或与指定直线之间的夹角为指定角度的构造线。执行该选项，AutoCAD 提示：

> 输入构造线的角度(0)或 [参照(R)]：

如果在该提示下直接输入构造线的角度值，即响应默认选项"输入构造线的角度"，AutoCAD 提示：

> 指定通过点：

在此提示下确定点的位置，AutoCAD 将绘制出通过该点且与 X 轴正方向之间的夹角为给定角度的构造线，然后 AutoCAD 继续提示"指定通过点："，在该提示下，可以绘制出多条与 X 轴正方向之间的夹角为指定角度的平行构造线。

如果在"输入构造线的角度(0)或 [参照(R)]："提示下执行"参照(R)"命令，表示将绘制与已知直线之间的夹角为指定角度的构造线，AutoCAD 提示：

> 选择直线对象：

在该提示下选择已有直线，AutoCAD 提示：

> 输入构造线的角度：

输入角度值后按 Enter 键或 Space 键，AutoCAD 提示：

> 指定通过点：

在该提示下确定一点，AutoCAD 将绘制出通过该点且与指定直线之间的夹角为给定角度的构造线。同样，如果在后续的"指定通过点:"提示下继续指定新点，可以绘制出多条平行构造线，按 Enter 键或 Space 键可结束命令的执行。

5) 二等分(B)

通过确定 3 点分别作为一个角的顶点、起点和另一个端点来绘制平分该角的构造线。执行该命令，AutoCAD 提示：

> 指定角的顶点:(确定角的顶点位置)
> 指定角的起点:(确定角的起点位置)
> 指定角的端点:(确定角的另一端点位置)

执行结果：绘制出通过指定的顶点且平分由指定 3 点所确定的角的构造线。

6) 偏移(O)

绘制与指定直线平行的构造线。执行该命令，AutoCAD 提示：

> 指定偏移距离或 [通过(T)]：

此时，可以通过两种方法绘制构造线。如果执行"通过(T)"命令，则表示绘制通过指定点且与指定直线平行的构造线，此时，AutoCAD 提示：

> 选择直线对象:(选择被平行的直线)
> 指定通过点:(确定构造线所通过的点位置)

执行结果：AutoCAD 将绘制出与指定直线平行并通过指定点的构造线，继续提示：

> 选择直线对象：

此时，可以继续重复上述过程绘制构造线，按 Enter 键或 Space 键可结束命令的执行。

如果在"指定偏移距离或 [通过(T)]:"提示信息下输入某一数值，表示要绘制与指定直线平行且与其距离为该值的构造线，此时，AutoCAD 提示：

> 选择直线对象:(选择被平行的直线)
> 指定向哪侧偏移:(相对于所选的直线，在构造线所在一侧的任意位置单击鼠标拾取键)
> 选择直线对象:(继续选择直线对象绘制与其平行的构造线,按 Enter 键或 Space 键可结束命令的执行)

执行结果：AutoCAD 将绘制出满足设定条件的构造线。

3.2　绘制矩形和正多边形

利用 AutoCAD 2020，可以方便地绘制矩形和正多边形(即等边多边形)。

3.2.1　绘制矩形

1. 功能

根据指定的尺寸或条件绘制矩形。

2. 命令调用方式

命令：RECTANG。功能区："默认" | 、█████(矩形)按钮。工具栏："绘图" | ██(矩形)按钮。菜单命令："绘图" | "矩形"。

3. 命令执行方式

执行 RECTANG 命令，AutoCAD 提示：

> 指定第一个角点或 [倒角(C)/标高(E)/圆角(F)/厚度(T)/宽度(W)]:

下面介绍提示中各选项的含义及其操作方法。

1) 指定第一个角点

指定矩形的某一个角点位置为默认选项，执行该默认选项(即确定矩形一个角点的位置)后，AutoCAD 提示：

> 指定另一个角点或 [面积(A)/尺寸(D)/旋转(R)]:

● 指定另一个角点

指定矩形的另一个角点位置，即确定矩形中与已指定角点成对角关系的另一个角点的位置。确定该点后，AutoCAD 将绘制出对应的矩形。

● 面积(A)

根据矩形的面积绘制矩形。执行该选项，AutoCAD 提示：

> 输入以当前单位计算的矩形面积:(输入所绘矩形的面积)
> 计算矩形标注时依据 [长度(L)/宽度(W)] <长度>:(选择"长度(L)"或"宽度(W)"选项输入矩形的长或宽。用户响应后，AutoCAD 将按指定的面积和对应的尺寸绘制出矩形)

● 尺寸(D)

根据矩形的长和宽绘制矩形。执行该选项，AutoCAD 提示：

> 指定矩形的长度:(输入矩形的长度)
> 指定矩形的宽度:(输入矩形的宽度)
> 指定另一个角点或 [面积(A)/尺寸(D)/旋转(R)]:(拖动鼠标确定所绘矩形相对于第一个角点的对角点的位置，确定后单击，AutoCAD 将按指定的长和宽绘制出矩形)

● 旋转(R)

绘制按指定角度放置的矩形。执行该选项，AutoCAD 提示：

> 指定旋转角度或 [拾取点(P)] :(输入旋转角度，或通过拾取点的方式确定角度)
> 指定另一个角点或 [面积(A)/尺寸(D)/旋转(R)]:(通过执行某一选项绘制出对应的矩形)

2) 倒角(C)

确定矩形的倒角尺寸,使所绘矩形在各个角点处按设置的尺寸进行倒角。执行该选项,
AutoCAD 提示:

指定矩形的第一个倒角距离:(输入矩形的第一个倒角距离)
指定矩形的第二个倒角距离:(输入矩形的第二个倒角距离)
指定第一个角点或 [倒角(C)/标高(E)/圆角(F)/厚度(T)/宽度(W)]:(确定矩形的角点位置或进行其他设置)

3) 标高(E)

确定矩形的绘图高度,即确定绘图面与 XY 面之间的距离,该功能一般用于三维绘图。
执行该选项,AutoCAD 提示:

指定矩形的标高:(输入高度值)
指定第一个角点或 [倒角(C)/标高(E)/圆角(F)/厚度(T)/宽度(W)]:(确定矩形的角点位置或进行其他设置)

4) 圆角(F)

确定矩形角点处的圆角半径,在所绘矩形的各角点处按该半径绘制圆角。执行该选项,
AutoCAD 提示:

指定矩形的圆角半径:(输入圆角的半径值)
指定第一个角点或 [倒角(C)/标高(E)/圆角(F)/厚度(T)/宽度(W)]:(确定矩形的角点位置或进行其他设置)

5) 厚度(T)

确定矩形的绘图厚度,使所绘矩形具有一定的厚度,该功能多用于三维绘图。执行该选
项,AutoCAD 提示:

指定矩形的厚度:(输入厚度值)
指定第一个角点或 [倒角(C)/标高(E)/圆角(F)/厚度(T)/宽度(W)]:(确定矩形的角点位置或进行其他设置)

6) 宽度(W)

设置矩形的线宽。执行该选项,AutoCAD 提示:

指定矩形的线宽:(输入宽度值)
指定第一个角点或 [倒角(C)/标高(E)/圆角(F)/厚度(T)/宽度(W)]:(确定矩形的角点位置或进行其他设置)

当绘制具有特殊要求的矩形时(如有倒角或圆角的矩形),首先应进行相应的设置,然后
再确定矩形的角点位置。

3.2.2 绘制正多边形

1. 功能

绘制正多边形,即等边多边形。

2. 命令调用方式

命令：POLYGON。功能区："默认" | 、 (多边形)按钮。工具栏："绘图" | (多边形)按钮。菜单命令："绘图" | "多边形"。

3. 命令执行方式

执行 POLYGON 命令，AutoCAD 提示：

> 输入侧面数:(确定多边形的边数，其允许值为 3~1024)
> 指定正多边形的中心点或 [边(E)]:

下面介绍提示中各选项的含义及其操作方法。

1) 指定正多边形的中心点

该默认选项要求用户确定正多边形的中心点，然后利用正多边形的假想外接圆或内切圆来绘制正多边形。执行该选项(即确定正多边形的中心点)后，AutoCAD 提示：

> 输入选项 [内接于圆(I)/外切于圆(C)]:

此提示中的"内接于圆(I)"选项表示所绘正多边形将内接于假想的圆。执行该选项，AutoCAD 提示：

> 指定圆的半径:

输入圆的半径后，AutoCAD 会假设存在一个半径为输入值、圆心位于正多边形中心的圆，并按照指定的边数绘制出与该圆内接的正多边形。

如果在"输入选项 [内接于圆(I)/外切于圆(C)]:"提示信息下执行"外切于圆(C)"选项，所绘制的正多边形将外切于假想的圆。执行该选项，AutoCAD 提示：

> 指定圆的半径:

输入圆的半径后，AutoCAD 会假设有一个半径为输入值、圆心位于正多边形中心的圆，并按照指定的边数绘制出与该圆外切的正多边形。

2) 边(E)

根据多边形某一条边的两个端点绘制多边形。执行该选项，AutoCAD 提示：

> 指定边的第一个端点:
> 指定边的第二个端点:

依次确定边的两个端点后，AutoCAD 将以指定的两个点作为正多边形的一条边的两个端点，并按指定的边数绘制出等边多边形。

说明：

当执行"边(E)"选项绘制等边多边形时，AutoCAD 总是按照从指定的第一个端点到第二个端点，沿逆时针方向的原则绘制多边形。

【例 3-2】绘制如图 3-9 所示的图形。

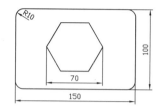

图 3-9   绘制矩形与等边六边形

1) 绘制矩形

执行 RECTANG 命令，AutoCAD 提示：

指定第一个角点或 [倒角(C)/标高(E)/圆角(F)/厚度(T)/宽度(W)]:F✓(设置圆角半径)
指定矩形的圆角半径:10✓
指定第一个角点或 [倒角(C)/标高(E)/圆角(F)/厚度(T)/宽度(W)]:(在屏幕上拾取一点作为矩形的左下角点)
指定另一个角点或 [面积(A)/尺寸(D)/旋转(R)]: @ 150,100✓(用相对坐标指定矩形的另一个角点)

2) 绘制六边形

执行 POLYGON 命令，AutoCAD 提示：

输入侧面数:6✓
指定正多边形的中心点或 [边(E)]:(拾取矩形的中心点。此时目测近似确定该中心点即可，但利用第 6 章介绍的对象捕捉功能可以准确地确定矩形的中心点位置)
输入选项 [内接于圆(I)/外切于圆(C)] <I>: I✓
指定圆的半径:35✓

3.3 绘 制 曲 线

利用 AutoCAD 2020，可以轻松绘制圆、圆环、圆弧和椭圆等曲线对象。

3.3.1 绘制圆

1. 功能

绘制指定尺寸的圆。

2. 命令调用方式

命令：CIRCLE。功能区："默认" | ▦(圆)按钮。工具栏："绘图" | ◉(圆)按钮。菜单命令："绘图" | "圆"。

3. 命令执行方式

执行 CIRCLE 命令，AutoCAD 提示：

> 指定圆的圆心或 [三点(3P)/两点(2P)/切点、切点、半径(T)]

下面介绍提示中各选项的含义及其操作方法。

1) 指定圆的圆心

根据圆心位置和圆的半径(或直径)绘制圆，为默认选项。执行该默认选项，AutoCAD 提示：

> 指定圆的半径或 [直径(D)]：

此时，用户可以直接输入圆的半径值并绘制圆，也可以执行"直径(D)"选项，通过指定圆的直径来绘制圆。

AutoCAD 提供了如图 3-10 所示的绘制圆的子菜单和"默认"功能区中绘制圆的下拉列表，可以选择子菜单中的"圆心、半径"和"圆心、直径"选项，以及单击对应"默认"功能区中的  、 按钮执行相应的操作。

　　(a) 子菜单　　　　　　　　(b) 绘制圆的下拉列表

图 3-10　绘制圆的子菜单和"默认"功能区中绘制圆的下拉列表

2) 三点(3P)

绘制通过指定 3 点的圆。执行该选项，AutoCAD 提示：

> 指定圆上的第一个点：
> 指定圆上的第二个点：
> 指定圆上的第三个点：

根据提示依次指定各点后，AutoCAD 将绘制出通过指定 3 点的圆。用户也可以通过绘制圆的子菜单中的"三点"选项和对应"默认"功能区中的 按钮执行此操作，如图 3-10 所示。

3) 两点(2P)

绘制通过指定两点且以这两点之间的距离为直径的圆。执行该选项，AutoCAD 提示：

> 指定圆直径的第一个端点：
> 指定圆直径的第二个端点：

根据提示指定两点后，AutoCAD 将绘制出通过这两点且以这两点间的距离为直径的圆。

用户也可以通过选择绘制圆的子菜单中的"两点"选项和单击对应"默认"功能区中的 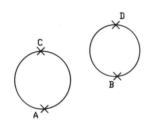 按钮执行此操作。

4) 切点、切点、半径(T)

绘制与已有两个对象相切，且半径为指定值的圆。执行该选项，AutoCAD 提示：

> 指定对象与圆的第一个切点:
> 指定对象与圆的第二个切点:
> 指定圆的半径:

根据提示依次选择相切对象并输入圆的半径，AutoCAD 将绘制出相应的圆。也可以通过选择绘制圆的子菜单中的"相切、相切、半径"选项和单击对应"默认"功能区中的 按钮执行此操作。

说明：

(1) 当执行"切点、切点、半径(T)"选项绘制圆时，如果在"指定圆的半径:"提示下给出的圆半径太小，则不能绘制出圆，AutoCAD 将结束命令的执行并提示："圆不存在"。

(2) 当执行"切点、切点、半径(T)"选项绘制圆时，若相切对象的选择位置不同，得到的结果也会不同，如图 3-11 所示(图中的小叉用于说明选择对象时的位置)。

(a) 已有的两圆

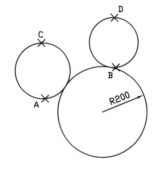

(b) 在 A、B 两点附近选择已有的两圆

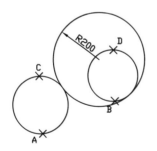

(c) 在 C、B 两点附近选择已有的两圆

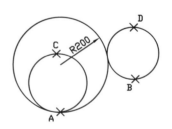

(d) 在 A、D 两点附近选择已有的两圆

图 3-11 用"切点、切点、半径(T)"选项绘制圆

从图 3-11 可以看出，AutoCAD 总是在离拾取点近的位置绘制相切圆。

【例 3-3】绘制如图 3-12 所示的 3 个圆。

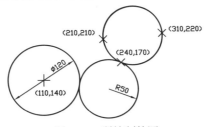

图 3-12 所绘制的圆

1) 绘制已知圆心位置和直径的圆

执行 CIRCLE 命令，AutoCAD 提示：

> 指定圆的圆心或 [三点(3P)/两点(2P)/切点、切点、半径(T)]: 110,140↙(确定圆心)
> 指定圆的半径或 [直径(D)]: D↙
> 指定圆的直径: 120↙

2) 绘制通过已知三点的圆

选择"绘图"|"圆"|"三点"命令，AutoCAD 提示：

> 指定圆上的第一个点: 210,210↙
> 指定圆上的第二个点: 310,220↙
> 指定圆上的第三个点: 240,170↙

3) 绘制与两圆相切的圆

选择"绘图"|"圆"|"相切、相切、半径"命令，AutoCAD 提示：

> 指定对象与圆的第一个切点: (在直径为 120 的圆的右下方拾取该圆)
> 指定对象与圆的第二个切点: (在由三点确定的圆的左下方拾取该圆)
> 指定圆的半径: 50↙

执行结果如图 3-12 所示。

3.3.2 绘制圆环

1. 功能

绘制指定尺寸的圆环。

2. 命令调用方式

命令：DONUT。菜单命令："绘图"|"圆环"。

3. 命令执行方式

执行 DONUT 命令，AutoCAD 提示：

> 指定圆环的内径:(输入圆环的内径)
> 指定圆环的外径:(输入圆环的外径)
> 指定圆环的中心点或<退出>:(确定圆环的中心点位置，按 Enter 键或 Space 键结束命令的执行)

当执行 DONUT 命令时，如果在"指定圆环的内径:"提示信息下输入 0，则 AutoCAD 将绘制出填充的圆。

说明：

AutoCAD 的 FILL 命令和系统变量 FILLMODE 用于设置是否填充圆环，填充与否的圆环效果如图 3-13 所示。

(a) 填充的圆环   (b) 未填充的圆环

图 3-13 圆环填充与否的效果

另外，使用 FILL 命令和系统变量 FILLMODE 更改填充设置后，可以通过执行 REGEN 命令(菜单命令："视图"|"重生成")查看设置效果。

3.3.3 绘制圆弧

1. 功能

根据已知条件绘制指定尺寸的圆弧。

2. 命令调用方式

命令：ARC。功能区："默认"| ▰(圆弧)按钮。工具栏："绘图"| ▰(圆弧)按钮。菜单命令："绘图"|"圆弧"。

3. 命令执行方式

AutoCAD 提供了多种绘制圆弧的方法，图 3-14 所示分别为"圆弧"子菜单和"默认"功能区中用于绘制圆弧的下拉列表。

(a) 子菜单   (b) 下拉列表

图 3-14 "圆弧"子菜单和"默认"功能区中用于绘制圆弧的下拉列表

执行 ARC 命令后，AutoCAD 会给出不同的提示，以便用户根据不同的已知条件绘制圆弧。下面介绍通过菜单命令绘制圆弧的方法。

1) 根据三点绘制圆弧

三点是指圆弧的起点、圆弧上的任意一点及圆弧的终点。选择"绘图"|"圆弧"|"三点"命令，AutoCAD 提示：

> 指定圆弧的起点或 [圆心(C)]: (确定圆弧的起点位置)
> 指定圆弧的第二个点或 [圆心(C)/端点(E)]: (确定圆弧上的任意一点)
> 指定圆弧的端点: (确定圆弧的终点位置)

执行结果：AutoCAD 将绘制出由指定三点确定的圆弧。

2) 根据圆弧的起点、圆心和端点绘制圆弧

选择"绘图"|"圆弧"|"起点、圆心、端点"命令，AutoCAD 提示：

> 指定圆弧的起点或 [圆心(C)]:(确定圆弧的起点位置)
> 指定圆弧的圆心: (确定圆弧的圆心)
> 指定圆弧的端点(按住 Ctrl 键以切换方向)或 [角度(A)/弦长(L)]: (确定圆弧的另一个端点)

执行结果：AutoCAD 将绘制出满足指定条件的圆弧。

3) 根据圆弧的起点、圆心和圆弧的夹角(圆心角)绘制圆弧

选择"绘图"|"圆弧"|"起点、圆心、角度"命令，AutoCAD 提示：

> 指定圆弧的起点或 [圆心(C)]: (确定圆弧的起点位置)
> 指定圆弧的圆心: (确定圆弧的圆心位置)
> 指定夹角(按住 Ctrl 键以切换方向): (输入圆弧的夹角)

执行结果：AutoCAD 将绘制出满足指定条件的圆弧。

说明:

在默认的角度正方向设置下，当 AutoCAD 提示"指定夹角:"时，如果输入正角度值(在角度值前加或不加+号)，则 AutoCAD 从起点绕圆心沿逆时针方向绘制圆弧；如果输入负角度值(在角度值前加-号)，则 AutoCAD 从起点绕圆心沿顺时针方向绘制圆弧。在其他绘制圆弧的方法中，在该提示下有相同的规则。此外，也可以单独设置正角度的方向(选中如图 2-16 所示的"图形单位"对话框中的"顺时针"复选框，则顺时针方向为角度正方向)。

4) 根据圆弧的起点、圆心和圆弧的弦长绘制圆弧

选择"绘图"|"圆弧"|"起点、圆心、长度"命令，AutoCAD 提示：

> 指定圆弧的起点或 [圆心(C)]: (确定圆弧的起点位置)
> 指定圆弧的圆心: (确定圆弧的圆心位置)
> 指定弦长(按住 Ctrl 键以切换方向): (输入圆弧的弦长)

执行结果：AutoCAD 将绘制出满足指定条件的圆弧。

5) 根据圆弧的起点、终点和圆弧的夹角绘制圆弧

选择"绘图"|"圆弧"|"起点、端点、角度"命令，AutoCAD 提示：

> 指定圆弧的起点或 [圆心(C)]: (确定圆弧的起点位置)
> 指定圆弧的端点: (确定圆弧的终点位置)
> 指定夹角(按住 Ctrl 键以切换方向): (输入圆弧的夹角)

执行结果：AutoCAD 将绘制出满足指定条件的圆弧。

6) 绘制圆弧的其他方法

选择"绘图"|"圆弧"|"起点、端点、方向"命令，可以根据圆弧的起点、终点和圆弧在起点处的相切方向绘制圆弧；选择"绘图"|"圆弧"|"起点、端点、半径"命令，可以根据圆弧的起点、终点和圆弧的半径绘制圆弧；选择"绘图"|"圆弧"|"圆心、起点、端点"命令，可以根据圆弧的圆心、起点和终点位置绘制圆弧；选择"绘图"|"圆弧"|"圆心、起点、角度"命令，可以根据圆弧的圆心、起点和圆弧的夹角绘制圆弧；选择"绘图"|"圆弧"|"圆心、起点、长度"命令，可以根据圆弧的圆心、起点和圆弧的弦长绘制圆弧；选择"绘图"|"圆弧"|"继续"命令，可以绘制连续圆弧，即 AutoCAD 会以最后一次绘制直线或绘制圆弧时确定的终点作为新圆弧的起点，并以最后所绘制直线的方向或以所绘制圆弧在终点处的切线方向作为新圆弧在起点处的切线方向开始绘制圆弧。

【例 3-4】绘制如图 3-15 所示的 4 段圆弧。

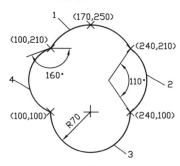

图 3-15　所绘制的圆弧

1) 绘制圆弧 1

根据已知三点绘制圆弧 1。

选择"绘图"|"圆弧"|"三点"命令，AutoCAD 提示：

> 指定圆弧的起点或 [圆心(C)]:100,210↙
> 指定圆弧的第二个点或 [圆心(C)/端点(E)]: 170,250↙
> 指定圆弧的端点: 240,210↙

2) 绘制圆弧 2

根据圆弧 2 的起点、终点和夹角绘制此圆弧。

选择"绘图"|"圆弧"|"起点、端点、角度"命令，AutoCAD 提示：

> 指定圆弧的起点或 [圆心(C)]: 240,210↙
> 指定圆弧的端点: 240,100
> 指定夹角(按住 Ctrl 键以切换方向): -110↙(注意：此处要输入负角度)

3) 绘制圆弧 3

根据圆弧 3 的起点、端点和半径绘制该圆弧。

选择"绘图"|"圆弧"|"起点、端点、半径"命令，AutoCAD 提示：

> 指定圆弧的起点或 [圆心(C)]: 100,100↙
>
> 指定圆弧的端点: 240,100↙
>
> 指定圆弧的半径(按住 Ctrl 键以切换方向): 70↙

4) 绘制圆弧 4

根据圆弧 4 的起点、终点和起点处的切线方向绘制该圆弧。

选择"绘图"|"圆弧"|"起点、端点、方向"命令，AutoCAD 提示：

> 指定圆弧的起点或 [圆心(C)]: 100,210↙
>
> 指定圆弧的端点: 100,100↙
>
> 指定圆弧起点的相切方向(按住 Ctrl 键以切换方向): -160↙

完成所有圆弧的绘制后，执行结果如图 3-15 所示。

3.3.4　绘制椭圆和椭圆弧

1. 功能

根据已知条件绘制指定尺寸的椭圆或椭圆弧。

2. 命令调用方式

命令：ELLIPSE。工具栏："绘图" | (椭圆)按钮。菜单命令："绘图"|"椭圆"。

3. 命令执行方式

执行 ELLIPSE 命令，AutoCAD 提示：

> 指定椭圆的轴端点或 [圆弧(A)/中心点(C)]:

下面分别介绍各选项的含义及其操作方法。

1) 指定椭圆的轴端点

根据椭圆某一条轴上的两个端点的位置及其他条件绘制椭圆，为默认选项。用户确定了椭圆上某一条轴的端点位置 "轴端点 1"或"轴端点 2"后，如图 3-16 所示，AutoCAD 提示：

> 指定轴的另一个端点:(确定同一条轴上的另一个端点位置)
>
> 指定另一条半轴长度或 [旋转(R)]:

在此提示下如果直接输入另一条轴的半轴长度，即执行默认选项，AutoCAD 将绘制出对应的椭圆，如图 3-16 所示。如果执行"旋转(R)"选项，则 AutoCAD 提示：

> 指定绕长轴旋转的角度:

在此提示下输入角度值，AutoCAD 即可绘制出对应的椭圆。该椭圆是经过所确定的两点，且以这两点之间距离为直径的圆绕所确定椭圆轴旋转指定的角度后得到的投影椭圆。

2) 中心点(C)

根据椭圆的中心位置等条件绘制椭圆，如图 3-17 所示。执行该选项，AutoCAD 提示：

> 指定椭圆的中心点:(确定椭圆的中心位置)
> 指定轴的端点:(确定椭圆某一条轴的一个端点位置)
> 指定另一条半轴长度或 [旋转(R)]:(输入另一条轴的半轴长，或选择"旋转(R)"选项确定椭圆)

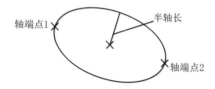

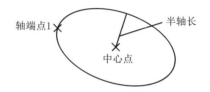

图 3-16　根据轴端点和半轴长绘制椭圆　　图 3-17　根据中心点、轴端点和半轴长绘制椭圆

3) 圆弧(A)

绘制椭圆弧。执行该选项，AutoCAD 提示：

> 指定椭圆弧的轴端点或 [中心点(C)]:

在此提示下的操作与前面介绍的绘制椭圆的方法完全相同。确定椭圆的形状后，AutoCAD 继续提示：

> 指定起点角度或 [参数(P)]:

下面介绍这两个选项的含义及其操作方法。

● 指定起点角度

通过确定椭圆弧的起始角(椭圆圆心与椭圆的第一条轴端点的连线方向为 0 度方向)来绘制椭圆弧，为默认选项。输入椭圆弧的起始角后，AutoCAD 提示：

> 指定端点角度或 [参数(P)/夹角(I)]:

此提示中有 3 个选项，"指定端点角度"选项要求用户根据椭圆弧的终止角度确定椭圆弧另一个端点的位置；"参数(P)"选项将通过参数确定椭圆弧另一个端点的位置；"夹角(I)"选项用于根据椭圆弧的夹角确定椭圆弧。

● 参数(P)

此选项允许通过指定的参数绘制椭圆弧。执行该选项，AutoCAD 提示：

> 指定起始参数或 [角度(A)]:

通过"角度(A)"选项可以切换到利用角度确定椭圆弧的方式。执行默认选项，AutoCAD 将按下面的公式确定椭圆弧的起始角 $P(n)$：

$$P(n)=c+a*\cos(n)+b*\sin(n)$$

公式中：n 为用户输入的参数；c 为椭圆弧的半焦距；a 和 b 分别为椭圆长轴与短轴的半轴长。

输入起始参数后，AutoCAD 提示：

指定终止参数或 [角度(A)/夹角(I)]:

在此提示下，可通过"角度(A)"选项确定椭圆弧另一个端点的位置，通过"夹角(I)"选项确定椭圆弧的夹角。如果利用默认选项"指定终止参数"提供椭圆弧的另一个参数，AutoCAD 仍将利用前面介绍的公式来确定椭圆弧另一个端点的位置。

【例 3-5】绘制如图 3-18 所示的椭圆。

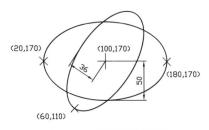

图 3-18　所绘制的椭圆

1) 绘制水平椭圆

执行 ELLIPSE 命令，AutoCAD 提示：

指定椭圆的轴端点或 [圆弧(A)/中心点(C)]: 20,170✓
指定轴的另一个端点: 180,170✓
指定另一条半轴长度或 [旋转(R)]: 50✓

2) 绘制倾斜放置的椭圆

执行 ELLIPSE 命令，AutoCAD 提示：

指定椭圆的轴端点或 [圆弧(A)/中心点(C)]: C✓
指定椭圆的中心点: 100,170✓
指定轴的端点: 60,110✓
指定另一条半轴长度或 [旋转(R)]: 36✓

执行结果如图 3-18 所示。

3.4　绘制和设置点

点是组成图形的最基本对象之一。利用 AutoCAD 2020，可以精确地绘制出点并控制点的显示样式。

3.4.1　绘制点

1. 功能

在指定的位置绘制点。

2. 命令调用方式

命令：POINT。工具栏："绘图" | ▓▓▓ (点)按钮。菜单命令："绘图" | "点" | "单点"；"绘图" | "点" | "多点" (同时绘制多个点)。

3. 命令执行方式

执行 POINT 命令，AutoCAD 提示：

> 指定点：

在该提示下确定点的位置，AutoCAD 会在该位置绘制出相应的点，然后继续提示：

> 指定点：

此时，可以继续绘制点，也可以按 Esc 键结束命令。

说明：

执行绘制点操作后，所绘制的点可能很小，无法在屏幕上清楚地显示，用户可以根据需要设置点的样式与大小(详见 3.4.2 节)。

3.4.2　设置点的样式与大小

1. 功能

设置点的样式与大小。

2. 命令调用方式

命令：PTYPE。菜单命令："格式" | "点样式"。

3. 命令执行方式

执行 PTYPE 命令，打开如图 3-19 所示的"点样式"对话框，用户可以通过该对话框选择需要的点样式。此外，还可以利用其中的"点大小"文本框设置点的大小。

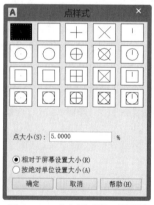

图 3-19　"点样式"对话框

3.4.3　绘制定数等分点

1. 功能

将点对象沿对象的长度方向或周长等间隔排列。

2. 命令调用方式

命令：DIVIDE。菜单命令："绘图" | "点" | "定数等分"。

3. 命令执行方式

执行 DIVIDE 命令，AutoCAD 提示：

> 选择要定数等分的对象:(选择对应的对象)
> 输入线段数目或 [块(B)]:

在此提示下直接输入等分数，即响应默认选项，AutoCAD 将在指定的对象上绘制出等分点。另外，利用"块(B)"选项可以在定数等分点处插入块(有关块的概念详见第 11 章)。

如果要查看利用 DIVIDE 命令绘制的定数等分点，可以通过如图 3-19 所示的"点样式"对话框设置点的样式。

3.4.4　绘制定距等分点

1. 功能

将点对象在指定的对象上按指定的间隔放置。用户需要注意该功能与前面介绍的绘制定数等分点的区别。

2. 命令调用方式

命令：MEASURE。菜单命令："绘图" | "点" | "定距等分"。

3. 命令执行方式

执行 MEASURE 命令，AutoCAD 提示：

> 选择要定距等分的对象:(选择对象)
> 指定线段长度或 [块(B)]:

在该提示下可以直接输入长度值，即执行默认选项，AutoCAD 将在指定对象上的对应位置绘制点。同样，也可以利用"点样式"对话框设置所绘制点的样式。如果在"指定线段长度或[块(B)]:"提示信息下执行"块(B)"命令，则表示将在对象上按指定的长度插入块。

说明：
执行 MEASURE 命令，用户选择要定距等分的对象并指定线段长度后，AutoCAD 总是从离拾取点近的端点处开始绘制定距等分点。

【例 3-6】有两条相同的圆弧，如图 3-20(a)所示，试对第一条圆弧绘制定数等分点，分段数为 6；对第二条圆弧从左端起按间隔距离 40 绘制定距等分点；点样式为小叉状。绘制结果如图 3-20(b)所示。

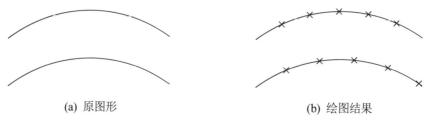

(a) 原图形   (b) 绘图结果

图 3-20　绘制定数等分点和定距等分点

1) 设置点样式

执行 PTYPE 命令，打开"点样式"对话框，如图 3-19 所示，选中小叉状图标(此图标位于第 1 行的第 4 列)，然后单击该对话框中的"确定"按钮即可完成点样式的设置。

2) 对第一条圆弧绘制定数等分点

执行 DIVIDE 命令，AutoCAD 提示：

> 选择要定数等分的对象:(选择第一条圆弧)
> 输入线段数目或 [块(B)]: 6✓

3) 对第二条圆弧按指定的间隔绘制定距等分点

执行 MEASURE 命令，AutoCAD 提示：

> 选择要定距等分的对象:(选择第二条圆弧。请注意，应在靠近圆弧的左端点处拾取圆弧)
> 指定线段长度或 [块(B)]: 40✓

执行结果如图 3-20(b)所示。需要注意的是，图 3-20(b)中的两个执行结果不同。请读者分析：如果执行 MEASURE 命令时，在"选择要定距等分的对象:"提示下，在靠近第二条圆弧的右端点的位置选择该圆弧，会得到什么样的结果？

3.5　本章小结

本章介绍了 AutoCAD 2020 提供的绘制基本二维图形的功能，如绘制直线、射线、构造线、矩形、正多边形、圆、圆环、圆弧和点等图形对象。用户可通过工具栏、菜单或在命令窗口输入命令的方式执行 AutoCAD 的绘图命令。通过本章的学习可以看出，AutoCAD 提供了良好的人机"对话"功能，即用户启动某一绘图命令后，AutoCAD 会立即在命令窗口中给出提示，提示用户进行下一步的操作。同时还可以动态地在光标附近显示工具提示，用户对提示做出响应后，AutoCAD 将继续给出下一个提示。通过这样的"对话"形式，即可方便地绘制出图形。因此，用户无须记住每一步的操作命令，通过命令窗口即可轻松了解这些信息。

虽然本章介绍了 AutoCAD 2020 的基本二维绘图功能，但仅靠这些绘图命令很难快速、准确地绘制出工程图形，即使是绘制简单的螺栓、螺母也较为困难。因为本章各个绘图示例中只绘制了一些简单的图形，并未设置"应用实例"的内容，所以只有结合 AutoCAD 的图形编辑等功能，才能够高效、准确地绘制出各种工程图。本书第 4 章将详细介绍 AutoCAD 2020 的图形编辑功能。

3.6　习　　题

1. 判断题

(1) 使用 LINE 命令可以绘制出一系列的直线段。(　　)

(2) 可以从指定的点向任意方向绘制射线。(　　)

(3) 使用 AutoCAD 2020 最多可以绘制出有 3~1024 条边的正多边形。(　　)

(4) 执行 RECTANG 命令可以根据指定的面积绘制矩形。(　　)

(5) 选择 CIRCLE 命令的"切点、切点、半径(T)"选项绘制圆时，得到的圆与选择相切对象时的位置无关。(　　)

(6) 根据夹角绘制圆弧时，夹角有正、负之分。(　　)

(7) 点对象只有一种样式。(　　)

2. 上机习题

(1) 利用 LINE 命令绘制如图 3-21 所示的各个图形(未标注尺寸的图形大小由读者确定)。

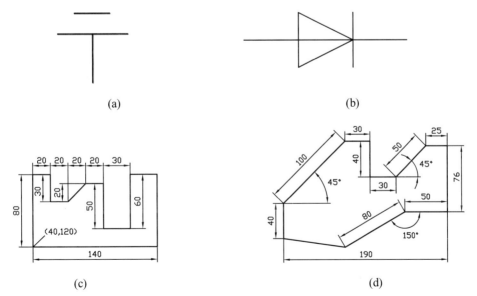

图 3-21　上机绘图练习 1

(2) 绘制如图 3-22 所示的各个图形(尺寸由读者确定)。

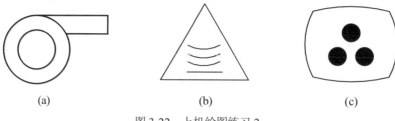

(a)   (b)   (c)

图 3-22 上机绘图练习 2

(3) 绘制如图 3-23 所示的由矩形、六边形和圆组成的图形(图中给出了部分尺寸,未标注的尺寸由读者确定)。

(4) 绘制如图 3-24 所示的图形(由于前面章节没有介绍绘制中心线的方法,可暂且用实线代替中心线)。

提示:

图 3-24 所示的图形由圆和圆弧组成。各圆弧可以通过指定其圆心、起点和终点等方法绘制,但需要注意的是,AutoCAD 默认从起点向终点,沿逆时针方向绘制圆弧。

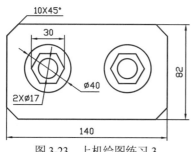

图 3-23 上机绘图练习 3

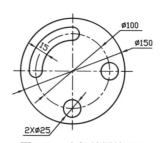

图 3-24 上机绘图练习 4

第 4 章

编辑图形

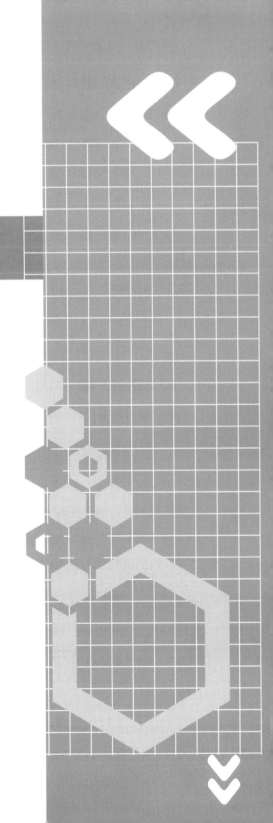

本章要点

本章介绍 AutoCAD 2020 的图形编辑功能。通过本章的学习，读者应掌握以下内容：

- 选择操作对象的方式
- 选择预览功能
- AutoCAD 2020 提供的常用编辑功能，包括删除、移动、复制、旋转、缩放、偏移、镜像、阵列、拉伸、修剪、延伸、打断、创建倒角和圆角等
- 利用夹点功能编辑图形

AutoCAD 2020 的大部分编辑命令位于"修改"菜单，也可以通过"修改"工具栏执行常用的编辑命令。

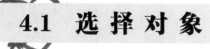

4.1　选　择　对　象

本节介绍 AutoCAD 2020 提供的选择所操作对象的方式及预览功能。

4.1.1　选择操作对象的方式

启动 AutoCAD 2020 的某一编辑命令或其他命令后，AutoCAD 通常会提示"选择对象:"，此时要求用户选择要进行操作的对象，同时将十字光标改为小方框形状(称之为拾取框)。在该情况下，用户可以选择对应的操作对象。AutoCAD 2020 提供了多种选择操作对象的方式，下面介绍其中的一些常用方式。

说明:

当在"选择对象:"提示信息下用某种方式选择对象后，被选中的对象一般以蓝色粗线形式显示(又称为亮显)。

1. 直接拾取

直接拾取方式为 AutoCAD 默认的选择对象的方式，该方式通过鼠标(或其他定点设备)移动拾取框，使其压住需要选择的对象，然后单击，此时该对象将以蓝色粗线形式显示，表示已被选中。

2. 选择全部对象

在"选择对象:"提示下输入 ALL，然后按 Enter 键或 Space 键，AutoCAD 将选中屏幕上的所有对象。

3. 默认矩形窗口选择方式

当 AutoCAD 提示"选择对象:"时，如果将拾取框移到图中的空白处并单击(注意:单击时拾取框不要压到已有对象上)，则 AutoCAD 提示:

指定对角点:

在该提示信息下将光标移到另一个位置后单击，AutoCAD 会自动以这两个拾取点为对角点确定一个矩形选择窗口。如果矩形窗口是从左向右定义的(即定义矩形窗口的第二角点位于第一角点的右侧)，则位于窗口内的对象均被选中，而位于窗口外及与窗口边界相交的对象不会被选中；如果矩形窗口是从右向左定义的(即定义矩形窗口的第二角点位于第一角点的左侧)，则位于窗口内的对象和与窗口边界相交的对象均会被选中。

4. 矩形窗口选择方式

该选择方式将选中位于矩形选择窗口内的所有对象。在"选择对象:"提示信息下输入 W 并按 Enter 键或 Space 键，AutoCAD 提示:

指定第一个角点:(确定窗口的第一个角点位置)
指定对角点:(确定窗口的对角点位置)

执行结果：选中位于由两个对角点确定的矩形窗口内的所有对象。

该选择方式与默认矩形窗口选择方式的区别是：在"指定第一个角点:"提示信息下确定矩形窗口的第一角点位置时，无论拾取框是否压住对象，AutoCAD 均将拾取点看作选择窗口的第一角点，而不会选中所压对象。另外，采用该选择方式时，无论是从左向右还是从右向左定义选择窗口，被选中的对象均是位于窗口内的对象。

5. 交叉矩形窗口选择方式

在"选择对象:"提示下输入 C，按 Enter 键，AutoCAD 提示：

指定第一个角点:
指定对角点:

依次响应后，所选中对象为位于矩形窗口内的对象及与窗口边界相交的所有对象。

6. 不规则窗口选择方式

在"选择对象:"提示下输入 WP，按 Enter 键或 Space 键，AutoCAD 提示：

第一圈围点:(确定不规则选择窗口的第一个角点位置)
指定直线的端点或 [放弃(U)]:

在后续一系列提示下，指定不规则选择窗口的其他各角点的位置，然后按 Enter 键或 Space 键，AutoCAD 将选中位于由这些点确定的不规则窗口内的所有对象。

7. 不规则交叉窗口选择方式

在"选择对象:"提示下输入 CP，并按 Enter 键或 Space 键，后续操作与不规则窗口选择方式相同，但执行结果为：位于不规则选择窗口内及与该窗口边界相交的对象均被选中。

8. 前一个方式

在"选择对象:"提示下输入 P，按 Enter 键或 Space 键，AutoCAD 将选中之前在"选择对象:"提示下所选中的对象。

9. 最后一个方式

在"选择对象:"提示下输入 L，按 Enter 键或 Space 键，AutoCAD 将选中最后操作时选中或绘制的对象。

10. 栏选方式

在"选择对象:"提示下输入 F，按 Enter 键或 Space 键，AutoCAD 提示：

指定第一个栏选点:(确定第一个点)
指定下一个栏选点或 [放弃(U)]:

在后续一系列提示下，确定栏选方式的其他各栏选点后，按 Enter 键或 Space 键，则与这些点确定的围线相交的对象均被选中。

11. 取消操作

如果在"选择对象:"提示下输入 U，然后按 Enter 键或 Space 键，则会取消最后进行的选择操作，即从选择集中删除最后一次选择的对象。用户可以在"选择对象:"提示下连续执行 U 操作，从选择集中删除已选择的对象。

本节介绍了 AutoCAD 提供的常用的选择对象的方式。在实际操作中，用户可以根据具体的绘图需要和操作习惯采用不同的方式来选择对象。

说明:

有些 AutoCAD 命令只能对一个对象进行操作，如 BREAK(打断)命令等，这种情况下只能通过直接拾取的方式选择操作对象；还有些命令只能采用特殊的选择对象方式，例如，STRETCH(拉伸)命令一般只能通过交叉矩形窗口或不规则交叉窗口方式选择拉伸对象，这些命令的使用方法详见后文介绍。

4.1.2 去除模式

4.1.1 节介绍的选择对象的方式属于加入模式，即将选中的对象加入选择集中。在"选择对象:"提示下选择的对象均会加入选择集中。

另外，AutoCAD 还提供了去除模式，即将已选中的对象移出选择集，在图形上体现为以蓝色粗线形式显示的选中对象又恢复为正常显示方式，即退出选择集。此模式的操作方法为：在"选择对象:"提示下输入 R 并按 Enter 键或 Space 键，即可切换到去除模式，此时 AutoCAD 提示:

删除对象:

在该提示信息下，可以用 4.1.1 节介绍的各种方式选择需要去除的对象。被选中的对象均会退出选择集。

用户可以从去除模式切换到加入模式，即从"删除对象:"提示切换到"选择对象:"提示。切换方法如下：在"删除对象:"提示下输入 A，然后按 Enter 键或 Space 键，AutoCAD 将再次提示"选择对象:"，即切换到加入模式。同样，在"删除对象:"提示下输入 U，然后按 Enter 键或 Space 键，即可恢复已从选择集中去除的对象，使其再次被选中。

4.1.3 选择预览

启用选择预览功能后，将光标置于某一对象上时，该对象会亮显(醒目显示)，如图 4-1 所示。

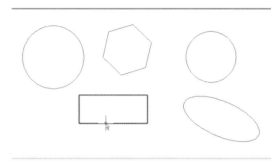

图 4-1　启用选择预览功能，将光标放到矩形上时，矩形会亮显

用户可以设置是否启用选择预览功能及使用该功能的方式，具体操作如下。

选择"工具"|"选项"命令，在打开的"选项"对话框的"选择集"选项卡中，利用"预览"选项组可设置选择预览功能，如图 4-2 所示。其中，选中"命令处于活动状态时"复选框，表示只有当某个命令处于活动状态并显示"选择对象:"提示时，选择预览功能才有效；选中"未激活任何命令时"复选框，表示即使未激活任何命令，选择预览功能也有效；"视觉效果设置"按钮用于设置选择预览的效果，单击该按钮，将打开"视觉效果设置"对话框，如图 4-3 所示。

在"视觉效果设置"对话框的"选择区域效果"选项组中，"指示选择区域"复选框用于确定是否显示所选择的区域。其中，"窗口选择区域颜色"下拉列表用于控制窗口选择区域(即以矩形窗口或不规则窗口选择方式选择对象时形成的窗口区域)的背景颜色；"窗交选择区域颜色"下拉列表用于设置交叉选择区域(即以交叉矩形窗口或不规则交叉窗口选择方式选择对象时形成的窗口区域)的背景颜色。例如，在如图 4-3 所示的设置下，如果在"选择对象:"提示下以矩形窗口方式选择对象，AutoCAD 将显示如图 4-4 所示的选择窗口，即选择窗口具有所设置的背景颜色。

图 4-2　"选择集"选项卡

图 4-3　"视觉效果设置"对话框

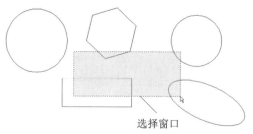

选择窗口

图 4-4 具有背景颜色的窗口选择区域

4.2 删除对象

1. 功能

删除指定的对象。

2. 命令调用方式

命令：ERASE。工具栏："修改" | (删除)按钮。菜单命令："修改" | "删除"。

3. 命令执行方式

执行 ERASE 命令，AutoCAD 提示：

选择对象:(选择要删除的对象，可以用 4.1 节中介绍的各种方法进行选择)
选择对象:✓(可以继续选择对象)

执行结果：AutoCAD 删除选中的对象。

4.3 移动对象

1. 功能

将选中的对象从当前位置移到另一位置，即更改图形的位置。

2. 命令调用方式

命令：MOVE。功能区："默认" | ✛移动(移动)按钮。工具栏："修改" | ✛(移动)按钮。
菜单命令："修改" | "移动"。

3. 命令执行方式

执行 MOVE 命令，AutoCAD 提示(移动效果参见图 4-5)：

选择对象:(选择要移动位置的对象)
选择对象:✓(可以继续选择对象)
指定基点或 [位移(D)] <位移>:

下面介绍各选项的含义及其操作方法。

1) 指定基点

确定移动基点,为默认选项。执行该默认选项,AutoCAD 提示:

指定第二个点或 <使用第一个点作为位移>:

在此提示下再确定一点,即执行"指定第二个点"选项,AutoCAD 将选择的对象从当前位置按指定两点所确定的位移矢量进行移动。如果在此提示下直接按 Enter 键或 Space 键,AutoCAD 会将所指定的第一个点的各坐标分量作为移动位移量来移动对象。

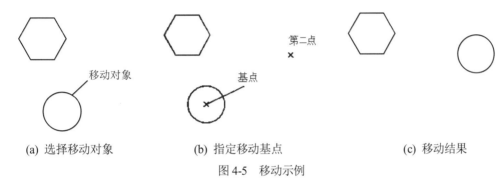

(a) 选择移动对象   (b) 指定移动基点   (c) 移动结果

图 4-5 移动示例

2) 位移(D)

根据位移量来移动对象。执行该选项,AutoCAD 提示:

指定位移:

如果在此提示下输入位移量,AutoCAD 会将所选对象按对应的移动位移量进行移动。例如,在"指定位移:"提示下输入"20,30,50",然后按 Enter 键,则选择对象沿 X、Y 和 Z 坐标方向的移动位移量分别为 20、30、50。

4.4 复制对象

1. 功能

将选定的对象复制到指定的位置。

2. 命令调用方式

命令:COPY。功能区:"默认" | ⬚复制(复制)按钮。工具栏:"修改" | ⬚(复制)按钮。菜单命令:"修改" | "复制"。

3. 命令执行方式

执行 COPY 命令，AutoCAD 提示：

> 选择对象:(选择要复制的对象)
> 选择对象:✓(可以继续选择对象)
> 指定基点或 [位移(D)/模式(O)] <位移>:

下面介绍各选项的含义及其操作方法。

1) 指定基点

确定复制基点，为默认选项。指定复制基点后，AutoCAD 提示：

> 指定第二个点或 [阵列(A)] <使用第一个点作为位移>:

在此提示下再确定一点，AutoCAD 将所选择对象按由两点确定的位移矢量复制到指定位置。如果在该提示下直接按 Enter 键或 Space 键，AutoCAD 会将第一个点的各坐标分量作为位移量复制对象。如果执行"阵列(A)"选项，会将选中的对象进行线性阵列复制。完成复制操作后，AutoCAD 可能会继续提示：

> 指定第二个点或 [阵列(A)/退出(E)/放弃(U)] <退出>:

如果在该提示下依次确定位移的第二个点，AutoCAD 会将所选对象按基点与对应点确定的各位移矢量关系进行多次复制。如果按 Space 键或 Esc 键，AutoCAD 则结束复制操作。

2) 位移(D)

根据位移量复制对象。执行该选项，AutoCAD 提示：

> 指定位移:

如果在此提示下输入位移量，AutoCAD 会将所选对象按对应的位移量进行复制。

3) 模式(O)

选择复制模式。执行该选项，AutoCAD 提示：

> 输入复制模式选项 [单个(S)/多个(M)] <多个>:

其中，"单个(S)"选项表示执行 COPY 命令后只能对选择的对象执行一次复制操作；"多个(M)"选项表示可以对所选择的对象执行多次复制操作，AutoCAD 默认选项为"多个(M)"。

4.5 旋 转 对 象

1. 功能

将指定的对象绕指定点(称其为基点)旋转指定的角度。

2. 命令调用方式

命令：ROTATE。功能区："默认" | 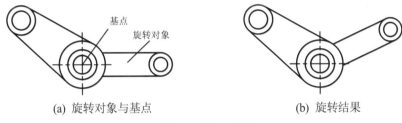旋转(旋转)按钮。工具栏："修改" | (旋转)按钮。菜单命令："修改" | "旋转"。

3. 命令执行方式

执行 ROTATE 命令，AutoCAD 提示(旋转效果参见图 4-6)：

> 选择对象:(选择要旋转的对象)
> 选择对象:↙(可以继续选择对象)
> 指定基点:(确定旋转基点)
> 指定旋转角度，或[复制(C)/参照(R)]:

下面介绍提示中各选项的含义及其操作方法。

1) 指定旋转角度

确定旋转角度。如果在 AutoCAD 提示下输入角度值后按 Enter 键或 Space 键，即执行默认选项，AutoCAD 则将对象绕基点旋转该角度，且在默认状态下，角度为正值时对象按逆时针方向旋转，反之则按顺时针方向旋转。

基点
旋转对象

(a) 旋转对象与基点   (b) 旋转结果

图 4-6　旋转示例

2) 复制(C)

创建旋转对象后仍保留原对象。执行该选项后，根据提示指定旋转角度即可。

3) 参照(R)

以参照方式旋转对象。执行该选项，AutoCAD 提示：

> 指定参照角度:(输入参照角度值)
> 指定新角度或 [点(P)] <0>:(输入新角度值，或通过"点(P)"选项指定两点来确定新角度)

执行结果：AutoCAD 会根据参照角度与新角度的值自动计算出旋转角度(旋转角度=新角度-参照角度)，并将对象绕基点旋转该角度。

4.6 缩放对象

1. 功能

放大或缩小指定的对象。

2. 命令调用方式

命令：SCALE。功能区："默认" | ◻缩放 (缩放)按钮。工具栏："修改" | ◻(缩放)按钮。菜单命令："修改" | "缩放"。

3. 命令执行方式

执行 SCALE 命令，AutoCAD 提示(缩放效果参见图 4-7)：

> 选择对象:(选择要缩放的对象)
> 选择对象:↙(也可以继续选择对象)
> 指定基点:(确定基点位置)
> 指定比例因子或 [复制(C)/参照(R)]:

下面介绍提示中各选项的含义及其操作方法。

1) 指定比例因子

用于确定缩放的比例因子。输入比例因子后，按 Enter 键或 Space 键，AutoCAD 会将所选择的对象根据此比例因子相对于基点进行缩放，比例因子大于 1 时放大对象，反之则缩小对象。

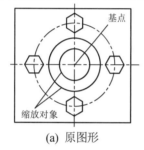

(a) 原图形　　　　　　　　　(b) 缩放(缩小)结果

图 4-7　缩放示例

2) 复制(C)

创建缩小或放大的对象后仍保留原对象。执行该选项后，根据提示指定缩放比例因子即可。

3) 参照(R)

将对象按参照方式进行缩放。执行该选项，AutoCAD 提示：

> 指定参照长度:(输入参照长度的值)
> 指定新的长度或 [点(P)]:(输入新的长度值或通过"点(P)"选项通过指定两点来确定长度值)

执行结果：AutoCAD 会根据参照长度与新长度的值自动计算出比例因子(比例因子=新长度值÷参照长度值)，并进行对应的缩放操作。

4.7　偏　移　对　象

1. 功能

偏移操作用于创建同心圆、平行线或等距曲线，又称偏移复制，如图 4-8 所示。

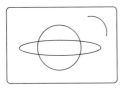　　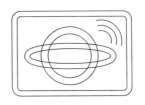

(a) 原图形　　　　　　　　　　　　　　(b) 偏移结果

图 4-8　偏移示例

2. 命令调用方式

命令：OFFSET。功能区："默认" | ⊑(偏移)按钮。工具栏："修改" | ⊑(偏移)按钮。菜单命令："修改" | "偏移"。

3. 命令执行方式

执行 OFFSET 命令，AutoCAD 提示：

> 指定偏移距离或 [通过(T)/删除(E)/图层(L)] <通过>:

下面介绍提示中各选项的含义及其操作方法。

1) 指定偏移距离

根据偏移距离偏移复制对象。如果在"指定偏移距离或 [通过(T)/删除(E)/图层(L)]:"提示信息下输入距离值，AutoCAD 提示：

> 选择要偏移的对象，或 [退出(E)/放弃(U)] <退出>:(可以选择偏移对象，也可以按 Enter 键或 Space 键退出命令的执行)
>
> 指定要偏移的那一侧上的点，或 [退出(E)/多个(M)/放弃(U)] <退出>:(在要复制的一侧任意确定一点，即在任意位置单击。"多个(M)"选项用于实现多次偏移复制；"退出(E)"选项用于结束命令的执行；"放弃(U)"选项用于取消上一次的偏移复制操作)
>
> 选择要偏移的对象，或 [退出(E)/放弃(U)] <退出>:✓(也可以继续选择对象进行偏移复制)

2) 通过(T)

使偏移复制后得到的对象通过指定的点。执行该选项，AutoCAD 提示：

> 选择要偏移的对象，或 [退出(E)/放弃(U)] <退出>:(可以选择偏移对象，也可以按 Enter 键或 Space 键退出命令的执行)
>
> 指定通过点或 [退出(E)/多个(M)/放弃(U)] <退出>:(确定偏移复制对象要通过的点。"多个(M)"选项用于实现多次偏移复制；"退出(E)"选项用于结束命令的执行；"放弃(U)"选项用于取消上一次的偏移复制操作)
>
> 选择要偏移的对象，或 [退出(E)/放弃(U)] <退出>:✓(也可以继续选择对象进行偏移复制)

3) 删除(E)

执行偏移操作后，确定是否删除源对象。执行"删除(E)"选项，AutoCAD 提示：

> 要在偏移后删除源对象吗？[是(Y)/否(N)] <否>:

用户选择"是(Y)"或"否(N)"选项后，AutoCAD 提示：

指定偏移距离或 [通过(T)/删除(E)/图层(L)] <通过>:

此时，根据提示继续执行操作即可。

4) 图层(L)

确定是将偏移对象创建在当前图层上，还是创建在源对象所在的图层上(有关图层的介绍详见第 5 章)。执行"图层(L)"选项，AutoCAD 提示：

输入偏移对象的图层选项 [当前(C)/源(S)] <源>:

此时，可选择"当前(C)"选项将偏移对象创建在当前图层上，或选择"源(S)"选项将偏移对象创建在源对象所在的图层上。用户选择后，AutoCAD 提示：

指定偏移距离或 [通过(T)/删除(E)/图层(L)] <通过>:

根据提示操作即可。

4. 说明

(1) 执行 OFFSET 命令后，只能以直接拾取的方式选择对象，而且在一次偏移操作中只能选择一个对象。

(2) 如果使用给定偏移距离的方式偏移复制对象，则距离值必须大于 0。

(3) 对不同的对象执行 OFFSET 命令，结果会不同，其中：对圆弧进行偏移复制后，新圆弧与旧圆弧有同样的包含角，但新圆弧的长度与旧圆弧不同；对圆或椭圆进行偏移复制后，新圆与旧圆或者新椭圆与旧椭圆有同样的圆心，但新圆的半径或新椭圆的轴长将发生相应的变化；对线段、构造线、射线进行偏移操作，实际为平行复制。

4.8 镜 像 对 象

1. 功能

将选中的对象相对于指定的镜像线进行镜像，如图 4-9 所示。此功能特别适合于绘制对称图形。

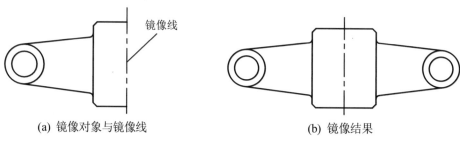

(a) 镜像对象与镜像线   (b) 镜像结果

图 4-9　镜像示例

2. 命令调用方式

命令：MIRROR。功能区："默认" | ⚠镜像(镜像)按钮。工具栏："修改" | ⚠(镜像)按钮。菜单命令："修改" | "镜像"。

3. 命令执行方式

执行 MIRROR 命令，AutoCAD 提示：

> 选择对象:(选择要镜像的对象)
> 选择对象:✓(可以继续选择对象)
> 指定镜像线的第一点:(确定镜像线上的一个点)
> 指定镜像线的第二点:(确定镜像线上的另一个点)
> 要删除源对象吗？[是(Y)/否(N)] <N>:

此提示询问用户是否要删除源对象，如果直接按 Enter 键或 Space 键，则执行默认选项"否(N)"，AutoCAD 镜像复制对象，即镜像后保留源对象；如果执行"是(Y)"选项，则 AutoCAD 执行镜像操作后删除源对象。

当文字属于被镜像对象时，将出现两种镜像结果：文字可读镜像和文字完全镜像。图 4-10(a)所示为已有图形和文字，图 4-10(b)所示属于文字可读镜像，图 4-10(c)所示则属于文字完全镜像。根据系统变量 MIRRTEXT 可设置镜像结果。当系统变量 MIRRTEXT 的值为 0 时，文字按可读方式镜像；当其值为 1 时，文字按完全方式镜像。系统变量 MIRRTEXT 的默认值为 0。

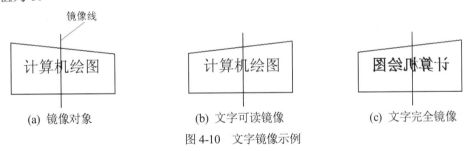

(a) 镜像对象　　　　　　(b) 文字可读镜像　　　　　　(c) 文字完全镜像

图 4-10　文字镜像示例

4.9　阵列对象

AutoCAD 2020 提供了矩形阵列、环形阵列等多种阵列方式。图 4-11、图 4-12 和图 4-13 所示分别是用于阵列操作的"默认"功能区按钮、下拉菜单和工具栏。

图 4-11　"默认"功能区按钮　　　图 4-12　阵列下拉菜单　　　图 4-13　阵列工具栏

4.9.1 矩形阵列

1. 功能

矩形阵列对象指将选定的对象以矩形方式进行多重复制，如图 4-14 所示。

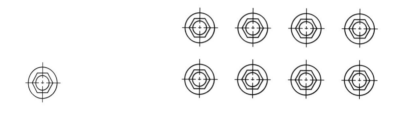

(a) 已有对象　　　　　　　　(b) 按 2 行、4 列阵列

图 4-14　矩形阵列示例

2. 命令调用方式

命令：ARRAYRECT。功能区："默认" | 阵列 按钮。工具栏："修改" | (矩形阵列)按钮。菜单命令："修改" | "阵列" | "矩形阵列"。

3. 命令执行方式

执行 ARRAYRECT 命令，AutoCAD 提示：

> 选择对象:(选择要阵列的对象)
> 选择对象:✓(也可以继续选择阵列对象)
> 选择夹点以编辑阵列或 [关联(AS)/基点(B)/计数(COU)/间距(S)/列数(COL)/行数(R)/层数(L)/退出(X)]
> <退出>:

下面介绍二维绘图中常用选项的功能。

1) 关联(AS)

指定阵列后得到的对象(包括源对象)是关联的还是独立的。如果选择关联，阵列后得到的对象(包括源对象)是一个整体，否则阵列后各图形对象为独立的对象。执行该选项，AutoCAD 提示：

> 创建关联阵列 [是(Y)/否(N)] <否>:

根据需要选择相应的选项即可。

说明：

以"关联"方式阵列后，可通过分解功能将其分解，即取消关联(通过执行菜单命令"修改" | "分解"实现)。

2) 基点(B)

指定阵列基点或关键点。执行该选项，AutoCAD 提示：

> 指定基点或 [关键点(K)] <质心>:(指定阵列基点或关键点)
>
> 选择夹点以编辑阵列或 [关联(AS)/基点(B)/计数(COU)/间距(S)/列数(COL)/行数(R)/层数(L)/退出(X)]
>
> <退出>:(继续操作)

3) 计数(COU)

指定阵列的行数和列数。执行该选项，AutoCAD 提示：

> 输入列数数或 [表达式(E)]:(输入阵列列数，也可以通过表达式确定列数)
>
> 输入行数数或 [表达式(E)]:(输入阵列行数，也可以通过表达式确定行数)
>
> 选择夹点以编辑阵列或 [关联(AS)/基点(B)/计数(COU)/间距(S)/列数(COL)/行数(R)/层数(L)/退出(X)]
>
> <退出>:(继续操作)

4) 间距(S)

设置阵列的列间距和行间距。执行该选项，AutoCAD 提示：

> 指定列之间的距离或 [单位单元(U)]: (指定列间距)
>
> 指定行之间的距离: (指定行间距)
>
> 选择夹点以编辑阵列或 [关联(AS)/基点(B)/计数(COU)/间距(S)/列数(COL)/行数(R)/层数(L)/退出(X)]
>
> <退出>:(继续操作)

5) 列数(COL)、行数(R)、层数(L)

分别设置阵列的列数、列间距；行数、行间距；层数(三维阵列)、层间距。

4.9.2 环形阵列

1. 功能

将选定的对象围绕指定的圆心实现多重复制。图 4-15 所示为一个环形阵列示例。

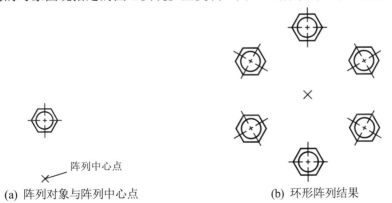

(a) 阵列对象与阵列中心点　　　　(b) 环形阵列结果

图 4-15　环形阵列示例

2. 命令调用方式

命令：ARRAYPOLAR。功能区："默认" | [环形阵列]按钮。工具栏："修改" | [图标](环形阵列)按钮。菜单命令："修改" | "阵列" | "环形阵列"。

3. 命令执行方式

执行 ARRAYPOLAR 命令，AutoCAD 提示：

> 选择对象:(选择阵列对象)
>
> 选择对象:✓(也可以继续选择阵列对象)
>
> 指定阵列的中心点或 [基点(B)/旋转轴(A)]:

在该提示信息中，"指定阵列的中心点"选项用于确定环形阵列时的阵列中心点。在"指定阵列的中心点或 [基点(B)/旋转轴(A)]:"提示信息下确定阵列中心点后，AutoCAD 提示：

> 选择夹点以编辑阵列或 [关联(AS)/基点(B)/项目(I)/项目间角度(A)/填充角度(F)/行(ROW)/层(L)/旋转项目(ROT)/退出(X)] <退出>:

其中，"项目(I)"选项用于设置阵列后所显示的对象数目；"项目间角度(A)"选项用于设置环形阵列后相邻两个对象之间的夹角；"填充角度(F)"设置阵列后第一个和最后一个项目之间的角度。

4.10 拉 伸 对 象

1. 功能

拉伸操作通常用于将对象拉长或压缩，但在一定条件下也可以移动图形。

2. 命令调用方式

命令：STRETCH。功能区："默认" | [拉伸](拉伸)按钮。工具栏："修改" | [图标](拉伸)按钮。菜单命令："修改" | "拉伸"。

3. 命令执行方式

执行 STRETCH 命令，AutoCAD 提示(拉伸结果参见图 4-16)：

> 以交叉窗口或交叉多边形选择要拉伸的对象 ...(此提示说明用户只能以交叉窗口方式(即交叉矩形窗口，一般用 C 响应)或交叉多边形方式(即不规则交叉窗口方式，用 CP 响应)选择对象)
>
> 选择对象:C✓(或用 CP 响应)
>
> 指定第一个角点:(指定窗口的第一个角点)
>
> 指定对角点:(指定窗口的对角点)
>
> 选择对象:✓(可以继续选择拉伸对象)
>
> 指定基点或 [位移(D)] <位移>:

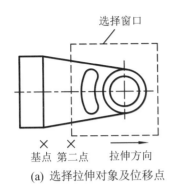

选择窗口

基点 第二点 拉伸方向

(a) 选择拉伸对象及位移点

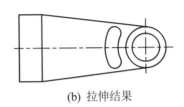

(b) 拉伸结果

图 4-16 拉伸示例

下面介绍提示中各选项的含义及其操作方法。

1) 指定基点

该选项用于确定拉伸或移动的基点，为默认选项。指定基点后，AutoCAD 提示：

指定第二个点或 <使用第一个点作为位移>:

在此提示下再确定一个点，即执行"指定第二个点"选项，AutoCAD 将选择的对象从当前位置按所指定两点确定的位移矢量实现移动或拉伸，即 AutoCAD 移动位于选择窗口内的全部对象；将与窗口边界相交的对象按规则拉伸或压缩，具体拉伸规则详见后面的介绍。如果直接按 Enter 键或 Space 键，AutoCAD 则将所指定的第一点的各坐标分量作为位移量来拉伸或移动对象。

2) 位移(D)

根据位移量来移动对象。执行该选项，AutoCAD 提示：

指定位移:

如果在此提示下输入位移量，AutoCAD 则将所选对象根据指定位移量按规则进行拉伸或移动。

4. 拉伸规则

在"选择对象:"提示下选择对象时，如果执行 LINE 和 ARC 等命令绘制的直线或圆弧的整个对象均位于选择窗口内，则执行结果是对其进行移动。若对象的一端位于选择窗口内，另一端位于选择窗口外，即对象与选择窗口的边界相交，则需要遵循以下拉伸规则。

(1) 线段：位于选择窗口内的端点不移动而位于选择窗口外的端点移动，直线由此发生对应的改变。

(2) 圆弧：与直线类似，但在圆弧的改变过程中，圆弧的弦高保持不变，并由此调整圆心位置。

(3) 多段线(详见本书 7.1 节中的介绍)：与直线或圆弧相似，但多段线两端的宽度、切线方向及曲线的拟合信息均不改变。

(4) 其他对象：如果对象的定义点位于选择窗口内，对象将发生移动，否则不发生移动。其中，圆的定义点为圆心，块的定义点为块插入点，文字和属性的定义点为字符串的位置定义点。

例如，对于如图 4-16 所示的拉伸示例，执行拉伸操作后，位于选择窗口中的对象均向右平移，但两条斜线被拉长，且拉长后仍保持与圆的相切关系。

4.11 修改对象的长度

1. 功能

改变线段或圆弧的长度。

2. 命令调用方式

命令：LENGTHEN。功能区："默认"｜修改｜■(拉长)按钮。菜单命令："修改"｜"拉长"。

3. 命令执行方式

执行 LENGTHEN 命令，AutoCAD 提示：

> 选择要测量的对象或 [增量(DE)/百分比(P)/总计(T)/动态(DY)]:

下面介绍提示中各选项的含义及其操作方法。

1) 选择要测量的对象

该选项用于显示指定直线或圆弧的当前长度及包含角(对于圆弧而言)，为默认选项。选择对象后，AutoCAD 显示对应的值，并继续提示：

> 选择要测量的对象或 [增量(DE)/百分比(P)/总计(T)/动态(DY)]:

2) 增量(DE)

通过设定长度增量或角度增量的方式改变对象的长度。执行该选项，AutoCAD 提示：

> 输入长度增量或 [角度(A)]:

● 输入长度增量

输入长度增量，为默认选项。执行该选项，AutoCAD 提示：

> 选择要修改的对象或 [放弃(U)]:(在该提示下选择线段或圆弧，被选择对象按给定的长度增量在离拾取点近的一端改变长度，当长度增量为正值时变长，反之则变短)
> 选择要修改的对象或 [放弃(U)]:✓(也可以继续选择对象并进行修改操作)

● 角度(A)

根据圆弧的包含角增量改变弧长。执行该选项，AutoCAD 提示：

> 输入角度增量：

输入圆弧的角度增量后，AutoCAD 提示：

> 选择要修改的对象或 [放弃(U)]:(在该提示下选择圆弧，该圆弧将按指定的角度增量在离拾取点近的一端改变长度，且角度增量为正值时圆弧变长，反之则变短)
> 选择要修改的对象或 [放弃(U)]:✓(也可以继续选择对象并进行修改操作)

3) 百分比(P)

使直线或圆弧按照百分比值改变长度。执行该选项，AutoCAD 提示：

> 输入长度百分数:(输入百分比值)
> 选择要修改的对象或 [放弃(U)]:(选择对象)

执行结果：所选对象在离拾取点近的一端按指定的百分数延长或缩短。当输入的值大于100(即大于100%)时所选直线或圆弧的长度延长，反之则缩短；当输入的值为 100 时，所选对象的长度保持不变。

4) 总计(T)

根据直线或圆弧的新长度或圆弧的新包含角改变长度。执行该选项，AutoCAD 提示：

> 指定总长度或 [角度(A)]:

● 指定总长度

输入直线或圆弧的新长度值，为默认选项。输入新长度值后，AutoCAD 提示：

> 选择要修改的对象或 [放弃(U)]:

在此提示下选择线段或圆弧，AutoCAD 使操作对象在离拾取点近的一端改变长度，将其长度更改为新设置的值。

● 角度(A)

确定圆弧的新包含角度(该选项只适用于圆弧)。执行该选项，AutoCAD 提示：

> 指定总角度:(输入角度)
> 选择要修改的对象或 [放弃(U)]:

在此提示下选择圆弧，该圆弧在离拾取点近的一端改变长度，其包含角更改为新设置的值。

5) 动态(DY)

动态改变圆弧或直线的长度。执行该选项，AutoCAD 提示：

> 选择要修改的对象或 [放弃(U)]:(选择对象)
> 指定新端点:

在此提示下可以通过鼠标动态确定圆弧或线段端点的新位置。

4.12 修 剪 对 象

1. 功能

使用作为剪切边的对象修剪指定的对象，也就是说，将被修剪对象沿剪切边断开，并删除位于剪切边一侧或位于两条剪切边之间的对象。修剪示例如图 4-17 所示。

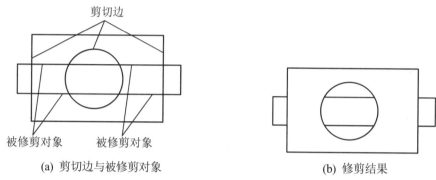

(a) 剪切边与被修剪对象　　　　　　　　　　(b) 修剪结果

图 4-17　修剪示例

2. 命令调用方式

命令：TRIM。功能区："默认" | ✂修剪▾(修剪)按钮。工具栏："修改" | ✂(修剪)按钮。菜单命令："修改" | "修剪"。

3. 命令执行方式

执行 TRIM 命令，AutoCAD 提示：

> 选择剪切边...
> 选择对象或 <全部选择>:(选择作为剪切边的对象，按 Enter 键则选择全部对象)
> 选择对象✓(也可以继续选择对象)
> 选择要修剪的对象，或按住 Shift 键选择要延伸的对象，或
> [栏选(F)/窗交(C)/投影(P)/边(E)/删除(R)/放弃(U)]:

下面介绍提示中各选项的含义及其操作方法。

1) 选择要修剪的对象，或按住 Shift 键选择要延伸的对象

选择对象进行修剪或将其延伸到剪切边，为默认选项。在该提示下选择被修剪对象，AutoCAD 会以剪切边为边界，将被修剪对象位于拾取点一侧的多余部分或将位于两条剪切边之间的对象剪切掉。如果被修剪对象未与剪切边相交，则在该提示下按住 Shift 键后选择对应的对象，AutoCAD 会将其延伸到剪切边。

2) 栏选(F)

以栏选方式确定被修剪对象。执行该选项，AutoCAD 提示：

指定第一个栏选点或拾取/拖动光标:(指定第一个栏选点)

指定下一个栏选点或 [放弃(U)]:(依次在此提示下确定各栏选点)

指定下一个栏选点或 [放弃(U)]:✓(AutoCAD 执行对应的修剪)

选择要修剪的对象，或按住 Shift 键选择要延伸的对象，或

[栏选(F)/窗交(C)/投影(P)/边(E)/删除(R)/放弃(U)]:✓(也可以继续选择操作对象，或进行其他操作或设置)

3) 窗交(C)

将与选择窗口边界相交的对象作为被修剪对象。执行该选项，AutoCAD 提示：

指定第一个角点:(确定窗口的第一个角点)

指定对角点:(确定窗口的另一个角点，AutoCAD 执行对应的修剪操作)

选择要修剪的对象，或按住 Shift 键选择要延伸的对象，或

[栏选(F)/窗交(C)/投影(P)/边(E)/删除(R)/放弃(U)]: ✓(也可以继续选择操作对象，或进行其他操作或设置)

4) 投影(P)

确定执行修剪操作的空间。执行该选项，AutoCAD 提示：

输入投影选项 [无(N)/UCS(U)/视图(V)]:

- 无(N)

按实际三维空间的相互关系修剪对象,即只有在三维空间实际交叉的对象才能彼此修剪，而不是按在平面上的投影关系修剪。

- UCS(U)

在当前 UCS(用户坐标系,相关介绍详见本书的 13.3 节)的 XY 面上修剪。选择该选项后，可以在当前 XY 面上按投影关系修剪三维空间中并不相交的对象。

- 视图(V)

在当前视图平面上按对象的投影相交关系修剪。

上面各设置在按住 Shift 键进行修剪时同样有效。

5) 边(E)

确定剪切边的隐含延伸模式。执行该选项，AutoCAD 提示：

输入隐含边延伸模式 [延伸(E)/不延伸(N)]:

- 延伸(E)

按延伸方式进行修剪，即如果剪切边过短，且未与被修剪对象相交，那么AutoCAD 会假设延长剪切边，然后进行修剪操作。

- 不延伸(N)

只按边的实际相交情况进行修剪。如果剪切边过短，未与被修剪对象相交，则 AutoCAD 不予以修剪。

6) 删除(R)

删除指定的对象。执行该选项，AutoCAD 提示：

选择要删除的对象或 <退出>: (选择要删除的对象)

选择要删除的对象:✓ (AutoCAD 执行对应的删除命令，也可以继续选择要删除的对象)

选择要修剪的对象，或按住 Shift 键选择要延伸的对象，或

[栏选(F)/窗交(C)/投影(P)/边(E)/删除(R)/放弃(U)]:(也可以继续选择操作对象，或进行其他操作或设置)

7) 放弃(U)

取消上一次操作。

说明：

执行 TRIM 命令进行修剪操作时，作为剪切边的对象可以同时作为被修剪对象。

【例 4-1】已知有如图 4-18(a)所示的图形，对其进行修剪操作，结果如图 4-18(b)所示。

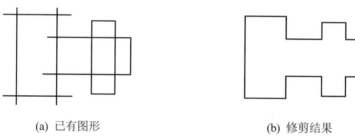

(a) 已有图形   (b) 修剪结果

图 4-18　修剪示例

操作步骤如下。

执行 TRIM 命令，AutoCAD 提示：

选择剪切边...

选择对象或 <全部选择>:✓ (选择全部对象，因为大部分对象要用作剪切边，图 4-19 中的小叉仅用于下面的操作说明，实际图形中这些小叉并不存在)

选择要修剪的对象，或按住 Shift 键选择要延伸的对象，或

[栏选(F)/窗交(C)/投影(P)/边(E)/删除(R)/放弃(U)]: (在图 4-19 中，在有小叉的部位依次拾取对应的对象)

选择要修剪的对象，或按住 Shift 键选择要延伸的对象，或

[栏选(F)/窗交(C)/投影(P)/边(E)/删除(R)/放弃(U)]:✓

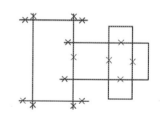

图 4-19　用小叉作为操作说明

执行结果如图 4-18(b)所示。本例中，许多直线既是剪切边，又是被修剪对象。

4.13　延伸对象

1. 功能

将指定的对象延伸到指定的边界(边界边)，延伸结果如图 4-20(b)所示。

(a) 延伸前   (b) 延伸结果

图 4-20 延伸示例

2. 命令调用方式

命令：EXTEND。功能区："默认" | ⬛延伸(延伸)按钮。工具栏："修改" | ⬛(延伸)按钮。菜单命令："修改" | "延伸"。

3. 命令执行方式

执行 EXTEND 命令，AutoCAD 提示：

> 选择边界的边...
> 选择对象或 <全部选择>:(选择作为边界边的对象，按 Enter 键选择全部对象)
> 选择对象:✓(可以继续选择对象)
> 选择要延伸的对象，或按住 Shift 键选择要修剪的对象，或
> [栏选(F)/窗交(C)/投影(P)/边(E)/放弃(U)]:

下面介绍提示中各选项的含义及其操作方法。

1) 选择要延伸的对象，或按住 Shift 键选择要修剪的对象

选择对象进行延伸或修剪，为默认选项。在该提示下选择要延伸的对象，AutoCAD 将其延长到指定的边界对象。如果延伸对象与边界交叉，那么在该提示下按住 Shift 键，然后选择对应的对象，AutoCAD 将对其进行修剪操作，即用边界对象将位于拾取点一侧的对象修剪掉。

2) 栏选(F)

以栏选方式确定被延伸的对象。执行该命令，AutoCAD 提示：

> 指定第一个栏选点或拾取/拖动光标:(指定第一个栏选点)
> 指定下一个栏选点或 [放弃(U)]:(依次在此提示下确定其他各栏选点)
> 指定下一个栏选点或 [放弃(U)]:✓(AutoCAD 执行对应的延伸)
> 选择要延伸的对象，或按住 Shift 键选择要修剪的对象，或
> [栏选(F)/窗交(C)/投影(P)/边(E)/放弃(U)]: ✓(可以继续选择操作对象，或进行其他操作或设置)

3) 窗交(C)

将与选择窗口边界相交的对象作为被延伸的对象。执行该选项，AutoCAD 提示：

> 指定第一个角点:(确定窗口的第一个角点)
> 指定对角点:(确定窗口的另一个角点，AutoCAD 将执行对应的延伸操作)
> 选择要延伸的对象，或按住 Shift 键选择要修剪的对象，或
> [栏选(F)/窗交(C)/投影(P)/边(E)/放弃(U)]: ✓(可以继续选择操作对象，或进行其他操作或设置)

4) 投影(P)

确定执行延伸操作的空间。执行该选项，AutoCAD 提示：

输入投影选项 [无(N)/UCS(U)/视图(V)]:

- 无(N)

按实际三维关系(而非投影关系)延伸，即只有在三维空间中实际相交的对象才能被延伸。

- UCS(U)

在当前 UCS 的 XY 面上延伸，此时，可以在 XY 面上按投影关系延伸三维空间中并不相交的对象。

- 视图(V)

在当前视图平面上按对象的投影关系延伸。

上面各设置在按住 Shift 键进行延伸操作时同样有效。

5) 边(E)

确定延伸的模式。执行该选项，AutoCAD 提示：

输入隐含边延伸模式 [延伸(E)/不延伸(N)]:

- 延伸(E)

选择延伸模式进行延伸操作，即如果边界对象过短，并且被延伸对象延伸后不能与其相交，AutoCAD 会假设延长边界对象，使被延伸对象延伸到与其相交的位置。

- 不延伸(N)

该选项表示将按边的实际位置进行延伸操作，即如果边界对象过短，且被延伸对象延伸后不能与其相交，则不进行延伸操作。

6) 放弃(U)

取消上一次操作。

同样，执行 EXTEND 命令进行延伸操作时，作为延伸边界的对象可以同时作为被延伸的对象。

4.14 打断对象

1. 功能

在指定点处将对象分为两个部分，或删除对象上所指定两点之间的部分。

2. 命令调用方式

命令：BREAK。功能区："默认" | ▢▢按钮。工具栏："修改" | ▢(打断)按钮，"修改" | ▢(打断于点)按钮。菜单命令："修改" | "打断"。

3. 命令执行方式

执行 BREAK 命令，AutoCAD 提示：

> 选择对象:(选择要打断的对象。注意：此时只能用直接拾取的方式选择一个对象)
> 指定第二个打断点或 [第一点(F)]:

下面介绍提示中各选项的含义及其操作方法。

1) 指定第二个打断点

此时，AutoCAD 以用户选择对象时的选择点作为第一个断点，并提示确定第二个断点。如要确定第二个断点，有以下 3 种方法：

- 如果直接在对象上的另一个点处单击，AutoCAD 会将位于两个选择点之间的对象删除；
- 如果输入符号@，然后按 Enter 键或 Space 键，AutoCAD 将在选择对象时的选择点处将对象一分为二；
- 如果在对象的一端任意拾取一点，AutoCAD 会将位于两个选择点之间的对象删除。

2) 第一点(F)

重新确定第一个断点。执行该选项，AutoCAD 提示：

> 指定第一个打断点:(重新确定第一个断点)
> 指定第二个打断点:

在此提示下，按前面介绍的 3 种方法确定第二个断点即可。

4. 说明

(1) 对圆执行打断操作时，AutoCAD 沿逆时针方向将圆上位于第一个断点与第二个断点之间的圆弧段删除。

(2) 单击"修改"工具栏中的 (打断)按钮，在两点之间打断对象；单击 (打断于点)按钮，在某一点处将对象打断为两部分。

4.15　创 建 倒 角

1. 功能

在两条直线之间创建倒角。

2. 命令调用方式

命令：CHAMFER。功能区："默认" | 倒角 (倒角)按钮。工具栏："修改" | (倒角)按钮。菜单命令："修改" | "倒角"。

3. 命令执行方式

执行 CHAMFER 命令，AutoCAD 提示(倒角效果参见图 4-21)：

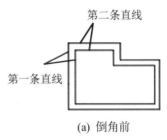

第二条直线

第一条直线

(a) 倒角前

(b) 倒角后

图 4-21　倒角示例

("修剪"模式) 当前倒角距离 1 = 0.0000，距离 2 = 0.0000
选择第一条直线或 [放弃(U)/多段线(P)/距离(D)/角度(A)/修剪(T)/方式(E)/多个(M)]:

提示的第一行说明当前的倒角操作属于"修剪"模式，且第一、第二倒角距离均为 0。
下面介绍第二行提示中各选项的含义及其操作方法。

1) 选择第一条直线

要求选择进行倒角的第一条线段，为默认选项。执行该选项，AutoCAD 提示:

选择第二条直线，或按住 Shift 键选择要应用角点或 [距离(D)/角度(A)/方法(M)]:

在该提示下选择相邻的另一条线段，AutoCAD 按当前的倒角设置对它们进行倒角。如果
按 Shift 键，然后选择相邻的另一条线段，则 AutoCAD 可以创建 0 距离倒角，使两条直线准
确相交。

执行 CHAMFER 命令，如果当前的倒角设置不符合要求，首先需要通过其他选项进行设
置(如设置倒角距离等)，然后选择"选择第一条直线"选项进行倒角操作。

2) 多段线(P)

对整条多段线进行倒角操作。执行该命令，AutoCAD 提示:

选择二维多段线或[距离(D)/角度(A)/方法(M)]:

在该提示下选择多段线后，AutoCAD 会在多段线的各角点处倒角。

3) 距离(D)

设置倒角距离。执行该选项，AutoCAD 提示:

指定第一个倒角距离:(输入第一倒角距离)
指定第二个倒角距离:(输入第二倒角距离)
选择第一条直线或 [放弃(U)/多段线(P)/距离(D)/角度(A)/修剪(T)/方式(E)/多个(M)]:(进行其他设
置或操作)

如果设置了不同的倒角距离，AutoCAD 将对所拾取的第一条、第二条直线分别按第一、
第二倒角距离倒角；如果将倒角距离设为 0，AutoCAD 则会延长或修剪这两条直线，使两者
相交于一点。

4) 角度(A)

根据倒角距离和角度设置倒角尺寸。倒角距离和倒角角度的含义如图 4-22 所示。

执行"角度(A)"命令，AutoCAD 提示：

> 　指定第一条直线的倒角长度:(指定第一条直线的倒
> 角距离)
> 　指定第一条直线的倒角角度:(指定第一条直线的倒
> 角角度)
> 　选择第一条直线或 [放弃(U)/多段线(P)/距离(D)/角
> 度(A)/修剪(T)/方式(E)/多个(M)]:(进行其他设置或操作)

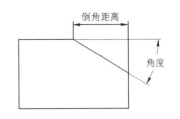

图 4-22　倒角距离与倒角角度的含义

5) 修剪(T)

确定倒角后是否对相应的倒角边进行修剪。执行该选项，AutoCAD 提示：

> 　输入修剪模式选项 [修剪(T)/不修剪(N)]<修剪>:

其中，"修剪(T)"选项表示倒角后对倒角边进行修剪；"不修剪(N)"选项表示不对倒角边进行修剪，两个选项具体的修剪效果分别如图 4-23(b)、(c)所示。

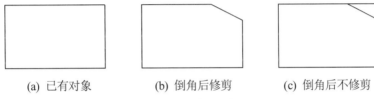

(a) 已有对象　　　　　(b) 倒角后修剪　　　　　(c) 倒角后不修剪

图 4-23　修剪示例

6) 方式(E)

确定倒角的方式，用于选择是根据已设置的两个倒角距离进行倒角，还是根据距离和角度设置进行倒角。执行该选项，AutoCAD 提示：

> 　输入修剪方法 [距离(D)/角度(A)]<距离>:

其中，选择"距离(D)"选项表示将按两条边的倒角距离设置进行倒角；选择"角度(A)"选项则表示根据边距离和倒角角度设置进行倒角。

7) 多个(M)

如果执行该选项，在用户选择两条直线完成倒角后，可以继续对其他直线进行倒角，不需要重新执行 CHAMFER 命令。

8) 放弃(U)

放弃已进行的设置或操作。

4.16　创建圆角

1. 功能

为对象创建圆角，效果如图 4-24 所示。

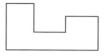

(a) 创建圆角前

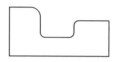

(b) 创建圆角后

图 4-24　创建圆角示例

2. 命令调用方式

命令：FILLET。功能区："默认" | ▓▓按钮。工具栏："修改" | ▓▓(圆角)按钮。菜单命令："修改" | "圆角"。

3. 命令执行方式

执行 FILLET 命令，AutoCAD 提示：

> 当前设置：模式 = 修剪，半径 = 0.0000
> 选择第一个对象或 [放弃(U)/多段线(P)/半径(R)/修剪(T)/多个(M)]:

提示的第一行说明当前的创建圆角操作采用了"修剪"模式，且圆角半径为 0。下面介绍第二行提示中各选项的含义及其操作方法。

1) 选择第一个对象

要求选择创建圆角的第一个对象，为默认选项。选择对象后，AutoCAD 提示：

> 选择第二个对象，或按住 Shift 键选择要应用角点的对象或 [半径(R)]:

在此提示下选择另一个对象，AutoCAD 将按当前的圆角半径设置对它们创建圆角。如果按住 Shift 键选择相邻的另一个对象，则可以使两个对象准确相交。

2) 多段线(P)

对二维多段线创建圆角，选择该选项，AutoCAD 提示：

> 选择二维多段线或[半径(R)]:

在此提示下选择二维多段线后，AutoCAD 将按当前的圆角半径设置在多段线的各顶点处创建圆角。

3) 半径(R)

设置圆角半径。选择该选项，AutoCAD 提示：

> 指定圆角半径:

此提示要求用户输入圆角的半径值。用户响应后，AutoCAD 继续提示：

> 选择第一个对象或 [放弃(U)/多段线(P)/半径(R)/修剪(T)/多个(M)]:

4) 修剪(T)

确定创建圆角操作的修剪模式。选择该选项，AutoCAD 提示：

> 输入修剪模式选项 [修剪(T)/不修剪(N)] <不修剪>:

其中，执行"修剪(T)"命令表示在创建圆角的同时对相应的两个对象进行修剪操作；执行"不修剪(N)"命令表示不进行修剪操作。

与倒角类似，对相交的两个对象创建圆角时，如果采用修剪模式，创建圆角后，AutoCAD总是保留拾取创建圆角对象时所选择的那部分对象，而把另外一部分对象修剪掉。另外，AutoCAD允许对两条平行线创建圆角，且AutoCAD自动将圆角半径设为两条平行线之间距离的一半。

5) 多个(M)

执行该选项且选择两个对象创建圆角后，可以继续对其他对象创建圆角，不需要重新执行 FILLET 命令。

6) 放弃(U)

放弃已进行的设置或操作。

4.17　利用夹点功能编辑图形

夹点用实心小方框表示。当在"命令:"提示下直接选择对象后，在对象的各关键点处会显示夹点(又称为特征点)。用户可以通过拖动夹点的方式方便地对所选对象进行拉伸、移动、旋转、缩放及镜像等编辑操作。

1. 操作过程

利用夹点功能编辑图形对象的步骤如下。

首先，选择需要编辑的对象，被选择对象上将出现若干个夹点(夹点的默认颜色为蓝色)，如图 4-25 所示。然后，选择其中的一个夹点作为操作点(又称为基点)进行编辑操作。操作方法为：将光标移到要操作的夹点上并单击，则该夹点会以另一种颜色显示(默认颜色为红色)。

如果将图 4-25 中所选择的两条直线的交点设为操作点，结果如图 4-26 所示。

指定操作点后，AutoCAD 提示：

```
** 拉伸 **
指定拉伸点或 [基点(B)/复制(C)/放弃(U)/退出(X)]:
```

图 4-25　显示夹点

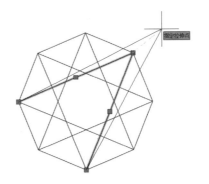

图 4-26　确定操作点

如果在该提示下直接确定一个点，即执行默认选项"指定拉伸点"，AutoCAD 会将选择的对象拉伸(或移动)到新位置。此外，如果在该提示下依次按 Enter 键或 Space 键，AutoCAD 将依次切换到移动、旋转、比例缩放及镜像模式(在快捷菜单中选择对应的菜单命令同样可以实现切换)，并允许用户进行相应的编辑操作。

【例4-2】利用夹点功能编辑如图 4-27(a)所示的图形，使其结果如图 4-27(b)所示。

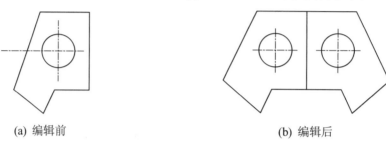

(a) 编辑前   (b) 编辑后

图 4-27 利用夹点功能编辑图形对象

1) 改变多边形上位于最左侧角点的位置和各中心线端点的位置

单击位于左侧的两条斜线，并选择最左侧的角点作为操作点，如图 4-28 所示(注意：被选择的对象上将显示夹点)。

此时，AutoCAD 提示：

```
** 拉伸 **
指定拉伸点或 [基点(B)/复制(C)/放弃(U)/退出(X)]: @-30,40✓
```

执行结果：图形左角点的位置发生了改变(按指定拉伸点的位置向左上方移动)。使用类似的方法分别更改水平中心线和垂直中心线的端点位置(此时可通过拖动和单击的方法确定点的位置)，拉伸结果如图 4-29 所示。

2) 镜像

选中所有图形，并选择图形的右上角点作为操作点，如图 4-30 所示。

右击，从快捷菜单中选择"镜像"命令，AutoCAD 提示：

```
** 镜像 **
指定第二点或 [基点(B)/复制(C)/放弃(U)/退出(X)]:C✓(镜像复制)
** 镜像 (多重) **
指定第二点或 [基点(B)/复制(C)/放弃(U)/退出(X)]:(在图形的右下角点位置单击左键)
```

执行结果如图 4-27(b)所示。

图 4-28 选择操作对象和操作点   图 4-29 拉伸结果   图 4-30 选择操作对象和基点

2. AutoCAD 对夹点的规定

对不同的对象执行夹点操作时，对象上夹点的位置和数量也不同。表 4-1 列出了 AutoCAD 对夹点的规定。

表 4-1　AutoCAD 对夹点的规定

对 象 类 型	夹点的位置
线段	两个端点和中点
多段线	直线段的两个端点、圆弧段的中点和两个端点
样条曲线	拟合点和控制点
射线	起点和射线上的一个点
构造线	控制点和线上邻近的两个点
圆弧	两个端点、中点和圆心
圆	各象限点和圆心
椭圆	各象限点和圆心
椭圆弧	两个端点、中点和圆心
文字(用 DTEXT 命令标注)	文字行定位点和第二个对齐点(如果存在)
段落文字(用 MTEXT 命令标注)	各顶点
属性	文字行定位点
尺寸	尺寸线端点和尺寸界线的起点、尺寸文字的中心点

4.18　应 用 实 例

本节将通过 3 个绘图实例来说明如何综合运用 AutoCAD 2020 的绘图功能和编辑命令进行绘图。本节介绍的某些绘图步骤并不是绘图的唯一方法，且有些步骤较为烦琐，其目的是在练习中尽可能详细地说明 AutoCAD 2020 各命令的功能和用法。

练习 1　绘制如图 4-31 所示的图形(可以暂不绘制中心线)。

本练习需要使用 CIRCLE(绘制圆)、LINE(绘制直线)、COPY(复制)及 FILLET(创建圆角)等命令。

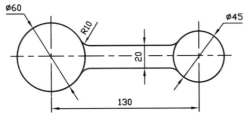

图 4-31　练习图

1) 绘制圆

执行 CIRCLE 命令，AutoCAD 提示：

指定圆的圆心或 [三点(3P)/两点(2P)/切点、切点、半径(T)]:(确定左侧圆的圆心位置，如输入 40,180 后按 Enter 键或 Space 键)

指定圆的半径或 [直径(D)]: D✓

指定圆的直径: 60✓

继续执行 CIRCLE 命令，AutoCAD 提示：

指定圆的圆心或 [三点(3P)/两点(2P)/切点、切点、半径(T)]:(确定右侧圆的圆心位置，如输入 170,180 后按 Enter 键或 Space 键)

指定圆的半径或 [直径(D)]: D✓

指定圆的直径 <60.0>:45✓

2) 绘制直线

执行 LINE 命令绘制其中的一条水平直线，此时得到的图形如图 4-32 所示。

3) 复制

执行 COPY 命令，AutoCAD 提示：

选择对象:(选择图 4-32 中的水平直线)

选择对象:✓

指定基点或 [位移(D)/模式(O)]<位移>: (在屏幕上拾取一个点)

指定第二个点或 [阵列(A)]<使用第一个点作为位移>: @0,-20✓

指定第二个点或 [阵列(A)/退出(E)/放弃(U)]<退出>:✓

执行复制操作后的结果如图 4-33 所示(图中的小叉仅用于后续操作的说明)。

由于暂未介绍 AutoCAD 的其他功能，因此此时绘制的两条水平线很可能不对称于两个圆的中心连线。

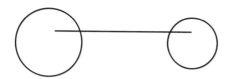 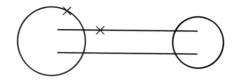

图 4-32　绘制圆和直线　　　　　　图 4-33　执行复制操作后的结果

4) 创建圆角

执行 FILLET 命令，AutoCAD 提示：

选择第一个对象或 [放弃(U)/多段线(P)/半径(R)/修剪(T)/多个(M)]: R✓ (设置圆角半径)

指定圆角半径: 10✓

选择第一个对象或 [放弃(U)/多段线(P)/半径(R)/修剪(T)/多个(M)]: M✓

选择第一个对象或 [放弃(U)/多段线(P)/半径(R)/修剪(T)/多个(M)]:(在有小叉的部位拾取圆)

选择第二个对象，或按住 Shift 键选择要应用角点的对象或 [半径(R)]:(在有小叉的部位拾取直线，

创建一个对应圆角)

　　　选择第一个对象或 [放弃(U)/多段线(P)/半径(R)/修剪(T)/多个(M)]:

在此提示下，继续选择对应的对象，依次在其他 3 个位置创建圆角，即可得到如图 4-31 所示的结果。

练习 2　绘制如图 4-34 所示的轴(可以暂不绘制中心线)。

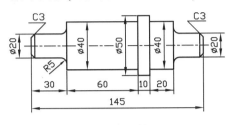

图 4-34　轴

本练习需要使用 LINE(直线)、CHAMFER(倒角)、FILLET(创建圆角)、MIRROR(镜像)及 EXTEND(延伸)等命令。

操作步骤如下。

1) 通过绘制直线的方式绘制半轴

执行 LINE 命令，AutoCAD 提示:

　　　指定第一个点:(在绘图窗口的恰当位置拾取一个点作为轴上左侧垂直线的中点)
　　　指定下一点或 [放弃(U)]: @0,10↙
　　　指定下一点或 [退出(E)/放弃(U)]: @30,0↙
　　　指定下一点或 [关闭(C)/退出(X)/放弃(U)]: @0,10↙
　　　指定下一点或 [关闭(C)/退出(X)/放弃(U)]: @60,0↙
　　　指定下一点或 [关闭(C)/退出(X)/放弃(U)]: @0,5↙
　　　指定下一点或 [关闭(C)/退出(X)/放弃(U)]: @10,0↙
　　　指定下一点或 [关闭(C)/退出(X)/放弃(U)]: @0,-5↙
　　　指定下一点或 [关闭(C)/退出(X)/放弃(U)]: @20,0↙
　　　指定下一点或 [关闭(C)/退出(X)/放弃(U)]: @0,-10↙
　　　指定下一点或 [关闭(C)/退出(X)/放弃(U)]: @25,0↙
　　　指定下一点或 [关闭(C)/退出(X)/放弃(U)]: @0,-10↙
　　　指定下一点或 [关闭(C)/退出(X)/放弃(U)]:↙

执行结果如图 4-35 所示(图中的小叉仅用于后续操作的说明)。

2) 倒角

执行 CHAMFER 命令，AutoCAD 提示:

　　　选择第一条直线或 [放弃(U)/多段线(P)/距离(D)/角度(A)/修剪(T)/方式(E)/多个(M)]: D↙(设置倒角距离)
　　　指定第一个倒角距离 <0.0>: 3↙
　　　指定第二个倒角距离 <3.0>:↙
　　　选择第一条直线或 [放弃(U)/多段线(P)/距离(D)/角度(A)/修剪(T)/方式(E)/多个(M)]: T↙(设置修剪模式)

输入修剪模式选项 [修剪(T)/不修剪(N)]: T✓

选择第一条直线或 [放弃(U)/多段线(P)/距离(D)/角度(A)/修剪(T)/方式(E)/多个(M)]:(在图 4-35 的最左端有小叉的地方拾取某个对象)

选择第二条直线,或按住 Shift 键选择要应用角点的直线或 [距离(D)/角度(A)/方法(M)]:(在图 4-35 的左端另一个有小叉的部位拾取另一个对象,创建对应倒角)

在同样的设置下,对图 4-35 中右端标有小叉的部位进行倒角操作,结果如图 4-36 所示。

图 4-35   绘制直线   图 4-36   倒角

3) 创建圆角

执行 FILLET 命令,AutoCAD 提示:

选择第一个对象或 [放弃(U)/多段线(P)/半径(R)/修剪(T)/多个(M)]:R✓(设置圆角半径)

指定圆角半径: 5✓

选择第一个对象或 [放弃(U)/多段线(P)/半径(R)/修剪(T)/多个(M)]:M✓

选择第一个对象或 [放弃(U)/多段线(P)/半径(R)/修剪(T)/多个(M)]:(在图 4-36 的最左侧有小叉的地方拾取某个对象)

选择第二个对象,或按住 Shift 键选择要应用角点的对象或 [半径(R)]:(在图 4-36 的左侧另一个有小叉的地方拾取另一个对象,创建对应圆角)

在类似的提示下,对图 4-36 中右侧有小叉的地方创建圆角,结果如图 4-37 所示。

4) 镜像

执行 MIRROR 命令,对已绘制的图形镜像,结果如图 4-38 所示。

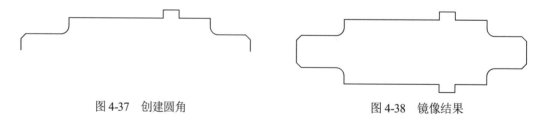

图 4-37   创建圆角   图 4-38   镜像结果

5) 绘制直线、延伸

执行 LINE 命令,在轴两端的倒角位置绘制对应的直线。执行 EXTEND 命令,延伸圆角处和圆台处的对应垂直线,或利用夹点功能改变其端点位置,即可得到如图 4-34 所示的结果(暂未绘制中心线)。

练习 3   绘制如图 4-39 所示的图形(图中只给出了主要尺寸,其余尺寸由读者确定)。

本练习需要使用 LINE(绘制直线)、TRIM(修剪)、CIRCLE(绘制圆)、POLYGON(绘制正多边形)、RECTANG(绘制矩形)、ROTATE(旋转)、ARRAY(阵列)和 OFFSET(偏移)等命令。

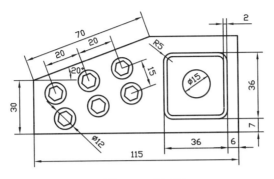

图 4-39 练习图

1) 绘制外轮廓

如果直接执行 LINE 命令，绘制如图 4-39 所示的外轮廓较为困难。因此，需要首先执行 LINE 命令，根据图 4-39 绘制图 4-40；然后执行 TRIM 命令进行修剪操作，使修剪结果如图 4-41 所示。

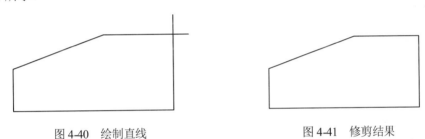

图 4-40 绘制直线　　　　　　　　　　　　图 4-41 修剪结果

2) 绘制圆和等边六边形

执行 CIRCLE 命令，在绘图区域内的恰当位置绘制一个直径为 12 的圆，继续执行 POLYGON 命令，绘制对应的等边六边形，如图 4-42 所示。

3) 矩形阵列

执行 ARRAYREC 命令，对图 4-42 中的圆和等边六边形进行矩形阵列(列间距为 20，行间距为−15)，结果如图 4-43 所示。

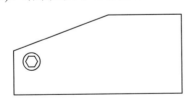

图 4-42 绘制圆和等边六边形

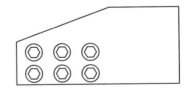

图 4-43 阵列结果

4) 旋转

执行 ROTATE 命令，对图 4-43 中由阵列得到的图形绕左上角圆的圆心旋转 20°，结果如图 4-44 所示。

5) 绘制矩形

执行 RECTANG 命令，绘制边长为 36 的正方形(圆角半径设为 5)，结果如图 4-45 所示。

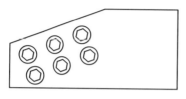

图 4-44　旋转结果

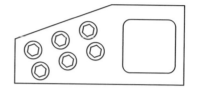

图 4-45　绘制正方形

6) 偏移、绘制圆

执行 OFFSET 命令，将图 4-45 中的正方形以距离为 2 向内进行偏移复制，然后执行 CIRCLE 命令绘制直径为 15 的圆，结果如图 4-46 所示。至此，绘图完毕。

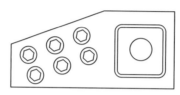

图 4-46　绘圆结果

4.19　本章小结

本章介绍了 AutoCAD 2020 的二维图形编辑功能，其中包括：选择对象的方式；各种二维编辑操作，如删除、移动、复制、旋转、缩放、偏移、镜像、阵列、拉伸、修剪、延伸、打断及创建倒角和圆角等。同时，还介绍了利用夹点功能编辑图形的方法和 3 个绘图实例。通过本章的内容可以看出，将 AutoCAD 的绘图命令与编辑命令相结合，基本能够完成各种二维工程图的绘制。

使用 AutoCAD 2020 绘制某个工程图，可以通过多种方法实现。例如，绘制已有直线的平行线，既可以通过执行 COPY(复制)命令得到，又可以通过执行 OFFSET(偏移)命令实现。可以根据用户的绘图习惯、对 AutoCAD 2020 的熟练程度，以及具体绘图要求来确定最为便捷的绘图方法。虽然利用前面介绍的内容已经能够绘制一些工程图，但仍有诸多不足。例如，绘图时很难准确地确定圆心、端点等特殊点，绘制的图形不够精确，绘图效率低；所有图形均采用实线线型来绘图，未涉及如中心线、虚线之类图形的绘制。因此，本书第 5 章将介绍用 AutoCAD 2020 绘图时如何设置各种绘图线型等方面的内容，第 6 章将介绍能够高效、准确绘图的一些常用工具。

4.20　习　题

1. 判断题

(1) 对于 AutoCAD 2020 的各种编辑命令，在"选择对象:"提示下均可使用 4.1 节介绍的所有选择对象方式来选择操作对象。(　　)

(2) 使用 COPY 命令复制对象后，源对象仍然保留。(　　)

(3) AutoCAD 2020 的缩放对象操作是相对于指定的基点进行的。选择的基点不同，对同样的对象执行缩放操作后，所得到新对象的位置也不同。(　　)

(4) 偏移操作只能绘制已有直线的平行线。(　　)

(5) 镜像对象时，既可以保留源对象，又可以不保留源对象。(　　)

(6) TRIM(修剪)和 EXTEND(延伸)命令可以完成相同的功能。(　　)

(7) 创建倒角和圆角时，既可以在创建倒角或圆角后直接修剪掉多余的边，又可以保留这些边。(　　)

(8) 利用夹点功能可以阵列对象。(　　)

2. 上机习题

绘制如图 4-47 所示的各个图形(图中只给出了主要尺寸，其余尺寸由读者确定，可以暂不绘制中心线)。

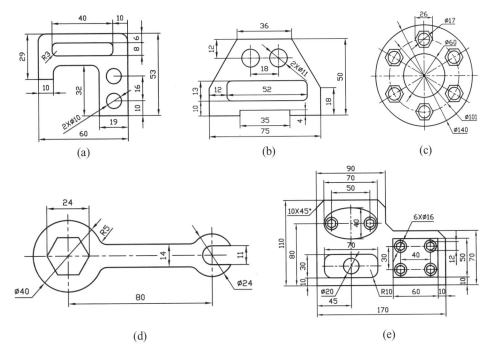

图 4-47　上机绘图练习

3. 思考题

(1) 对于如图 4-48(a)所示的图形，如何将其修改为如图 4-48(b)所示的结果？

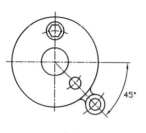
(a) 原图形

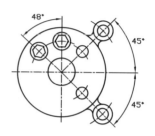
(b) 修改结果

图 4-48　思考题 1

(2) 对于如图 4-49(a)所示的图形，如何将其修改为如图 4-49(b)所示的结果？

(a) 原图形

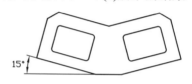
(b) 修改结果

图 4-49　思考题 2

第5章

线型、线宽、颜色及图层

本章要点

本章介绍 AutoCAD 2020 的线型、线宽、颜色和图层等基本概念及相关操作。通过本章的学习，读者应掌握以下内容：

- 线型、线宽、颜色和图层的基本概念
- 线型设置
- 线宽设置
- 颜色设置
- 图层设置

5.1 线型、线宽、颜色和图层的基本概念

5.1.1 线型

绘制工程图时，经常需要采用不同的线型，如虚线、中心线等。AutoCAD 2020 的默认线型是连续线(即实线)，同时，也提供了多种其他线型，这些线型位于线型文件(又称为线型库)acadiso.lin 等中，用户可以根据需要进行选择。

表 5-1 列出了线型文件 acadiso.lin 提供的主要线型样式。

表 5-1   acadiso.lin 文件提供的主要线型样式

线 型 名 称	线 型 样 式
BORDER	—— · —— · —— · —— · —— · —— ·
BORDER2	—·—·—·—·—·—·—·—·—·—·—·—·—
BORDERX2	—— — · —— · —— · —— ·
CENTER	—— — —— — —— — —— — —— —
CENTER2	— — — — — — — — — — — — —
CENTERX2	—— —— — —— —— — —— ——
DASHDOT	—— · —— · —— · —— · —— · —— ·
DASHDOT2	—·—·—·—·—·—·—·—·—·—·—·—·—
DASHDOTX2	—— · —— · —— · —— · —— ·
DASHED	—— —— —— —— —— —— ——
DASHED2	— — — — — — — — — — — — — —
DASHEDX2	—— —— —— —— —— ——
DIVIDE	—— · · —— · · —— · · —— · ·
DIVIDE2	—·· —·· —·· —·· —·· —·· —··
DIVIDEX2	—— · · —— · · ——
DOT	· ·
DOT2	····························
DOTX2	· · · · · · · · · · · · · · · · ·
HIDDEN	— — — — — — — — — — — — —
HIDDEN2	- - - - - - - - - - - - - - - - - - -
HIDDENX2	— — — — — — — — — —
PHANTOM	—— — — —— — — —— — —
PHANTOM2	— —— — —— — —— — ——
PHANTOMX2	—— — — —— — — ——
ACAD_ISO02W100	—— —— —— —— —— ——
ACAD_ISO03W100	—— — —— — —— — —— — ——

(续表)

线 型 名 称	线 型 样 式
ACAD_ISO04W100	—— · —— · —— · —— · —— · ——
ACAD_ISO05W100	—— ·· —— ·· —— ·· —— ·· ——
ACAD_ISO06W100	—— ··· —— ··· —— ··· —— ··· ——
ACAD_ISO07W100	· ·
ACAD_ISO08W100	—— —— —— —— ——
ACAD_ISO09W100	—— —— —— —— ——
ACAD_ISO10W100	— · — · — · — · — · — · — · — ·
ACAD_ISO11W100	—— · —— · —— · —— · —— ·
ACAD_ISO12W100	—— · · —— · · —— · · —— · ·
ACAD_ISO13W100	—— · —— · —— · —— · —— · ——
ACAD_ISO14W100	—— · — · —— · — · —— · — · ——
ACAD_ISO15W100	—— — · · —— — · · —— — · ·
FENCELINE1	----O-----O----O----O----O-----OO----O----O----
FENCELINE2	----[]-----[]----[]----[]----[]----[]-----[]----[]----
TRACKS	-|-|-|-|-|-|-|-|-|-|-|-|-|-|-|-|-|-|-|-|-|-|-|-|-|-|
BATTING	SSSSSSSSSSSSSSSSSSSSSSSSSSSSSSSSS
HOT_WATER_SUPPLY	---- HW ---- HW ---- HW ---- HW ---- HW --
GAS_LINE	----GAS----GAS----GAS----GAS----GAS----
ZIGZAG	/\/\/\/\/\/\/\/\/\/\/\/\/\/\/\/\/\/\/\
*JIS_08_11,1SASEN11	—— —— —— —— —— —
*JIS_08_15,1SASEN15	—— —— —— —— ——
*JIS_08_25,1SASEN25	— — — — — — — —
*JIS_08_37,1SASEN37	—— — —— — —— — ——
*JIS_08_50,1SASEN50	—— —— ——
*JIS_02_0.7,HIDDEN0.75	– – – – – – – – – – – – – – – – –
*JIS_02_1.0,HIDDEN01	– – – – – – – – – – – – – – –
*JIS_02_1.2,HIDDEN01.25	– – – – – – – – – – – –
*JIS_02_2.0,HIDDEN02	– – – – – – – – –
*JIS_02_4.0,HIDDEN04	— — — — —
*JIS_09_08,2SASEN8 _	– – – – – – – – – – –
*JIS_09_15,2SASEN15	– – – – – – – –
*JIS_09_29,2SASEN29	— – — – — – — –
*JIS_09_50,2SASEN50	—— — — ——

受线型影响的图形对象有直线、构造线、射线、圆、圆弧、椭圆、矩形、样条曲线和正多边形等。如果一条线太短，不能够画出实际的线型，那么 AutoCAD 会在两个端点之间绘出一条连续线。

5.1.2　线宽

工程图对不同的线型有不同的线宽要求。利用 AutoCAD 绘制工程图时，有两种确定线宽的方法：一种方法与手工绘图类似，即直接为构成图形对象的不同线型设置对应的宽度，在所绘图形中可以显示线宽；另一种方法是将有不同线宽要求的图形对象用不同颜色表示，但其绘图线宽一般仍采用 AutoCAD 的默认宽度，不设置具体的宽度，当通过打印机或绘图仪输出图形时，利用打印样式，将不同颜色的对象设成不同的线宽，即在 AutoCAD 环境中显示的图形没有线宽，而通过绘图仪或打印机将图形输出到图纸后再反映出线宽。本书采用后一种确定线宽的方法。

5.1.3　颜色

如 5.1.2 节中所述，利用 AutoCAD 绘制工程图时，可以将不同线型的图形对象用不同的颜色表示。AutoCAD 2020 提供了丰富的颜色方案，最常用的颜色方案是采用索引颜色，即用自然数表示颜色，共有 255 种颜色，其中 1~7 号为标准颜色。它们分别为：1 表示红色；2 表示黄色；3 表示绿色；4 表示青色；5 表示蓝色；6 表示洋红；7 表示白色(如果绘图背景的颜色为白色，7 号颜色则显示为黑色)。

5.1.4　图层

图层是 AutoCAD 的重要绘图工具之一。可以把图层看作没有厚度的透明薄片，各层之间可以完全对齐，每层上的某一基准点准确地对准其他各层上的同一基准点。引入图层后，用户就可以为每一图层指定绘图所用的线型、颜色等，并将具有相同线型和颜色的对象或尺寸、文字等不同要素置于各自的图层，从而节省绘图工作量和图形的存储空间。

概括起来，AutoCAD 的图层具有以下几个特点。

(1) 可以在一幅图中指定任意数量的图层。系统对图层数和每一图层上的对象数均无限制。

(2) 每一图层有一个名称，以示区别。当开始绘制一幅新图时，AutoCAD 会自动创建名为 0 的图层，为默认图层，其余图层名称由用户定义。

(3) 一般情况下，位于一个图层上的对象应该采用相同的绘图线型和绘图颜色。用户可以改变各图层的线型、颜色等特性。

(4) AutoCAD 允许用户创建多个图层，但只能在当前图层上绘图。

(5) 各图层具有相同的坐标系和相同的显示缩放倍数。可以对位于不同图层上的对象同时进行编辑操作。

(6) 可以对各图层进行打开、关闭、冻结、解冻、锁定与解锁等操作，从而设置各图层的可见性与可操作性，本章 5.5 节将介绍这些概念及对应的操作方法。

5.2　线 型 设 置

1. 功能

设置新绘制图形的线型。

2. 命令调用方式

命令：LINETYPE。菜单命令："格式"|"线型"。

3. 命令执行方式

执行 LINETYPE 命令，打开"线型管理器"对话框，如图 5-1 所示。

说明：

如果读者打开的对话框与图 5-1 不完全相同，可以单击该对话框中的"显示细节"按钮。该按钮和"隐藏细节"按钮实际上是同一个按钮，通过单击可实现显示/隐藏细节的相互切换。

在该对话框中，位于中间位置的线型列表框中列出了当前可以使用的线型。下面介绍对话框中各主要选项的功能。

1）"线型过滤器"选项组

设置线型过滤条件。可以在其下拉列表框中的"显示所有线型"和"显示所有使用的线型"等多个选项中进行选择。设置过滤条件后，AutoCAD 在对话框中的线型列表框内只显示满足条件的线型。

"线型过滤器"选项组中的"反转过滤器"复选框用于确定是否在线型列表框中显示与过滤条件相反的线型。

2）"当前线型"标签框

显示当前绘图时所使用的线型名称。

3）线型列表框

该列表中显示出满足过滤条件的线型，以供用户选择。其中，"线型"列显示线型的名称；"外观"列显示各线型的外观形式；"说明"列显示对各线型的说明。

4）"加载"按钮

该按钮用于从线型库加载线型。如果在线型列表框中未列出用户所需的线型，则可从线型库加载。单击"加载"按钮，打开"加载或重载线型"对话框，如图 5-2 所示。

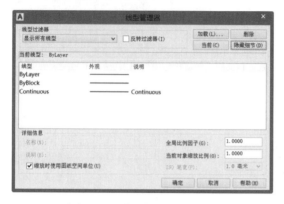

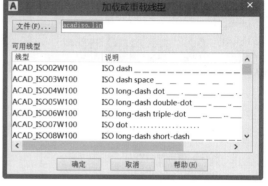

图 5-1　"线型管理器"对话框　　　　图 5-2　"加载或重载线型"对话框

在该对话框中，单击"文件"按钮可以选择需要的线型文件；通过"可用线型"列表框可以选择需要加载的线型(方法为：选中线型，然后单击"确定"按钮)。

5) "删除"按钮

用于删除不需要的线型。删除方法为：在线型列表中选择线型，然后单击"删除"按钮。

说明：

要删除的线型只能是没有使用的线型，即当前图形中没有用到该线型，否则 AutoCAD 将拒绝删除此线型，并给出相应的提示信息。

6) "当前"按钮

用于设置当前绘图线型。设置过程为：在线型列表框中选择某一线型，单击"当前"按钮。

设置当前线型时，也可以通过线型列表框在 ByLayer(随层)、ByBlock(随块)或某一个具体线型之间选择。其中，"随层"表示绘图线型始终与图形对象所在图层设置的绘图线型一致，这是最常用的设置，建议用户采用此设置。

7) "隐藏细节"按钮

单击该按钮，AutoCAD 在"线型管理器"对话框中将不再显示"详细信息"选项组，同时该按钮变为"显示细节"按钮。

8) "详细信息"选项组

用于说明或设置线型的属性。

● "名称"和"说明"文本框

用于显示或修改指定线型的名称与说明。在线型列表中选择某一线型后，其名称与说明将分别显示在"名称"和"说明"这两个文本框中，可以通过文本框对它们进行修改。

● "全局比例因子"文本框

用于设置线型的全局比例因子，即设置所有线型的比例因子。使用各种线型进行绘图时，除连续线外，每种线型一般是由实线段、空白段和点等组成的序列。线型定义中定义了各小段的长度。当在屏幕上显示或在图纸上输出的线型比例不合适时，可以通过改变线型比例的方法放大或缩小所有线型的每一小段的长度。对已有线型和新绘图形的线型均可设置全局比例因子，此外，还可以用系统变量 LTSCALE 对线型的比例因子进行更改。

需要说明的是，改变线型比例后，图形对象的总长度不变。

● "当前对象缩放比例"文本框

用于设置新绘图形对象所用线型的比例因子，通过该文本框设置线型比例后，在此之后所绘图形的线型比例均采用此线型比例。利用系统变量 CELTSCALE 也可以进行该项设置。

5.3　线宽设置

1. 功能

设置新绘图形的线宽。

2. 命令调用方式

命令：LWEIGHT。菜单命令："格式"|"线宽"。

3. 命令执行方式

执行 LWEIGHT 命令，打开"线宽设置"对话框，如图 5-3 所示。

该对话框中各主要选项的功能如下。

1) "线宽"列表框

用于设置绘图线宽。该列表框中提供了 20 多种线宽，用户可以在 ByLayer(随层)、ByBock(随块)或某一个具体线宽之间进行选择。其中，"随层"表示绘图线宽

图 5-3　"线宽设置"对话框

始终与图形对象所在图层设置的线宽一致，这是最常用的设置，建议用户采用此设置。

2) "列出单位"选项组

用于确定线宽的单位。AutoCAD 提供了毫米和英寸两种单位供用户选择。

3) "显示线宽"复选框

确定是否按此对话框设置的线宽来显示所绘图形。

4) "默认"下拉列表

设置 AutoCAD 的默认绘图线宽，一般采用 AutoCAD 提供的默认设置即可。

5) "调整显示比例"滑块

确定计算机屏幕上线宽的显示比例，利用相应的滑块进行调整即可。

5.4　颜色设置

1. 功能

设置新绘图形的颜色。

2. 命令调用方式

命令：COLOR。菜单命令："格式"|"颜色"。

3. 命令执行方式

执行 COLOR 命令，打开"选择颜色"对话框，如图 5-4 所示。

该对话框中包括"索引颜色""真彩色"和"配色系统" 3 个选项卡，分别用于以不同的方式确定绘图颜色。在"索引颜色"选项卡中，可以将绘图颜色设为 ByLayer(随层)、ByBlock(随块)或某一种具体的颜色。其中，选择"随层"时所绘对象的颜色总是与对象所在图层设置的绘图颜色一致，这是最常用的设置，建议用户采用此设置。

图 5-4 "选择颜色"对话框

5.5 图层管理

1. 功能

管理图层和图层特性。

2. 命令调用方式

命令：LAYER。功能区："默认"|▤按钮。工具栏："图层"|▤(图层特性管理器)按钮。菜单命令："格式"|"图层"。

3. 命令执行方式

执行 LAYER 命令，打开如图 5-5 所示的图层特性管理器(图中的"图层 1"~"图层 6"是作者创建的图层)。

图 5-5 图层特性管理器

该对话框由树状图窗格(位于左侧的树状图区域)、列表框窗格(位于右侧的大列表框)及按钮等元素组成，该对话框中主要选项的功能如下。

1) "新建图层"按钮

用于建立新图层。操作方法为：单击该按钮，AutoCAD 将自动建立名为"图层 n"的图层(n 为起始于 1 且按已定义图层的数量顺序排列的数字)。用户可以修改新建图层的名称，修改方法为：在图层列表框中选中对应的图层，单击其名称，名称变为编辑模式后，在对应的文本框中输入新名称即可。

2) "删除图层"按钮

用于删除图层。操作方法为：在图层列表框中选中要删除的图层，单击"删除图层"按钮 ✖，选中图层行"状态"列显示的一个小叉图标，单击对话框中的"应用"按钮即可。

说明：

要删除的图层必须是空图层，即图层上不包含图形对象，否则 AutoCAD 将拒绝执行删除操作。

3) "置为当前"按钮

用于将某一图层置为当前绘图图层。操作方法为：在图层列表框中选中某一图层，单击"置为当前"按钮，AutoCAD 将在"当前图层"行显示此当前图层的名称，并在选中图层行的"状态"列显示图标 ✓。如图 5-5 所示的 0 图层为当前图层。

4) 树状图窗格

用于显示图形中图层和过滤器的层次结构列表。单击顶层节点的"全部"按钮可显示出图形中的所有图层。

5) 图层列表框

用于显示满足过滤条件的已有图层(或新建图层)及相关设置。图层列表框中的第一行为标题行。下面介绍标题行中部分标题的含义。

- "状态"列

用于通过列表显示图层的当前状态，即图层是否为当前图层(当前图层的图标为 ✓)等。

- "名称"列

用于显示各图层的名称。如图 5-5 所示的对话框说明当前已有名为 0(默认图层)、"图层 1"～"图层 6"的图层。单击"名称"标题，可以调整图层的排列顺序，使图层根据名称按顺序或逆序的列表方式显示。

- "开"列

用于说明图层是处于打开状态还是关闭状态。如果图层被打开，表明该层上的图形可以在显示器上显示或在绘图仪上绘出。被关闭的图层仍然为图形的一部分，但被关闭图层上的图形不显示，也不能通过输出设备输出到图纸上。用户可以根据需要打开或关闭图层。

在图层列表框中，与"开"对应的列是小灯泡图标，通过单击小灯泡图标可以在打开和关闭图层之间进行切换。如果灯泡颜色为黄色，表示对应层是打开图层；如果灯泡颜色为灰色，则表示对应层是关闭图层。图 5-5 中，"图层 3"和"图层 6"为关闭层，其他图层则为打开层。

关闭当前层时，AutoCAD 会显示对应的提示信息，警告用户正在关闭当前图层，但用户单击"确定"按钮可以关闭当前图层。显然，关闭当前图层后所绘制的图形均不能显示。

单击图层列表框的"开"标题，可以调整各图层的排列顺序，使当前关闭的图层置于列表的最前面或最后面。

- "冻结"列

用于说明图层处于冻结状态还是解冻状态。如果图层被冻结，则该层上的图形对象不能被显示或输出到图纸上，也不参与图形之间的运算，被解冻的图层则正好相反。从可见性来说，冻结图层与关闭图层相同，但冻结图层上的对象不参与处理过程中的运算，而关闭图层上的对象可以参与运算。因此在复杂图形中，冻结不需要的图层可以加快系统重新生成图形的速度。

在图层列表框中，"冻结"列显示为太阳或雪花图标。太阳表示对应的图层没有被冻结，雪花表示图层被冻结。单击这些图标可以实现图层冻结与解冻之间的切换。在图 5-5 中，"图层 1"和"图层 4"为冻结图层，其他图层为解冻图层。

用户不能冻结当前图层，也不能将冻结图层设为当前图层。

单击"冻结"标题，可以调整各图层的排列顺序，使当前冻结的图层置于列表的最前面或最后面。

- "锁定"列

用于说明图层是被锁定还是解锁。锁定并不影响图层上图形对象的显示，但用户不能改变锁定图层上的对象，不能对其进行编辑操作。如果锁定图层为当前图层，用户仍然可以在该图层上绘图。

在图层列表框中，"锁定"列显示为关闭或打开的锁图标。锁打开表示对应图层为非锁定层，锁关闭表示对应图层为锁定层。单击这些图标可以实现图层锁定与解锁之间的切换。在图 5-5 中，"图层 5"为锁定图层，其他图层为非锁定图层。

同样，单击图层列表框中的"锁定"标题，可以调整图层的排列顺序，使当前锁定图层位于列表的前面或后面。

- "颜色"列

用于说明图层的颜色。与"颜色"对应列上各小方块状图标的颜色反映了对应图层的颜色，同时在图标的右侧还将显示颜色的名称。如果要改变某一图层的颜色，单击对应的图标，打开"选择颜色"对话框，从中进行相应选择即可。

图层的颜色指在图层上绘图时图形对象的颜色，即如果为某一图层指定了颜色并将绘图颜色设为"随层"(ByLayer)时(详见 5.4 节)，则将该图层设为当前图层后，所绘图形对象的颜色与当前图层的颜色一致。本书建议将绘图颜色设为"随层"方式，即所绘图形的颜色与图层颜色一致。不同图层的颜色可以相同，也可以不同。

- "线型"列

用于说明图层的线型。如果要改变某一图层的线型，单击该图层的原有线型名称，打开如图 5-6 所示的"选择线型"对话框，从中进行相应选择即可。

图 5-6 "选择线型"对话框

如果该对话框中未列出用户所需的线型，则可通过"加载"按钮加载线型，然后进行选择。

图层的线型是指在该层上绘图时图形对象的线型，即如果为某一图层指定线型并将绘图线型设为"随层"(详见 5.2 节)，则将该图层设为当前图层后，所绘图形对象的线型与当前图层的线型一致。建议用户将绘图线型设为"随层"方式。不同图层的线型可以相同，也可以不同。

- "线宽"列

用于说明图层的线宽。如果要改变某一图层的线宽，单击该层上的对应项，待 AutoCAD 打开"线宽"对话框后，从中进行选择即可。

图层的线宽是指在该层上绘图时图形对象的线宽，即为某一图层指定了线宽并将绘图线宽设为"随层"时(详见 5.3 节)，则将该图层设为当前图层后，所绘图形对象的线宽与当前图层的线宽一致。建议用户将绘图线宽设为"随层"方式。

- "打印样式"列

用于修改与选中图层相关联的打印样式。

- "打印"列

用于确定是否打印选中图层上的图形，单击相应的按钮即可。此功能只对可见图层起作用，即只对未冻结和未关闭的图层起作用。

在图层列表框中，还可以通过快捷菜单进行相应的设置。

4. "图层"工具栏

前面已经介绍过，在某一图层上绘图时，应首先将该图层设置为当前图层，用户可以对图层执行关闭、冻结及锁定等操作。利用如图 5-7 所示的"图层"工具栏，可方便地实现这些操作。

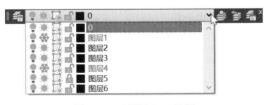

图 5-7 "图层"工具栏

在"图层"工具栏中，单击 (图层特性管理器)按钮可打开图层特性管理器。

图层控制下拉列表框中列出了当前已有的图层及图层状态。绘图时，在该列表中单击对应的图层名，即可将该图层设为当前图层。还可以通过该列表将图层设置为打开或关闭、冻结或解冻、锁定或解锁等状态，单击列表中对应的图标即可实现相应的设置。

单击 (将对象的图层置为当前)按钮可将指定对象所在的图层置为当前图层。单击此按钮，AutoCAD 提示：

选择将使其图层成为当前图层的对象：

在该提示下选择对应的对象，即可将该对象所在的图层设置为当前图层。

单击 (上一个图层)按钮可取消最后一次对图层的设置或修改，恢复到前一个图层设置。

5.6 特性工具栏

AutoCAD 提供了"特性"工具栏,如图 5-8 所示。利用"特性"工具栏,可以快速、方便地设置绘图颜色、线型和线宽等属性。

图 5-8 "特性"工具栏

下面介绍"特性"工具栏中主要选项的功能。

1) "颜色控制"列表框

该列表框用于设置绘图颜色。单击此列表框,AutoCAD 将弹出"颜色控制"列表框,如图 5-9 所示。用户可以通过该列表框设置绘图颜色(一般应选择"随层"选项,即 ByLayer)或修改当前图形的颜色。

图 5-9 "颜色控制"列表框

修改图形对象颜色的方法为:首先选择图形,然后在如图 5-9 所示的"颜色控制"列表框中选择对应的颜色。如果选择"选择颜色"选项,AutoCAD 将打开如图 5-4 所示的"选择颜色"对话框,供用户对颜色进行选择。

2) "线型控制"列表框

该列表框用于设置绘图线型。单击该列表框,AutoCAD 将弹出"线型控制"列表框,如图 5-10 所示。可以通过该列表框设置绘图线型(一般应选择"随层"选项,即 ByLayer)或修改当前图形的线型。

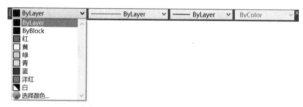

图 5-10 "线型控制"列表框

修改图形对象线型的方法为:选择对应的图形,然后在如图 5-10 所示的"线型控制"列表框中选择对应的线型。如果选择"其他"选项,AutoCAD 将打开如图 5-1 所示的"线型管理器"对话框,供用户选择其他线型。

3) "线宽控制"列表框

该列表框用于设置绘图线宽。单击此列表框,AutoCAD 将弹出"线宽控制"列表框,如图 5-11 所示(图中只显示了部分下拉列表)。可以通过该列表设置绘图线宽(一般选择"随层"选项,即 ByLayer)或修改当前图形的线宽。

修改图形对象线宽的操作方法为：选
择对应的图形，然后在如图 5-11 所示的
"线宽控制"列表框中选择对应的线宽。

由以上内容可以看出，利用"特性"
工具栏，可以方便地对图形的颜色、线型
和线宽进行设置。

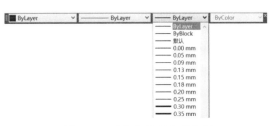

图 5-11　"线宽控制"列表框

说明：

如果不是采用"随层"方式，而是用"特性"工具栏设置具体的绘图颜色、线型和线宽，
那么 AutoCAD 在此之后就会利用对应的设置进行绘图，即绘图时所选用的颜色、线型和线
宽不再受图层的限制。

5.7　应 用 实 例

练习 1　按照表 5-2 所示的要求创建新图层。

表 5-2　图层设置要求

图 层 名	线 型	颜 色
粗实线	Continuous	白色
细实线	Continuous	红色
虚线	DASHED	黄色
中心线	CENTER	红色

执行 LAYER 命令，打开图层特性管理器，单击该对话框中的 (新建图层)按钮 4 次，
新建 4 个图层，并按表 5-2 所示的要求设置这 4 个新建图层的图层名称、线型和颜色，如
图 5-12 所示。

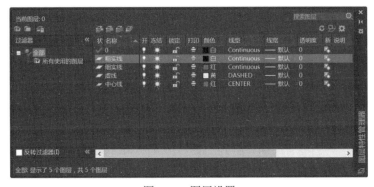

图 5-12　图层设置

关闭图层特性管理器，完成图层的设置。

练习2 按照表 5-2 所示的要求设置图层，绘制如图 5-13 所示的图形，将图形命名后并进行保存(建议文件名为"5-练习 2.dwg")。

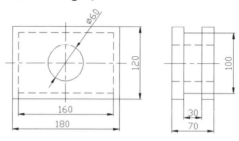

图 5-13 练习图

1) 定义图层

根据表 5-2 的要求定义图层(过程略)。

2) 绘图

● 绘制中心线

利用"图层"工具栏将"中心线"图层设为当前图层，执行 LINE 命令绘制水平中心线和垂直中心线，如图 5-14 所示(适当确定中心线的长度即可，如果长度不合适，可以通过夹点等功能进行修改)。

● 绘制矩形

将"粗实线"图层设为当前图层，执行 RECTANG 命令，绘制对应的矩形，如图 5-15 所示。

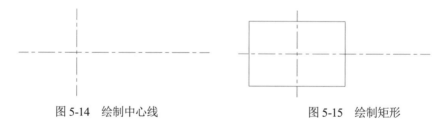

图 5-14 绘制中心线　　　　　　　　图 5-15 绘制矩形

● 偏移

执行 OFFSET 命令，AutoCAD 提示：

> 指定偏移距离或 [通过(T)/删除(E)/图层(L)] <通过>: 10↙
> 选择要偏移的对象，或 [退出(E)/放弃(U)] <退出>: (选择已绘矩形)
> 指定要偏移的那一侧上的点，或 [退出(E)/多个(M)/放弃(U)] <退出>: (在已有矩形内任意拾取一点)
> 选择要偏移的对象，或 [退出(E)/放弃(U)] <退出>:↙

利用"图层"工具栏将通过偏移得到的新矩形更改到"虚线"图层(操作方法为：选中对应的小矩形，在"图层"工具栏的下拉列表中选择"虚线"选项)，执行结果如图 5-16 所示。

● 绘制圆和左视图辅助线

执行 CIRCLE 命令，在主视图位置绘制圆，然后执行 LINE 命令，在左视图位置使用对应的线型绘制辅助线，如图 5-17 所示。

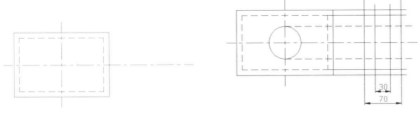

图 5-16 偏移结果   图 5-17 绘制圆和左视图辅助线

- 修剪、打断

执行 TRIM 命令，根据图 5-13，对图 5-17 进行修剪操作，并执行 BREAK 命令，在主视图、左视图之间打断水平中心线，即可得到如图 5-13 所示的结果。

说明：

可以利用夹点功能修改中心线端点的位置。如果视图的位置不合适，可通过执行 MOVE 命令移动视图；如果所绘图形的线型比例不合适，可以通过执行 LTSCALE 命令更改线型的比例因子。

5.8 本章小结

本章主要介绍了 AutoCAD 2020 的线型、线宽、颜色和图层等基本概念及其使用方法。进行工程制图时需要用到各种类型的线型，AutoCAD 2020 能够实现多种绘图要求。与手工绘图不同，AutoCAD 提供了图层的概念，可以根据需要建立多个图层，并为每一图层设置不同的线型和颜色。当需要使用某一线型绘图时，首先将设有对应线型的图层设为当前图层，这样所绘图形的线型和颜色将与当前图层的线型和颜色一致。按照本书介绍的线宽设置方法，利用 AutoCAD 绘制出的图形不能反映线宽信息，而是通过打印设置将不同的颜色设置成不同的输出线宽，即通过打印机或绘图仪输出到图纸上的图形才有线宽(设置方法详见本书的12.6 节)。

AutoCAD 2020 提供了专门用于图层管理的"图层"工具栏和用于颜色、线型、线宽管理的"特性"工具栏，利用这两个工具栏可以方便地进行图层、线宽、颜色和线型等设置及相关操作。

显然，如果每次绘制一幅新图形时都需要对每个图层分别进行设置，则步骤多且烦琐，还有大量的重复工作。通过第 12 章介绍的设计中心或样板文件等，可以重复使用已有图形中的图层等设置，从而提高绘图效率，避免重复性工作。

完成本章的上机习题后，读者可能会发现还有一个重要的问题没有解决，即绘图时不能准确地确定某些特殊点的位置，如圆心、中点和端点等，从而导致绘出的图形有误差。本书第 6 章将解决这方面的问题。

5.9 习　题

1. 判断题

(1) AutoCAD 2020 提供了丰富的线型，可以满足工程制图的需求。(　　)

(2) 使用 AutoCAD 绘图时，可以不设置绘图线宽。(　　)

(3) 在 AutoCAD 中设置的颜色只是为了装饰图形。(　　)

(4) 一旦通过"特性"工具栏设置了具体的颜色、线型和线宽，使用 AutoCAD 绘图时的颜色、线型和线宽就与图层无关，即与图层的颜色、线型及线宽没有关系。(　　)

(5) 一般应将绘图颜色、线型及线宽均设成"随层"方式。(　　)

(6) 可以通过打印设置使所绘图形输出到图纸后具有线宽。(　　)

2. 上机习题

绘制如图 5-18 所示的图形(绘制新图形时，应执行 NEW 命令，并根据表 5-2 创建图层)。绘图后，试着分别将各图层设置为关闭、打开、冻结、解冻、锁定或解锁状态，查看设置效果。最后命名并保存图形(图中给出了部分主要尺寸，其余尺寸由读者确定)。

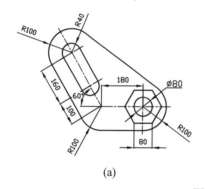

(a)

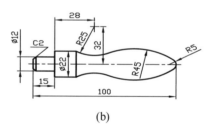

(b)

图 5-18　上机绘图练习

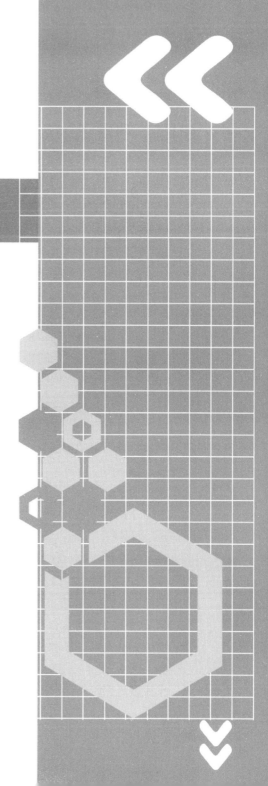

第 **6** 章

图形显示控制、精确绘图

本章要点

本章介绍 AutoCAD 2020 提供的控制图形的显示大小、显示位置及精确绘图等功能。利用本章介绍的内容，可以提高绘图的效率与准确性。通过本章的学习，读者应掌握以下内容：

- 控制显示比例与显示位置
- 栅格捕捉与栅格显示功能
- 正交功能
- 对象捕捉功能
- 极轴追踪功能

6.1　图形显示缩放

本节介绍的图形显示缩放功能与本书 4.6 节中介绍的用 SCALE 命令缩放图形不同。4.6 节介绍的缩放图形是改变图形的实际尺寸，使图形按一定的比例放大或缩小；而图形显示缩放只是将屏幕上的对象放大或缩小其视觉尺寸。将对象放大与使用放大镜观看图形类似，以放大所显示图形的局部细节，也可以缩小图形以观看全貌。执行显示缩放操作后，对象的实际尺寸保持不变。

6.1.1　利用 ZOOM 命令实现缩放

实现显示缩放操作的命令为 ZOOM。执行 ZOOM 命令，AutoCAD 提示：

> 指定窗口的角点，输入比例因子 (nX 或 nXP)，或者
> [全部(A)/中心(C)/动态(D)/范围(E)/上一个(P)/比例(S)/窗口(W)/对象(O)]<实时>:

第一行提示说明可以直接确定显示窗口的角点位置或输入比例因子。如果直接确定窗口的某一角点位置，即在绘图区域确定一点，AutoCAD 提示：

> 指定对角点:

在该提示下再确定窗口的对角点位置，AutoCAD 会将由两个角点确定的矩形窗口区域中的图形放大，并充满显示屏幕。此外，也可以直接输入比例因子，即执行"输入比例因子(nX 或 nXP)"命令。输入比例因子时，如果输入的是具体数值，则图形按该比例值实现绝对缩放，即相对于实际尺寸进行缩放；如果在比例因子后面加后缀 X，则图形实现相对缩放，即相对于当前显示图形的大小进行缩放；如果在比例因子后面加后缀 XP，则图形相对于图纸空间缩放。例如，设当前图形按 4:1 的比例显示，显示的图形是实际图形大小的 4 倍，执行 ZOOM 命令后，如果用 2X 响应，图形会再放大两倍；如果用 2 响应，则显示的图形会缩小，使所显示图形的大小是图形实际大小的两倍。

下面介绍执行 ZOOM 命令后，第二行提示中各选项的含义及其操作。

1) 全部(A)

显示整个图形。执行该选项后，如果各图形对象均未超出由 LIMITS 命令设置的图形界限，AutoCAD 则会按由 LIMITS 命令设置的图纸边界显示，即在绘图窗口中显示位于图形界限中的内容(这也是本书 2.6.1 节介绍过的当用 LIMITS 命令设置图形界限后，一般应在执行 ZOOM 命令后选择"全部"选项)；如果图形对象绘制到图纸边界以外，则显示范围会扩大，使超出边界的图形也显示在屏幕上。

2) 中心(C)

重新设置图形的显示中心位置和缩放倍数。执行该选项，AutoCAD 提示：

指定中心点:(指定新的显示中心位置)

输入比例或高度:(输入缩放比例或高度值)

执行结果：AutoCAD 将图形中新指定的中心位置显示在绘图窗口的中心位置，并对图形进行对应的放大或缩小操作。如果在"输入比例或高度:"提示下输入的是缩放比例(即输入的数字后加后缀 X)，AutoCAD 则按该比例缩放；如果在"输入比例或高度:"提示下输入的是高度值(即输入的数字后未加后缀 X)，AutoCAD 则将缩放图形，使图形在绘图窗口中所显示图形的高度为输入值。显然，输入的高度值较小时会放大图形，反之则缩小图形。

3) 动态(D)

实现动态缩放。假设执行该选项前屏幕上的图形如图 6-1 所示，则选择"动态(D)"选项后，屏幕上将出现如图 6-2 所示的动态缩放时的特殊屏幕模式。

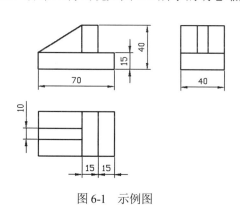

图 6-1　示例图　　　　图 6-2　动态缩放时的屏幕模式

在图 6-2 中有 3 个方框，即 a、b 和 c，各方框的作用如下。

- a 框(一般为蓝色虚线框)表示图形的范围，该范围是通过 LIMITS 命令设置的图形界限或图形实际占据的区域。

- b 框(一般为绿色虚线框)表示当前的屏幕区，即选择"动态(D)"选项前在屏幕上显示的图形区域。

- c 框为选取视图框(一般为黑色实线框，在该框的中心处有一个小叉)，用于确定在屏幕上显示的新图形区域。该选取视图框的作用类似于相机的"取景器"，可以通过鼠标对其进行位置移动、改变大小等操作，以确定将要显示的图形部分。通过选取视图框确定图形显示范围的步骤如下。

首先，通过鼠标移动选取视图框，使框的左边界与要显示区域的左边界重合，然后单击，选取视图框内的小叉将消失，同时会出现一个指向该框右边界的箭头，此时可通过左右拖动鼠标改变选取视图框的大小，通过上下拖动鼠标改变选取视图框的上下位置，以确定新的显示区域。不论视图框如何变化，AutoCAD 都将自动保持框的水平边和垂直边的比例不变，以保证其形状与绘图窗口相似。最后确定框的大小，即确定要显示的区域后，按 Enter 键或 Space 键，AutoCAD 按由该框确定的区域在屏幕上显示图形。用户也可以单击，框中心的小叉将重新出现，这样就可以重新确定显示区域。

4) 范围(E)

执行该选项，AutoCAD 会使已绘出的图形充满绘图窗口，与图形的图形界限无关。

5) 上一个(P)

用于恢复上一次显示的视图。

6) 比例(S)

用于指定缩放比例实现缩放操作。选择该选项，AutoCAD 提示：

> 输入比例因子(nX 或 nXP):

在该提示下输入比例值即可。同样，如果输入的比例因子为具体的数值，则图形将按该比例值实现绝对缩放，即相对于图形的实际尺寸进行缩放；如果在输入的比例因子后面加后缀 X，则图形实现相对缩放，即相对于当前所显示图形的大小进行缩放；如果在比例因子后面加后缀 XP，则图形相对于图纸空间进行缩放。

7) 窗口(W)

该选项允许用户通过作为观察区域的矩形窗口实现图形的缩放。确定窗口后，该窗口的中心变为新的显示中心，窗口内的区域将被放大或缩小，使图形尽量充满显示屏幕。选择该选项，AutoCAD 依次提示：

> 指定第一个角点:
> 指定对角点:

在上面的提示下依次确定窗口的两个角点的位置即可。

8) 对象(O)

执行该选项后，当缩放图形时，AutoCAD 将尽可能大地显示一个或多个选定的对象，并使其位于绘图区域的中心。选择该选项，AutoCAD 提示：

> 选择对象:(选择对应的对象)
> 选择对象:↙(也可以继续选择对象)

9) 实时

实时缩放。执行 ZOOM 命令后直接按 Enter 键或 Space 键，即执行 "<实时>" 选项，当屏幕上的光标变为放大镜状时，AutoCAD 提示：

> 按 Esc 或 Enter 键退出，或右击显示快捷菜单。

同时在状态栏显示提示信息 "按住拾取键并垂直拖动进行缩放"。此时，按住左键，向上拖动鼠标即可放大图形；向下拖动鼠标则可缩小图形。如果按 Esc 或 Enter 键，则结束 ZOOM 命令的执行；如果右击，AutoCAD 则会弹出快捷菜单，供用户选择。

6.1.2 利用菜单命令或工具栏实现缩放

AutoCAD 2020 提供了用于实现缩放操作的菜单命令和工具栏按钮，从而可以快速实现缩放操作。

1. 利用菜单命令实现缩放

实现缩放操作的菜单命令位于"视图"|"缩放"子菜单中，如图 6-3 所示。

在如图 6-3 所示的菜单中，"实时""上一个""窗口""动态""比例""圆心""对象""全部"及"范围"选项与执行 ZOOM 命令后的各类似选项的功能相同；执行"放大"和"缩小"命令分别可使图形相对于当前图形放大一倍或缩小一半。

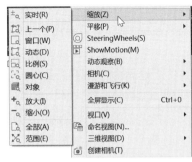

图 6-3 "缩放"子菜单

2. 利用工具栏按钮实现缩放

在"标准"工具栏上，AutoCAD 还提供了用于缩放操作的按钮。其中， (实时缩放)按钮用于实时缩放； (缩放上一个)按钮用于恢复上一次显示的图形，相当于 ZOOM 命令中的"上一个(P)"选项。位于这两个按钮之间的按钮可以引出一个弹出式工具栏，如图 6-4 所示(按下该按钮后停留一段时间，AutoCAD 会弹出工具栏)。通过此工具栏中的各个按钮可实现对应的缩放操作。

图 6-4 弹出式工具栏

6.2 图形显示移动

图形显示移动指移动整个图形，类似于移动整张图纸，以便将图纸的特定部分显示在绘图窗口中。与本书 4.3 节中介绍的移动图形的概念不同，执行显示移动操作后，图形相对于图纸的实际位置不变。

PAN 命令用于实现图形的实时移动。执行该命令，AutoCAD 会在屏幕上出现一个小手形状的光标，且 AutoCAD 提示：

> 按 Esc 或 Enter 键退出，或右击显示快捷菜单。

同时在状态栏上提示："按住拾取键并拖动进行平移"。此时，按拾取键并向某一方向拖动鼠标，图形将向该方向移动；按 Esc 键或 Enter 键，可以结束 PAN 命令的执行；如果右击，AutoCAD 将弹出快捷菜单，供用户选择。

另外，AutoCAD 还提供了用于移动操作的菜单命令，这些命令位于"视图"|"平移"子菜单中，如图 6-5 所示。

在该菜单中，"实时"选项用于实现实时平移；"点"选项用于根据指定的两点实现移动；"左""右""上""下"选项可分别使图形向左、右、上、下移动。

图 6-5　"平移"子菜单

此外，利用"标准"工具栏上的 (实时平移)按钮，也可以实现实时移动操作。

6.3　栅格捕捉与栅格显示

AutoCAD 2020 提供了栅格捕捉和栅格显示功能。利用栅格捕捉功能，可以使光标在绘图窗口内按指定的步距移动，就像在绘图屏幕上隐含地分布着按指定行间距和列间距排列的栅格线，这些栅格线的交点对光标有吸附作用，能够捕捉光标，使光标只能处于由交点确定的位置上，从而使光标只能按指定的步距移动。栅格显示指在屏幕上分布着一些按指定行间距和列间距排列的栅格线，就像在屏幕上铺了一张坐标纸。用户可以根据需要设置是否启用栅格捕捉和栅格显示功能，还可以设置对应的间距。

利用"草图设置"对话框中的"捕捉和栅格"选项卡，可以进行栅格捕捉与栅格显示功能的设置。选择"工具"|"绘图设置"命令，打开"草图设置"对话框，单击其中的"捕捉和栅格"标签，打开"捕捉和栅格"选项卡，如图 6-6 所示。

图 6-6　"捕捉和栅格"选项卡

下面介绍"捕捉和栅格"选项卡中各主要选项的功能。

1. "启用捕捉"复选框

用于确定是否启用栅格捕捉功能。在绘图过程中，可以通过单击状态栏上的█(捕捉模式-关，或捕捉到图形栅格-开)按钮实现是否启用栅格捕捉功能之间的切换。

2. "捕捉间距"选项组

该选项组中的"捕捉 X 轴间距"和"捕捉 Y 轴间距"两个文本框分别用于设置捕捉栅格沿 X 轴和 Y 轴方向的间距。

3. "捕捉类型"选项组

用于设置捕捉模式。其中，选中"栅格捕捉"单选按钮表示将捕捉模式设为"栅格捕捉"模式。此时，可通过选中"矩形捕捉"单选按钮将捕捉模式设为标准的"矩形捕捉"，即光标沿水平或垂直方向捕捉；选中"等轴测捕捉"单选按钮表示将捕捉模式设为"等轴测"模式，该模式一般用于绘制正等轴测图。在"等轴测捕捉"模式下，栅格和光标十字线不再互相垂直，而是成绘制等轴测图时的特定角度。如果选中 PolarSnap(极轴捕捉)单选按钮，则表示将捕捉模式设置为"极轴"模式。如果在该设置下同时启用了极轴追踪功能，光标的捕捉就会从极轴追踪起始点开始并沿着在"极轴追踪"选项卡中设置的角增量方向进行捕捉(有关极轴追踪的概念与设置详见本章的 6.7 节)。

4. "启用栅格"复选框

用于确定是否启用栅格显示功能。在绘图过程中，可以通过单击状态栏上的█(显示图形栅格)按钮实现是否启用栅格显示功能之间的切换。

5. "栅格样式"选项组

用于确定栅格的样式，默认样式为栅格线。可通过该选项组指定在对应的位置将栅格显示为栅格点。

6. "栅格间距"选项组

该选项组中的"栅格 X 轴间距"和"栅格 Y 轴间距"两个文本框分别用于设置栅格线沿 X 轴和 Y 轴方向的间距。如果设为 0，则表示与栅格捕捉的对应间距相同。

7. "栅格行为"选项组

用于控制所显示栅格线的外观。其中，选中"自适应栅格"复选框，当缩小图形的显示时，可以限制栅格密度；当放大图形的显示时，能够生成更多间距更小的栅格线。"显示超出界限的栅格"复选框用于确定所显示的栅格是否受 LIMITS 命令的限制，即如果取消选中此复选框，则所显示的栅格位于由 LIMITS 命令确定的绘图范围内，否则将显示在整个绘图屏幕中。"遵循动态 UCS"复选框用于确定是否可以更改栅格平面以便动态跟随 UCS(用户坐标系)的 XY 面(有关 UCS 的介绍详见本书的 13.3 节)。

有关栅格捕捉、栅格显示功能的使用方法详见 6.9 节中的练习 1。

6.4　正　交　功　能

用户以鼠标拾取点的方式绘制水平或垂直直线时会发现，在确定直线的第二个端点后，所绘直线经常会发生倾斜现象。利用 AutoCAD 提供的正交功能，可以方便地绘制与当前坐标系的 X 轴或 Y 轴平行的线段(对于二维绘图而言，一般就是水平线或垂直线)。

实现正交与否的切换命令为 ORTHO。执行该命令，AutoCAD 提示：

> 输入模式 [开(ON)/关(OFF)]:

其中，选择"开(ON)"选项表示使正交模式有效。在此设置下绘制直线，当输入第一个点后通过移动光标来确定线段的另一个端点时，引出的橡皮筋线不再是起始点与光标点处的连线，而是起始点与表示光标十字线的两条垂直线中距离较长的那段，如图 6-7(a)所示。如果此时单击，橡皮筋线将变为对应的水平线或垂直线；如果直接输入距离值，AutoCAD 会沿对应的方向按该值确定出直线的端点。"关(OFF)"选项用于关闭正交模式，使其失效。关闭正交模式后，当输入第一个点后通过移动光标来确定线段的另一个端点时，引出的橡皮筋线又恢复为起始点与光标点处的连线，其效果如图 6-7(b)所示。可以看出，在绘制二维图形时，利用正交功能，可以方便地绘制出水平线或垂直线。

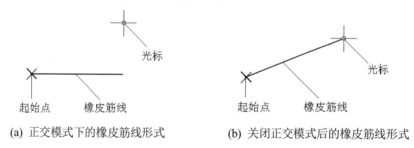

(a) 正交模式下的橡皮筋线形式　　　　(b) 关闭正交模式后的橡皮筋线形式

图 6-7　正交模式的启用与关闭

说明：

单击状态栏上的 （正交限制光标）按钮，可以在是否启用正交功能之间进行快速切换。

6.5　对　象　捕　捉

利用 AutoCAD 2020 的对象捕捉功能，在绘图过程中可以快速、准确地确定一些特殊点，如圆心、端点、中点、切点、交点及垂足等。可以通过图 6-8 所示的"对象捕捉"工具栏和图 6-9 所示的"对象捕捉"菜单(当光标位于绘图区域时，按 Shift 键后右击，将弹出该快捷菜单)启用对象捕捉功能。

图 6-8　"对象捕捉"工具栏　　　　图 6-9　"对象捕捉"菜单

"对象捕捉"工具栏上的各按钮图标，以及"对象捕捉"菜单中位于各菜单命令前面的图标形象地说明了各按钮和菜单对应的功能。下面分别对这些功能进行详细介绍。

1. 捕捉端点

"对象捕捉"工具栏上的（捕捉到端点）按钮或"对象捕捉"菜单中的"端点"命令，用于捕捉直线段、圆弧等对象上离光标最近的端点。当 AutoCAD 提示指定点的位置时，单击按钮或选择对应的菜单命令，AutoCAD 提示：

　　_endp 于

在该提示下只要将光标置于对应的对象上并靠近其端点位置，AutoCAD 就会自动捕捉到端点，并显示捕捉标记，同时浮出"端点"标签，如图 6-10 所示。此时，单击即可确定对应的端点。

2. 捕捉中点

单击"对象捕捉"工具栏上的（捕捉到中点）按钮或执行"对象捕捉"菜单中的"中点"命令，可以捕捉直线段、圆弧等对象的中点。当 AutoCAD 提示指定点的位置且用户要确定中点时，单击按钮或选择对应的菜单命令，AutoCAD 提示：

　　_mid 于

在该提示下将光标置于对应对象上的中点附近，AutoCAD 会自动捕捉到该中点，并显示捕捉标记，同时浮出"中点"标签，如图 6-11 所示。此时，单击即可确定对应的中点。

图 6-10　捕捉端点

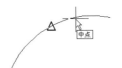

图 6-11　捕捉中点

3. 捕捉交点

单击"对象捕捉"工具栏上的■(捕捉到交点)按钮或选择"对象捕捉"菜单中的"交点"命令，可以捕捉直线段、圆弧、圆及椭圆等对象之间的交点，与其对应的捕捉标记如图 6-12 所示(操作过程与前面介绍的捕捉操作类似，只是 AutoCAD 给出的提示和显示的捕捉标记略有不同，此处不再赘述)。

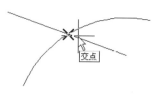

图 6-12　捕捉交点

4. 捕捉外观交点

单击"对象捕捉"工具栏上的■(捕捉到外观交点)按钮或执行"对象捕捉"菜单中的"外观交点"命令，可以捕捉直线段、圆弧、圆及椭圆等对象之间的外观交点，即捕捉假想将对象延伸之后的交点。假设有如图 6-13(a)所示的图形，如果要将直线延伸后与圆的交点作为新绘制直线的起始点，操作方法如下。

执行 LINE 命令，AutoCAD 提示：

> 指定第一个点:(在该提示下单击■按钮，表示将确定外观交点)
> _appint 于(将光标置于对应的直线，AutoCAD 显示捕捉标记和对应的标签，如图 6-13(b)所示，单击)
> 和(沿直线方向移动光标，将其置于圆上，AutoCAD 显示捕捉标记和对应的标签，如图 6-13(c)所示，表示已捕捉到交点。单击，即可确定对应的交点)
> 指定下一点或 [放弃(U)]:

在此提示下执行后续操作即可。

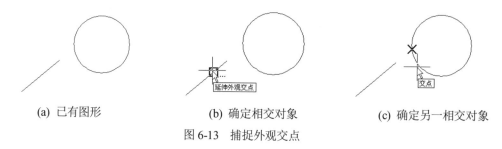

(a) 已有图形　　　　(b) 确定相交对象　　　　(c) 确定另一相交对象

图 6-13　捕捉外观交点

5. 捕捉延伸点

单击"对象捕捉"工具栏上的■(捕捉到延长线)按钮或执行"对象捕捉"菜单中的"延长线"命令，可以捕捉将已有直线段、圆弧延长一定距离后的对应端点，与其对应的捕捉标记如图 6-14 所示。

图 6-14　捕捉延伸点

在图 6-14 中，左图浮出的标签说明当前光标位置与直线端点之间的距离，以及直线的方向；右图浮出的标签说明当前光标位置与圆弧端点之间的弧长。此时，可以通过单击或输入与已有端点之间的距离的方式确定新点。

6. 捕捉圆心

单击"对象捕捉"工具栏上的 ⊙(捕捉到圆心)按钮或执行"对象捕捉"菜单中的"圆心"命令，可以捕捉圆或圆弧的圆心位置，与其对应的捕捉标记如图 6-15 所示。

图 6-15 捕捉圆心

注意，将光标置于圆或圆弧的边界上时，也能够捕捉到圆心。

7. 捕捉象限点

单击"对象捕捉"工具栏上的 ◇(捕捉到象限点)按钮或执行"对象捕捉"菜单中的"象限点"命令，可以捕捉圆、圆弧和椭圆上离光标最近的象限点，与其对应的捕捉标记如图 6-16 所示。

图 6-16 捕捉象限点

8. 捕捉切点

单击"对象捕捉"工具栏上的 ○(捕捉到切点)按钮或执行"对象捕捉"菜单中的"切点"命令，可以捕捉与圆、圆弧或椭圆等对象的切点，与其对应的捕捉标记如图 6-17 所示。

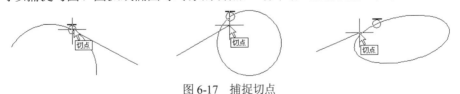

图 6-17 捕捉切点

9. 捕捉垂足

单击"对象捕捉"工具栏上的 ⊥(捕捉到垂足)按钮或执行"对象捕捉"菜单中的"垂直"命令，可以捕捉对象之间的正交点，与其对应的捕捉标记如图 6-18 所示。

图 6-18 捕捉垂足

10．捕捉到平行线

单击"对象捕捉"工具栏上的 ⬜(捕捉到平行线)按钮或执行"对象捕捉"菜单中的"平行线"命令，可以绘制与已有直线平行的直线。例如，假设有如图 6-19(a)所示的直线，如果要从某点绘制与该直线平行且长度为 100 的直线，操作方法如下。

执行 LINE 命令，AutoCAD 提示：

> 指定第一个点:(确定直线的起始点)
> 指定下一点或 [放弃(U)]:(单击"对象捕捉"工具栏上的 ⬜ 按钮)
> _par(将光标置于被平行直线上，AutoCAD 显示捕捉标记和对应的标签，如图 6-19(b)所示。向右拖动鼠标，当橡皮筋线与已有直线近似平行时，AutoCAD 显示辅助捕捉线，并显示对应的标签，如图 6-19(c)所示。此时输入 100，然后按 Enter 键或 Space 键)
> 指定下一点或 [放弃(U)]:↙

至此，完成平行线的绘制。

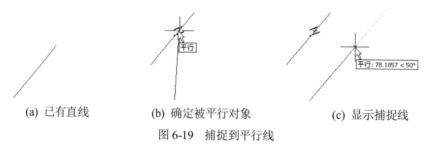

(a) 已有直线　　　　(b) 确定被平行对象　　　　(c) 显示捕捉线

图 6-19　捕捉到平行线

11．捕捉到插入点

单击"对象捕捉"工具栏上的 ⬛(捕捉到插入点)按钮和执行"对象捕捉"菜单中的"插入点"命令，都可以捕捉文字、属性和块等对象的定义点或插入点。

12．捕捉到节点

单击"对象捕捉"工具栏上的 ⬛(捕捉到节点)按钮和执行"对象捕捉"菜单中的"节点"命令，都可以捕捉节点，这些节点是指执行 POINT、DIVIDE 和 MEASURE 等命令后所绘制的点。

13．捕捉到最近点

单击"对象捕捉"工具栏上的 ⬛(捕捉到最近点)按钮和执行"对象捕捉"菜单中的"最近点"命令，都可以捕捉图形对象上与光标最接近的点。

14．临时追踪点

单击"对象捕捉"工具栏上的 ⬛(临时追踪点)按钮和执行"对象捕捉"菜单中的"临时追踪点"命令，都可以确定临时追踪点(有关临时追踪点的使用方法详见 6.8 节中的"说明"部分。)

15．相对于已知点得到特殊点

单击"对象捕捉"工具栏上的 ⬛(捕捉自)按钮和执行"对象捕捉"菜单中的"自"命令，都可以相对于指定的点确定另一个点，此功能的使用方法参见【例 6-1】。

【例 6-1】已知有如图 6-20(a)所示的图形，试着绘制图形的其他部分，结果如图 6-20(b)所示。

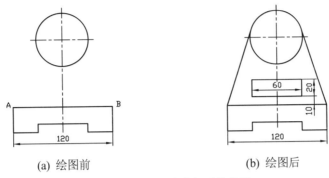

(a) 绘图前　　　　　　　　(b) 绘图后

图 6-20　利用对象捕捉功能绘图

1) 绘制矩形

执行 RECTANG 命令，AutoCAD 提示：

> 指定第一个角点或 [倒角(C)/标高(E)/圆角(F)/厚度(T)/宽度(W)]:(单击"对象捕捉"工具栏上的按钮)
> _from 基点:(单击"对象捕捉"工具栏上的按钮)
> _endp 于(将光标置于 A 点附近，单击，即捕捉 A 点)
> <偏移>: @30,10✓ (相对于 A 点确定矩形的左下角点)
> 指定另一个角点或 [面积(A)/尺寸(D)/旋转(R)]: @60,20✓

注意，本例通过为 A 点指定相对偏移量来确定矩形的左下角点。

2) 从 A 点向圆绘制切线

执行 LINE 命令，AutoCAD 提示：

> 指定第一个点:(通过捕捉端点的方式确定 A 点的位置。即单击"对象捕捉"工具栏上的按钮)
> _endp 于(将光标置于 A 点附近，AutoCAD 会自动捕捉到端点 A，然后单击)
> 指定下一点或 [放弃(U)]:(确定切点位置：单击"对象捕捉"工具栏上的按钮)
> _tan 到(将光标置于圆的左侧轮廓上，AutoCAD 会自动捕捉到切点，单击)
> 指定下一点或[放弃(U)]:✓

使用同样的操作方法，从 B 点向圆绘制切线(或镜像已有直线)，完成图形的绘制。

本节介绍了 AutoCAD 2020 的对象捕捉功能，需要注意的是，只有当 AutoCAD 提示用户确定某一点的时候(如要求指定圆心、第一点及对角点等)，才可以使用对象捕捉功能。初学者往往会直接在"命令:"提示下单击某一对象捕捉按钮，以捕捉某一个特殊点，但此时 AutoCAD 会提示"未知命令。"，因为 AutoCAD 并不知道用户所捕捉点的目的。

为了将对象捕捉功能的使用方法介绍清楚，本例对操作步骤进行了较为详细的介绍。实际绘图中，可以轻松地通过单击按钮或选择菜单命令，然后根据提示来拾取对应的对象，从而完成对象捕捉操作。在本书后续章节中，凡需要使用对象捕捉的地方，将直接说明，如捕捉端点、捕捉圆心或捕捉交点等，不再详细介绍具体的操作过程。

6.6 对象自动捕捉

  如果在绘图过程中需要频繁捕捉一些相同类型的点，则需要频繁地单击"对象捕捉"工具栏上的对应按钮或通过菜单选择对象捕捉命令。利用对象自动捕捉功能，可以在绘图过程中自动捕捉到某些特殊点。

  这里将对象自动捕捉模式简称为自动捕捉。设置并启用自动捕捉功能的方式如下。

  选择"工具"|"绘图设置"命令，从打开的"草图设置"对话框中选择"对象捕捉"选项卡，如图 6-21 所示。

图 6-21　"对象捕捉"选项卡

  在该选项卡中，可以通过是否选中"对象捕捉模式"选项组中的各复选框来设置自动捕捉模式，即确定 AutoCAD 将自动捕捉到哪些点；"启用对象捕捉"复选框用于确定是否启用自动捕捉功能；"启用对象捕捉追踪"复选框则用于确定是否启用对象捕捉追踪功能，本章的 6.8 节将详细介绍该功能。

  利用"对象捕捉"选项卡设置默认捕捉模式并启用自动捕捉功能后，在绘图过程中，当 AutoCAD 提示确定点时，如果将光标置于对象在自动捕捉模式中设置的对应点的附近，AutoCAD 会自动捕捉到这些点，并显示捕捉到相应点的小标签，此时单击即可。

说明：

  (1) 用户可以通过单击状态栏上 ▤ (将光标捕捉到二维参考点)按钮的方式实现是否启用自动捕捉功能之间的切换。

  (2) 有时会出现这样的情况：在使用 AutoCAD 绘图的过程中，AutoCAD 提示用户确定点时，本来要通过鼠标来拾取屏幕上的某个点，但由于拾取点与某些图形对象距离很近，因此得到的点并非所拾取的点，而是已有对象上的某个特殊点，如端点、中点和圆心等。导致该结果的原因是 AutoCAD 启用了自动捕捉功能，即 AutoCAD 自动捕捉到默认捕捉点。此时，单击状态栏上的 ▣ (将光标捕捉到二维参考点)按钮，关闭自动捕捉功能，即可避免此类情况的发生。

由以上介绍可以看出，利用对象自动捕捉功能，可以快速捕捉到一些特殊点，而不必单击工具栏按钮或选择菜单命令，然后再根据提示拾取对象，从而避免了大量烦琐的操作步骤。

6.7　极 轴 追 踪

极轴追踪指当 AutoCAD 提示用户指定点的位置时(如指定直线的另一个端点)，如果拖动光标，使光标接近预先设定的方向(即极轴追踪方向)，AutoCAD 会自动将橡皮筋线吸附到该方向，同时沿该方向显示极轴追踪矢量，并浮出一个小标签，说明当前光标位置相对于前一点的极坐标，如图 6-22 所示。

极轴追踪矢量的起始点又称为追踪点。

从图 6-22 可以看出，当前光标位置相对于前一点(矩形的右上角点，即追踪点)的极坐标为 33.3<135°，即两点之间的距离为 33.3，极轴追踪矢量与 X 轴正方向的夹角为 135°。此时单击，AutoCAD 会将该点作为绘图所需点；如果直接输入一个数值，AutoCAD 则沿极轴追踪矢量方向按此长度值确定点的位置；如果沿极轴追踪矢量方向拖动鼠标，AutoCAD 会通过浮出的小标签动态显示与光标位置对应的极轴追踪矢量的值(即显示"距离<角度")。

用户可以设置是否启用极轴追踪功能及极轴追踪方向等性能参数，设置步骤如下。

选择"工具"|"绘图设置"命令，打开"草图设置"对话框，切换至"极轴追踪"选项卡，如图 6-23 所示。

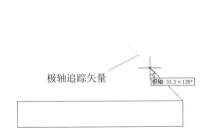

图 6-22　显示极轴追踪矢量　　　　　　图 6-23　"极轴追踪"选项卡

"启用极轴追踪"复选框用于确定是否启用极轴追踪功能。在绘图过程中，可以通过单击状态栏上的 按钮实现是否启用极轴追踪功能之间的切换。

"极轴角设置"选项组用于确定极轴追踪的追踪方向。可以通过"增量角"下拉列表框确定追踪方向的角度增量，列表中有 90、45、30、22.5、18、15、10、5 等多种选择。例如，如果选择 15，则表示 AutoCAD 将在 0°、15°、30° 等以 15° 为倍数的角度方向进行极轴追踪。"附加角"复选框用于确定除由"增量角"下拉列表框设置追踪方向外，是否附加追踪方向。如果选中该复选框，可单击"新建"按钮设置附加追踪方向的角度，单击"删除"按钮可以删除已有的附加角度。

"对象捕捉追踪设置"选项组用于设置对象捕捉追踪的模式(详见 6.8 节)。其中，选中"仅正交追踪"单选按钮表示启用对象捕捉追踪后，仅显示正交形式的追踪矢量；选中"用所有极轴角设置追踪"单选按钮表示如果启用对象捕捉追踪，当指定追踪点后，AutoCAD 允许光标沿"极轴角设置"选项组中设置的方向进行极轴追踪。

"极轴角测量"选项组表示极轴追踪时角度测量的参考系。其中，选中"绝对"单选按钮表示相对于当前 UCS 测量，即极轴追踪矢量的角度相对于当前 UCS 进行测量；选中"相对上一段"单选按钮表示角度相对于前一个图形对象进行测量。

6.8 对象捕捉追踪

对象捕捉追踪是对象捕捉与极轴追踪的综合应用。例如，已知有一个圆和一条直线，如图 6-24(a)所示，当执行 LINE 命令确定直线的起始点时，利用对象捕捉追踪功能，可以捕捉某些特殊点，如图 6-24(b)、(c)所示。

在图 6-24(b)中，所捕捉到点的 X、Y 坐标分别与已有直线端点的 X 坐标和圆心的 Y 坐标相同。在图 6-24(c)中，所捕捉到点的 Y 坐标与圆心的 Y 坐标相同，且位于相对于已有直线端点的 45°方向。单击即可得到对应的点。

利用对象捕捉追踪功能，可以方便地得到如图 6-24(b)、(c)所示的特殊点。下面介绍启用对象捕捉追踪的方法及其操作方式。

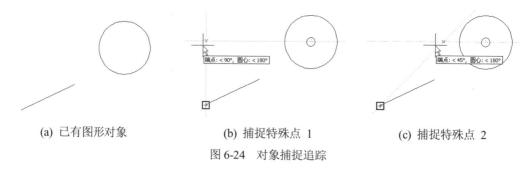

(a) 已有图形对象 (b) 捕捉特殊点 1 (c) 捕捉特殊点 2

图 6-24 对象捕捉追踪

1. 启用对象捕捉追踪功能

启用对象捕捉追踪功能时，应首先启用极轴追踪和对象自动捕捉功能，即单击状态栏上的 按钮和 按钮，使其变为蓝色，并根据绘图的需要设置极轴追踪的增量角，同时设置对象自动捕捉的默认捕捉模式。

在"草图设置"对话框中的"对象捕捉"选项卡中，如图 6-21 所示，"启用对象捕捉追踪"复选框用于确定是否启用对象捕捉追踪。在绘图过程中，按 F11 键或单击状态栏上的 按钮，可实时在是否启用对象捕捉追踪功能之间进行切换。

用户可利用如图 6-23 所示的对话框设置极轴追踪的增量角，利用如图 6-21 所示的对话框设置对象自动捕捉的默认捕捉模式。

2. 对象捕捉追踪的使用方法

下面仍以图 6-24 为例来说明对象捕捉追踪的使用方法。假设已启用极轴追踪、对象自动捕捉及对象捕捉追踪功能；通过图 6-23 所示的"草图设置"对话框中的"极轴追踪"选项卡，将增量角设为 45°，并选中"用所有极轴角设置追踪"单选按钮；通过"对象捕捉"选项卡，如图 6-21 所示，将对象自动捕捉模式设为捕捉到端点和圆心等。

执行 LINE 命令，AutoCAD 提示：

指定第一个点：

将光标置于直线端点附近，AutoCAD 会捕捉到作为追踪点的对应端点，并显示捕捉标记与标签提示，如图 6-25 所示。将光标置于圆心附近，AutoCAD 会捕捉到作为追踪点的对应圆心，并显示捕捉标记与标签提示，如图 6-26 所示。然后拖动鼠标，当光标的 X、Y 坐标分别与直线端点的 X 坐标和圆心的 Y 坐标接近时，AutoCAD 从两个捕捉到的点(即追踪点)引出的追踪矢量(此时的追踪矢量沿两个方向延伸，称其为全屏追踪矢量)就会捕捉到对应的特殊点(即交点)，并显示出说明光标位置的标签，如图 6-24(b)所示。此时单击，即可将该点作为直线的起始点，然后根据提示进行其他操作即可。如果不单击，继续向右移动光标，则可以捕捉到如图 6-24(c)所示的特殊点。

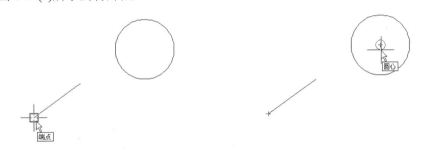

图 6-25　捕捉到端点　　　　　　　　图 6-26　捕捉到圆心

说明：

利用如图 6-8 所示的"对象捕捉"工具栏上的"临时追踪点"按钮及如图 6-9 所示的"对象捕捉"菜单上的"临时追踪点"命令，可以设置对象捕捉追踪时的临时追踪点。

6.9 应用实例

练习 1　利用栅格捕捉和栅格显示功能绘制如图 6-27 所示的图形。

由于图 6-27 中的各尺寸均为 10 的倍数，因此利用栅格捕捉和栅格显示功能可以轻松地完成该图的绘制。

1) 设置栅格捕捉、栅格显示的间距

选择"工具"|"绘图设置"命令，即执行 DSETTINGS 命令，打开"草图设置"对话框。在该对话框的"捕捉和栅格"选项卡中，将栅格捕捉间距和栅格间距均设为 10，同时启用栅格捕捉与栅格显示功能，如图 6-28 所示。

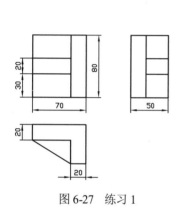

图 6-27　练习 1

图 6-28　绘图设置

设置完毕后，单击"确定"按钮，关闭对话框，AutoCAD 将在屏幕上显示栅格线。此时，移动光标，用户会发现光标只能落在各栅格线的交点上。

2) 绘图

执行 LINE 命令绘制 3 个图形，结果如图 6-29 所示(过程略。为使图形清晰，图中使用栅格点代替栅格线)。

练习 2　绘制如图 6-30 所示的图形。

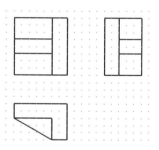

图 6-29　绘图结果

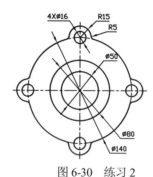

图 6-30　练习 2

本练习需要用到 AutoCAD 的对象捕捉等功能。

1) 建立图层

根据表 5-2 建立绘图图层(过程略)。

2) 绘制中心线

执行 LINE 命令，在"中心线"图层绘制水平和垂直中心线，如图 6-31 所示(可以通过夹点功能修改中心线长度)。

3) 绘制圆

执行 CIRCLE 命令，在"粗实线"图层绘制各个圆，如图 6-32 所示(确定圆心位置时，应捕捉对应的中心线交点)。

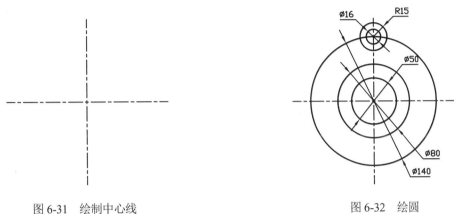

图 6-31　绘制中心线　　　　　　　　　　　图 6-32　绘圆

4) 修剪

执行 TRIM 命令，进行修剪操作，修剪结果如图 6-33 所示。

5) 创建圆角

执行 FILLET 命令，创建半径为 5 的圆角，如图 6-34 所示(为了便于操作，用户可以将图形放大，只显示所操作的部分)。

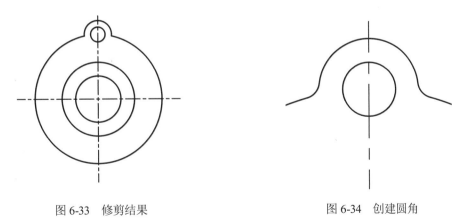

图 6-33　修剪结果　　　　　　　　　　　图 6-34　创建圆角

6) 环形阵列

执行 ARRAYPOLAR 命令，对图 6-34 进行环形阵列，阵列结果如图 6-35 所示(进行环形阵列时，应捕捉中心线的交点作为阵列中心点。另外，选择阵列对象时，还应选择在步骤 5)中创建的圆角)。

7) 修剪

执行 TRIM 命令，在其他 3 个位置进行修剪操作，结果如图 6-36 所示。

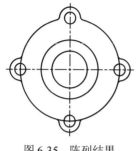

图 6-35　阵列结果

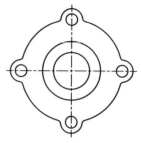

图 6-36　修剪结果

8) 绘制圆

在"中心线"图层绘制表示小圆中心位置的圆(直径为 140)，即可得到如图 6-30 所示的结果。

练习 3　已知有如图 6-37(a)所示的图形，在此基础上绘图，使结果如图 6-37(b)所示(图中的虚线用于说明新绘制直线的端点与已有图形之间的关系)。

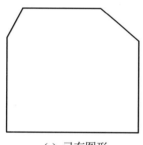

(a) 已有图形

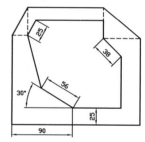

(b) 绘图结果

图 6-37　练习 3

1) 绘图设置

打开图 6-23 所示的"草图设置"对话框中的"极轴追踪"选项卡，将增量角设为 30，然后在图 6-21 所示的"对象捕捉"选项卡中选中"端点"复选框，通过单击状态栏上的、和按钮，分别启用极轴追踪、对象自动捕捉和对象捕捉追踪功能，并打开"对象捕捉"工具栏。

2) 绘图

执行 LINE 命令，AutoCAD 提示：

> 指定第一个点:(单击"对象捕捉"工具栏上的█按钮)
> _from 基点:(捕捉图 6-37(a)中的左下角点)
> <偏移>: @90,25↙
> 指定下一点或 [放弃(U)]:

向左上方拖动鼠标，显示对应的极轴追踪矢量(沿 150° 方向)，如图 6-38 所示。

在如图 6-38 所示的状态下输入 56，按 Enter 键或 Space 键，AutoCAD 提示：

指定下一点或[退出(E)/放弃(U)]:

利用对象捕捉追踪功能捕捉对应的点，如图 6-39 所示。操作方法：将光标置于对应斜线的左端点附近，捕捉到作为追踪点的直线左端点；再将光标置于斜线的右端点附近，捕捉到作为追踪点的直线右端点；然后通过拖动鼠标来移动光标，直至捕捉到与这两个点有对应坐标关系的点。

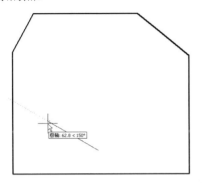

图 6-38　显示极轴追踪矢量

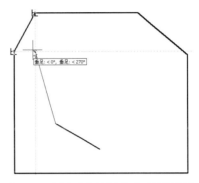

图 6-39　利用对象捕捉追踪功能捕捉点

在如图 6-39 所示的状态下单击，AutoCAD 提示：

指定下一点或[关闭(C)/退出(X)/放弃(U)]:

向右拖动鼠标，利用对象捕捉追踪功能捕捉对应的点，如图 6-40 所示。

在如图 6-40 所示的状态下单击，AutoCAD 提示：

指定下一点或[关闭(C)/退出(X)/放弃(U)]:

单击"对象捕捉"工具栏上的 (捕捉到平行线)按钮，并输入平行捕捉矢量，如图 6-41 所示。在该状态下输入距离为 38，然后按 Enter 键或 Space 键，AutoCAD 提示：

指定下一点或[关闭(C)/退出(X)/放弃(U)]:

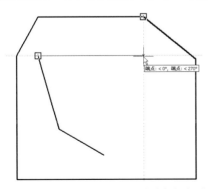

图 6-40　利用对象捕捉追踪功能捕捉点

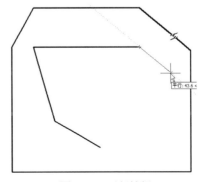

图 6-41　平行捕捉

利用对象捕捉追踪功能确定另一个点，如图 6-42 所示。

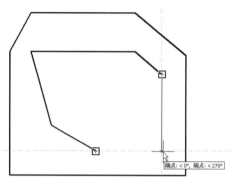

图 6-42　利用对象捕捉追踪功能确定另一点

在该状态下单击，AutoCAD 提示：

指定下一点或[关闭(C)/退出(X)/放弃(U)]:C↙(封闭图形)

执行结果如图 6-37(b)所示。

6.10　本 章 小 结

　　本章主要介绍了两部分内容，其中，一部分是控制图形的显示比例和显示位置；另一部分是准确、快速地确定某些特殊点。

　　利用 AutoCAD 2020 提供的显示缩放和显示移动功能，可以放大图形的局部以便进行绘图操作或查看图形的细节。当需要查看图形的整体效果或了解各视图之间的位置关系时，可以将全部图形显示在屏幕上。读者在进行前面章节的绘图练习时可能会遇到这样一些问题：由于不能准确地确定点的位置，所绘直线未能准确地与圆相切；或两个圆不同心；或阵列后得到的阵列对象相对于阵列中心偏移等。利用 AutoCAD 2020 提供的对象捕捉功能，可以避免这些问题的发生。读者在完成本书后续章节的绘图练习过程中，当需要确定一些特殊点时，应利用对象捕捉、极轴追踪或对象捕捉追踪等功能，而不应凭目测拾取点。凭目测确定的点一般都存在误差，例如，凭目测绘出切线后，即使在绘图屏幕上显示的图形看似满足相切要求，但执行 ZOOM 命令放大切点位置显示后，就会发现所绘直线并没有与圆相切。

　　本章还介绍了正交、栅格显示及栅格捕捉等功能，利用这些功能也可以提高绘图的效率与准确性。

6.11　习　　　题

1. 问答题

(1) 简述栅格捕捉、栅格显示功能的作用。

(2) 简述对象捕捉、对象自动捕捉、极轴追踪和对象捕捉追踪功能的作用。

(3) 叙述 ZOOM 命令的"全部(A)"选项与"范围(E)"选项的区别。

2. 判断题

(1) 对图形执行 ZOOM 命令进行缩放操作后,图形的实际尺寸将相应地放大或缩小。(　　)

(2) 使用 AutoCAD 制图时,可以沿水平和垂直方向设置不同的栅格捕捉间距。(　　)

(3) 用户可以在任何提示下使用对象捕捉功能。(　　)

(4) 可以在绘图过程中随时设置栅格捕捉、栅格显示、对象自动捕捉、极轴追踪和对象捕捉追踪方面的相关参数,并可以随时启用或关闭某一项功能。(　　)

(5) 采用对象捕捉追踪功能时,可以设置临时追踪点。(　　)

3. 上机习题

(1) 打开自己绘制的图形,利用显示缩放、显示移动等功能进行浏览、分析。

(2) 利用栅格捕捉、栅格显示功能,绘制如图 6-43 所示的各个图形(图中给出了主要尺寸,其余尺寸由读者确定)。

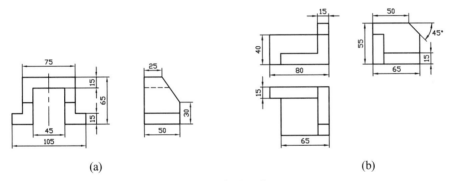

(a)　　　　　　　　　　　　　　　　　(b)

图 6-43　上机绘图练习 1

(3) 绘制如图 6-44 所示的各个图形(图中给出了主要尺寸,其余尺寸由读者确定)。

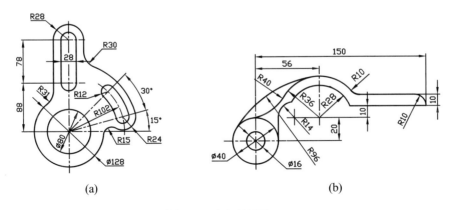

(a)　　　　　　　　　　　　　　　　　(b)

图 6-44　上机绘图练习 2

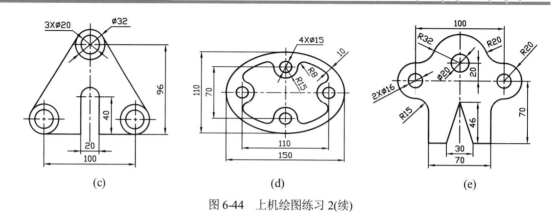

图 6-44　上机绘图练习 2(续)

(4) 利用极轴追踪、对象捕捉追踪等功能，绘制如图 6-45 所示的各个图形。

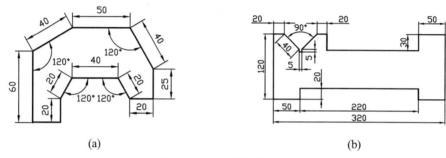

图 6-45　上机绘图练习 3

第 7 章

绘制、编辑复杂图形对象

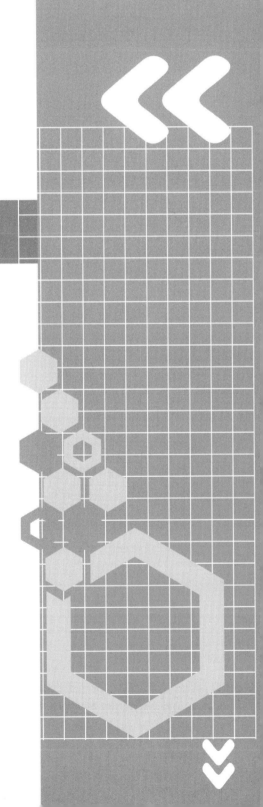

本章要点

本章主要介绍 AutoCAD 2020 提供的绘制、编辑复杂二维图形对象等功能。通过本章的学习，读者应掌握以下内容：

- 绘制、编辑多段线
- 绘制、编辑样条曲线
- 绘制、编辑多线

7.1 绘制、编辑多段线

7.1.1 绘制多段线

1. 功能

绘制二维多段线。多段线是由直线段和圆弧段构成的且可以有宽度的图形对象,如图 7-1 所示。

图 7-1 多段线

2. 命令调用方式

命令:PLINE。功能区:"默认" | ▉按钮。工具栏:"绘图" | ▉(多段线)按钮。菜单命令:"绘图" | "多段线"。

3. 命令执行方式

执行 PLINE 命令,AutoCAD 提示:

> 指定起点:(确定多段线的起始点)
> 当前线宽为 0.0000(说明当前的绘图线宽)
> 指定下一点或 [圆弧(A)/半宽(H)/长度(L)/放弃(U)/宽度(W)]:

如果在此提示下再确定一个点,即执行"指定下一点"选项,AutoCAD 将按当前线宽设置绘制出连接两点的直线段,同时给出提示:

> 指定下一点或 [圆弧(A)/闭合(C)/半宽(H)/长度(L)/放弃(U)/宽度(W)]:

该提示比前面的提示多了一个"闭合(C)"选项。下面介绍上面两个提示中各选项的含义及其操作方法。

1) 指定下一点

确定多段线另一个端点的位置,为默认选项。用户响应后,AutoCAD 按当前线宽设置从前一点向该点绘制一条直线段,然后重复给出提示"指定下一点或 [圆弧(A)/闭合(C)/半宽(H)/长度(L)/放弃(U)/宽度(W)]:"。

2）圆弧(A)

执行 PLINE 命令，由绘制直线方式改为绘制圆弧方式。执行该选项，AutoCAD 提示：

> 指定圆弧的端点或
> [角度(A)/圆心(CE)/闭合(CL)/方向(D)/半宽(H)/直线(L)/半径(R)/第二个点(S)/放弃(U)/宽度(W)]:

如果用户在此提示下直接确定圆弧的端点，即响应默认选项，AutoCAD 将绘制出以上一点和该点为两个端点、以上一次所绘直线的方向或所绘弧的终点切线方向为起始点方向的圆弧，然后继续给出上面所示的绘制圆弧提示信息。

下面介绍绘制圆弧提示中其他各选项的含义及其操作方法。

● 角度(A)

根据圆弧的包含角绘制圆弧。执行此选项，AutoCAD 提示：

> 指定夹角:

在此提示下应输入圆弧的夹角。同样，在默认的正角度方向设置下，输入正角度值表示沿逆时针方向绘制圆弧；输入负角度值表示沿顺时针方向绘制圆弧。输入包含角后，AutoCAD 提示：

> 指定圆弧的端点或 [圆心(CE)/半径(R)]:

此时，可以根据提示通过确定圆弧的另一个端点、圆心或半径来绘制圆弧。

● 圆心(CE)

根据圆弧的圆心绘制圆弧。执行该选项，AutoCAD 提示：

> 指定圆弧的圆心:

在该提示下应确定圆弧的圆心位置。需要注意的是，此处应通过输入 CE 来执行该选项。确定圆弧的圆心位置后，AutoCAD 提示：

> 指定圆弧的端点或 [角度(A)/长度(L)]:

此时，可以根据提示通过确定圆弧的另一个端点、包含角或弦长来绘制圆弧。

● 闭合(CL)

利用圆弧封闭多段线。闭合后，AutoCAD 结束 PLINE 命令的执行。

● 方向(D)

确定所绘制圆弧在起始点处的切线方向。执行该选项，AutoCAD 提示：

> 指定圆弧的起点切向:

此时，可以通过输入起始方向与水平方向的夹角来确定圆弧的起点切向。确定起始方向后，AutoCAD 提示：

> 指定圆弧的端点:

在该提示下确定圆弧的另一个端点，即可绘制出圆弧。

- 半宽(H)

确定圆弧的起始半宽与终止半宽。执行该选项，AutoCAD 提示：

> 指定起点半宽:(输入初始半宽)
>
> 指定端点半宽:(输入终止半宽)

确定起始半宽和终止半宽后，下一次将按此设置直接绘制圆弧。

- 直线(L)

将绘制圆弧方式更改为绘制直线方式。执行该选项，AutoCAD 返回到"指定下一点或[圆弧(A)/闭合(C)/半宽(H)/长度(L)/放弃(U)/宽度(W)]:"提示。

- 半径(R)

根据半径绘制圆弧。执行该选项，AutoCAD 提示：

> 指定圆弧的半径:(输入圆弧的半径值)
>
> 指定圆弧的端点或 [角度(A)]:

此时，可以根据提示通过确定圆弧的另一个端点或包含角来绘制圆弧。

- 第二个点(S)

根据圆弧上的其他两点绘制圆弧。执行该选项，AutoCAD 提示：

> 指定圆弧上的第二个点:
>
> 指定圆弧的端点:

用户根据提示响应即可。

- 放弃(U)

取消上一次绘制的圆弧。利用该选项可以修改绘图过程中出现的错误操作。

- 宽度(W)

确定所绘制圆弧的起始和终止宽度。执行此选项，AutoCAD 提示：

> 指定起点宽度:
>
> 指定端点宽度:

用户根据提示响应即可。设置宽度后，下一段圆弧将按此宽度设置直接进行绘制。

3) 闭合(C)

执行此选项，AutoCAD 从当前点向多段线的起始点按当前宽度绘制直线段，即封闭所绘制的多段线，然后结束命令的执行。

4) 半宽(H)

指定所绘多段线的半宽度，即所设数值为多段线宽度的一半。执行该选项，AutoCAD 提示：

> 指定起点半宽:
>
> 指定端点半宽:

用户依次根据提示响应即可。

5) 长度(L)

从当前点绘制指定长度的直线段。执行该选项，AutoCAD 提示：

> 指定直线的长度：

在此提示下输入长度值，AutoCAD 将沿上一段直线方向绘制长度为输入值的直线段。如果上一段对象为圆弧，所绘直线的方向将沿着该圆弧终点的切线方向。

6) 放弃(U)

删除最后绘制的直线段或圆弧段。执行该选项，可以及时修改在绘制多段线过程中出现的错误操作。

7) 宽度(W)

指定多段线的宽度。执行该选项，AutoCAD 提示：

> 指定起点宽度：
> 指定端点宽度：

用户根据提示响应即可。

4. 说明

(1) 执行一次 PLINE 命令所绘制的多段线整体属于一个图形对象。

(2) 在第 3 章介绍的绘图命令中，通过执行 RECTANG(绘制矩形)和 POLYGON(绘制正多边形)命令绘制的图形对象均属于多段线对象。

(3) 可以使用 EXPLODE 命令(菜单命令："修改"|"分解"命令)将多段线对象中构成多段线的直线段和圆弧段分解为单独的对象，即将原来属于一个对象的多段线分解为多个直线和圆弧对象，且分解后不再保留线宽信息。

(4) 可以通过命令 FILL 或系统变量 FILLMODE 确定是否填充具有宽度的多段线。

【例 7-1】绘制如图 7-2 所示的箭头。

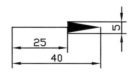

图 7-2　绘制箭头

执行 PLINE 命令，AutoCAD 提示：

> 指定起点:(在绘图窗口的适当位置任意拾取一点)
> 指定下一点或 [圆弧(A)/半宽(H)/长度(L)/放弃(U)/宽度(W)]: @25,0✓
> 指定下一点或 [圆弧(A)/闭合(C)/半宽(H)/长度(L)/放弃(U)/宽度(W)]: W✓ (设置线宽)
> 指定起点宽度 <0.0>: 5✓
> 指定端点宽度 <5.0>: 0✓

> 指定下一点或 [圆弧(A)/闭合(C)/半宽(H)/长度(L)/放弃(U)/宽度(W)]: L✓
>
> 指定直线的长度: 15✓
>
> 指定下一点或 [圆弧(A)/闭合(C)/半宽(H)/长度(L)/放弃(U)/宽度(W)]:✓

执行结果如图 7-2 所示。由以上操作步骤可以看出，利用多段线可以方便地绘制出各种箭头。

7.1.2　编辑多段线

1. 功能

编辑已有的多段线。

2. 命令调用方式

命令：PEDIT。工具栏："修改II" | ▨(编辑多段线)按钮。菜单命令："修改" | "对象" | "多段线"。

3. 命令执行方式

执行 PEDIT 命令，AutoCAD 提示：

> 选择多段线或 [多条(M)]:

在此提示下选择需要编辑的多段线，即执行默认选项，AutoCAD 提示：

> 输入选项 [闭合(C)/合并(J)/宽度(W)/编辑顶点(E)/拟合(F)/样条曲线(S)/非曲线化(D)/线型生成(L)/反转(R)/放弃(U)]:

说明：

执行 PEDIT 命令后，如果选择使用 LINE 命令绘制的直线或使用 ARC 命令绘制的圆弧，AutoCAD 会提示所选择的对象不是多段线，并询问用户是否将其转换成多段线。如果选择"是"选项，AutoCAD 会将其转换成多段线，并提示：

> 输入选项 [闭合(C)/合并(J)/宽度(W)/编辑顶点(E)/拟合(F)/样条曲线(S)/非曲线化(D)/线型生成(L)/反转(R)/放弃(U)]:

下面介绍提示中各选项的含义及其操作方法。

1) 闭合(C)

执行该选项，AutoCAD 将封闭所编辑的多段线，然后提示以下信息：

> 输入选项 [打开(O)/合并(J)/宽度(W)/编辑顶点(E)/拟合(F)/样条曲线(S)/非曲线化(D)/线型生成(L)/反转(R)/放弃(U)]:

即将"闭合(C)"选项转换成"打开(O)"选项。此时，若执行"打开(O)"选项，AutoCAD 会将多段线从封闭处打开，同时提示中的"打开(O)"选项会转换为"闭合(C)"选项。

2) 合并(J)

将非封闭多段线与已有直线、圆弧或多段线合并成一个多段线对象。执行该选项，AutoCAD 提示：

选择对象：

在此提示下选择各对象后，AutoCAD 会将它们连成一条多段线。

需要说明的是，对于合并到多段线上的对象，除非执行 PEDIT 命令后选择"多条(M)"选项进行合并操作(详见后面的介绍)，否则要求合并对象的各个端点必须依次重合。

3) 宽度(W)

为整条多段线指定统一的新宽度。执行该选项，AutoCAD 提示：

指定所有线段的新宽度：

在此提示下输入新的线宽值，则所编辑多段线上的各线段均变为该宽度。

4) 编辑顶点(E)

编辑多段线的顶点。执行该选项，AutoCAD 提示：

输入顶点编辑选项

[下一个(N)/上一个(P)/打断(B)/插入(I)/移动(M)/重生成(R)/拉直(S)/切向(T)/宽度(W)/退出(X)]:

同时 AutoCAD 利用一个小叉标记出多段线的当前编辑顶点，即第一顶点。提示中各选项的含义及其操作方法如下。

● 下一个(N)、上一个(P)

"下一个(N)"选项可将用于标记当前编辑顶点的小叉标记移到多段线的下一个顶点；"上一个(P)"选项则把小叉标记移到多段线的上一个顶点，以改变当前编辑顶点。

● 打断(B)

删除多段线上指定两个顶点之间的线段。执行该选项，AutoCAD 会将当前编辑顶点作为第一个断点，并提示以下信息：

输入选项 [下一个(N)/上一个(P)/执行(G)/退出(X)] <N>:

其中，"下一个(N)"和"上一个(P)"选项分别用于使编辑顶点向后移或前移，以确定第二个断点；"执行(G)"选项用于执行第一个断点到第二个断点之间的多段线的删除操作，然后返回到上一级提示；"退出(X)"选项用于退出"打断(B)"操作，返回到上一级提示。

● 插入(I)

在当前编辑的顶点之后插入一个新顶点。执行该选项，AutoCAD 提示：

指定新顶点的位置：

在此提示下确定新顶点的位置即可。

- 移动(M)

将当前的编辑顶点移到新位置。执行该选项，AutoCAD 提示：

为标记顶点指定新位置:

在该提示下确定顶点的新位置即可。

- 重生成(R)

重新生成多段线。

- 拉直(S)

拉直多段线中位于指定两个顶点之间的线段,即用连接这两点的直线来代替原来的折线。执行该选项，AutoCAD 将当前编辑顶点作为第一个拉直端点，并提示：

输入选项 [下一个(N)/上一个(P)/执行(G)/退出(X)] <N>:

其中，"下一个(N)"和"上一个(P)"选项用于确定第二个拉直端点；"执行(G)"选项用于执行两个顶点之间的线段的拉直操作，即用一条直线代替它们，然后返回到上一级提示；"退出(X)"选项用于退出"拉直(S)"操作，返回到上一级提示。

- 切向(T)

改变当前所编辑顶点的切线方向。该功能主要用于确定对多段线进行曲线拟合时的拟合方向。执行该选项，AutoCAD 提示：

指定顶点切向:

此时，可以直接输入表示切向方向的角度值，也可以通过指定点来确定方向。如果指定了一点，AutoCAD 将以多段线的当前点与该点的连线方向作为切线方向。指定顶点的切线方向后，AutoCAD 将使用一个箭头表示该切线方向。

- 宽度(W)

修改多段线中位于当前编辑顶点之后的直线段或圆弧段的起始宽度和终止宽度。执行该选项，AutoCAD 依次提示：

指定下一条线段的起点宽度:(输入起点宽度)
指定下一条线段的端点宽度:(输入终点宽度)

用户根据提示响应后，对应图形的宽度将发生相应的变化。

- 退出(X)

退出"编辑顶点(E)"操作，返回到执行 PEDIT 命令后的提示。

5) 拟合(F)

创建圆弧拟合多段线(即由圆弧连接每一个顶点后形成的平滑曲线)，且拟合曲线需要经过多段线的所有顶点，并按指定(或默认)的切线方向拟合。图 7-3 显示了用圆弧拟合多段线的效果。

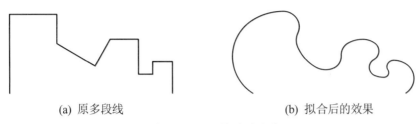

(a) 原多段线　　　　　　　　　(b) 拟合后的效果

图 7-3　用圆弧拟合多段线

6) 样条曲线(S)

可以创建样条曲线来拟合多段线，拟合效果如图 7-4 所示。

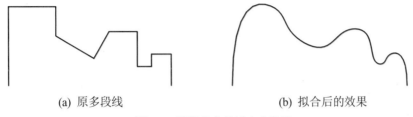

(a) 原多段线　　　　　　　　　(b) 拟合后的效果

图 7-4　用样条曲线拟合多段线

从图 7-3 和图 7-4 可以看出，执行"拟合(F)"选项和"样条曲线(S)"选项所绘制的曲线差别很大。

系统变量 SPLFRAME 用于控制是否显示所生成的样条曲线的线框，当系统变量的值为 0 时(默认值)，只显示拟合曲线；当系统变量的值为 1 且重新生成图形后，会同时显示拟合曲线和样条曲线的线框，如图 7-5 所示。

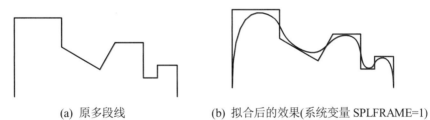

(a) 原多段线　　　　　　(b) 拟合后的效果(系统变量 SPLFRAME=1)

图 7-5　用样条曲线拟合多段线后显示线框

7) 非曲线化(D)

反拟合，可以使多段线恢复到执行"拟合(F)"或"样条曲线(S)"选项前的状态。

8) 线型生成(L)

规定非连续型多段线(如虚线、点画线等)在各顶点处的绘线方式。执行该选项，AutoCAD 提示：

输入多段线线型生成选项 [开(ON)/关(OFF)]:

如果执行"开(ON)"选项，多段线在各顶点处自动按折线处理，即不考虑非连续线在转折处是否有断点；如果执行"关(OFF)"选项，AutoCAD 在每段多段线的两个顶点之间按起点、终点的关系绘制多段线,具体效果如图 7-6 所示(注意两条曲线在各拐点处的差别)。

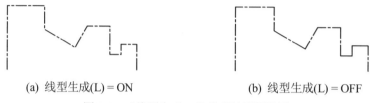

      (a) 线型生成(L) = ON   (b) 线型生成(L) = OFF

图 7-6   "线型生成(L)"选项的绘图效果

9) 反转(R)

用于改变多段线上顶点的顺序。当用户编辑多段线顶点时会看到此顺序。

10) 放弃(U)

取消 PEDIT 命令的上一次操作。用户可重复执行该选项依次取消上一次操作。

执行 PLINE 命令后,AutoCAD 提示"选择多段线 [多条(M)]:"。前面介绍了"选择多段线"选项的操作方法,选择"多条(M)"选项允许用户同时编辑多条多段线。在"选择多段线 [多条(M)]:"提示下执行"多条(M)"选项,AutoCAD 提示:

> 选择对象:

在此提示下可以选择多个对象。选择对象后,AutoCAD 提示:

> [闭合(C)/打开(O)/合并(J)/宽度(W)/拟合(F)/样条曲线(S)/非曲线化(D)/线型生成(L)/反转(R)/放弃(U)]:

提示中的各选项与前面介绍的同名选项功能相同。利用以上各选项,可以同时对多条多段线进行编辑操作。且与前面的 2)合并操作不同的是,此提示中的"合并(J)"选项可以将选择的并未首尾相连的多条多段线合并成一条多段线。执行"合并(J)"选项,AutoCAD 提示:

> 输入模糊距离或 [合并类型(J)]:

提示中各选项的功能如下。

● 输入模糊距离

确定模糊距离,以便将相距较远的两条多段线的两个端点连接在一起。

● 合并类型(J)

确定合并的类型。执行该选项,AutoCAD 提示:

> 输入合并类型 [延伸(E)/添加(A)/两者都(B)]<延伸>:

其中,"延伸(E)"选项可以通过延伸或修剪靠近端点的线段的方式实现连接;"添加(A)"选项可以通过在相近的两个端点处添加直线段的方式实现连接;"两者都(B)"选项表示优先通过延伸或修剪靠近端点的线段的方式实现连接,否则在相近的两个端点处添加一条直线段。

7.2 绘制、编辑样条曲线

7.2.1 绘制样条曲线

1. 功能

绘制样条曲线。

2. 命令调用方式

命令：SPLINE。工具栏："绘图" | 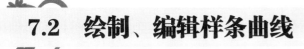(样条曲线)按钮。菜单命令："绘图" | "样条曲线" | "拟合点"，或"绘图" | "样条曲线" | "控制点"。

3. 命令执行方式

执行 SPLINE 命令，AutoCAD 提示：

> 当前设置：方式=控制点　　阶数=3
> 指定第一个点或 [方式(M)/节点(K)/对象(O)]:

说明：

由于绘制样条曲线时的操作方式不同，因此在执行 SPLINE 命令后，AutoCAD 还有可能提示为"指定第一个点或 [方式(M)/阶数(D)/对象(O)]:"，其含义见后面的说明。

如果执行"方式(M)"选项，AutoCAD 提示：

> 输入样条曲线创建方式 [拟合(F)/控制点(CV)] <CV>:

即此时有两种绘制样条曲线的方式：拟合方式和控制点方式。拟合方式是指通过指定拟合点来绘制样条曲线；控制点方式则表示通过指定控制点来绘制样条曲线。下面分别对这两种方式进行详细介绍。

1) 通过拟合点绘制样条曲线

选择菜单命令"绘图" | "样条曲线" | "拟合点"，可实现以拟合点方式绘制样条曲线。

如果在"输入样条曲线创建方式 [拟合(F)/控制点(CV)]:"提示下执行"拟合(F)"选项，AutoCAD 提示：

> 指定第一个点或 [方式(M)/节点(K)/对象(O)]:

下面介绍各选项的含义。

(1) 指定第一个点。

确定样条曲线上的第一个点(即第一个拟合点)，为默认项。执行此选项，即确定一个点后，AutoCAD 提示：

> 输入下一个点或 [起点切向(T)/公差(L)]:

● 输入下一个点

在此提示下确定样条曲线上的第二个拟合点后，AutoCAD 提示：

> 输入下一个点或 [端点相切(T)/公差(L)/放弃(U)]:

在此提示下确定样条曲线上的第三个拟合点后，AutoCAD 提示：

> 输入下一个点或 [端点相切(T)/公差(L)/放弃(U)/闭合(C)]:

此时可以继续确定下一个拟合点，也可以执行"端点相切(T)"选项确定样条曲线另一个端点的切线方向，然后绘制样条曲线并结束命令。"公差(L)"选项用于确定样条曲线的拟合公差(见后面的介绍)；"放弃(U)"选项用于放弃前一次的操作；"闭合(C)"选项用于绘制封闭的样条曲线，执行该选项，AutoCAD 将封闭样条曲线，绘制出对应的封闭样条曲线。

● 起点切向(T)

确定样条曲线在起点处的切线方向。执行该选项，AutoCAD 提示：

> 指定起点切向：

同时在起点与当前光标点之间会出现一条橡皮筋线，表示样条曲线在起点处的切线方向。此时可以直接输入表示切线方向的角度值，也可以通过拖动鼠标的方式响应。如果在"指定起点切向："提示下拖动鼠标，则表示样条曲线起点处的切线方向的橡皮筋线会随着光标点的移动而发生变化，同时样条曲线的形状也会发生相应的变化。用此方法动态地确定样条曲线起点的切线方向后，单击即可。

确定样条曲线在起点处的切线方向后，AutoCAD 提示：

> 输入下一个点或 [起点切向(T)/公差(L)]:

用户根据提示响应即可。

● 公差(L)

根据给定的拟合公差绘制样条曲线。

拟合公差指样条曲线与拟合点之间所允许偏移距离的最大值。显然，如果拟合公差为 0，则绘制的样条曲线均通过各拟合点；如果拟合公差不为 0，则根据给定的拟合公差绘制的样条曲线除了通过起点和终点外，并不通过其他拟合点。后一种方法特别适用于拟合点数量多的情况。如图 7-7(a)所示的多个点需要进行曲线拟合，如果拟合公差为 0，将得到如图 7-7(b)所示的样条曲线；如果给定拟合公差为 0.5，将得到如图 7-7(c)所示的样条曲线。

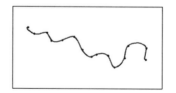
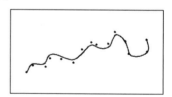

(a) 数据点   (b) 拟合公差为 0 时的样条曲线   (c) 拟合公差为 0.5 时的样条曲线

图 7-7 不同拟合公差值的样条曲线

根据拟合公差绘制样条曲线的过程如下。

在"指定下一点或 [闭合(C)/拟合公差(F)]<起点切向>:"提示下执行"拟合公差(F)"选项，AutoCAD 提示：

> 指定拟合公差:

在此提示下输入拟合公差值后按 Enter 键，AutoCAD 继续提示：

> 输入下一个点或 [起始相切(T)/公差(L)]:

在此提示下进行对应的操作即可。

(2) 节点(K)。

控制样条曲线通过拟合点时的形状。执行该选项，AutoCAD 提示：

> 输入节点参数化 [弦(C)/平方根(S)/统一(U)]:

用户根据需要进行选择即可。

(3) 对象(O)。

将样条曲线拟合多段线(通过执行 PEDIT 命令的"样条曲线(S)"选项实现，详见 7.1.2 节)转换成等价的样条曲线并删除多段线。执行此选项，AutoCAD 提示：

> 选择样条曲线拟合多段线:

在该提示下选择对应的图形对象，即可实现转换。

2) 通过控制点绘制样条曲线

选择菜单项"绘图"|"样条曲线"|"控制点"命令，即可实现以控制点方式绘制样条曲线。

如果在"输入样条曲线创建方式 [拟合(F)/控制点(CV)]:"提示下执行"控制点(CV)"选项，AutoCAD 提示：

> 指定第一个点或 [方式(M)/阶数(D)/对象(O)]:

- 指定第一个点

确定样条曲线的下一个控制点。执行该选项，AutoCAD 提示：

> 输入下一个点:(继续指定下一个控制点)
> 　输入下一个点或 [闭合(C)/放弃(U)]:(继续指定下一个控制点，或执行"闭合(C)"选项闭合样条曲线，或执行"放弃(U)"选项放弃上一次的操作。在该提示下确定一系列的控制点后，按 Enter 键，结束命令的执行，绘制出样条曲线)

- 阶数(D)

设置样条曲线的控制阶数。执行该选项，AutoCAD 提示：

> 输入样条曲线阶数 <3>:

用户根据需要响应即可。

● 对象(O)

将多段线拟合为样条曲线。执行该选项，AutoCAD 提示：

选择多段线：

在该提示下选择多段线即可。

7.2.2　编辑样条曲线

1. 功能

编辑样条曲线。

2. 命令调用方式

命令：SPLINEDIT。工具栏："修改II" | ✎(编辑样条曲线)按钮。菜单命令："修改" |
"对象" | "样条曲线"。

3. 命令执行方式

执行 SPLINEDIT 命令，AutoCAD 提示：

选择样条曲线：

在该提示下选择样条曲线，AutoCAD 将在样条曲线的各控制点处显示夹点，并提示：

输入选项 [闭合(C)/合并(J)/拟合数据(F)/编辑顶点(E)/转换为多段线(P)/反转(R)/放弃(U)/退出(X)]
<退出>：

说明：
如果选中的样条曲线为封闭曲线，AutoCAD 将以"打开(O)"选项代替"闭合(C) /合并(J)"
选项。

下面介绍提示中各选项的含义及其操作方法。

1) 闭合(C)

用于封闭样条曲线。封闭后，AutoCAD 将以"打开(O)"选项代替"闭合(C)"选项，此
时选择"打开(O)"选项则可以打开封闭的样条曲线。

2) 合并(J)

将所编辑的样条曲线与其他样条曲线合并为一条样条曲线，但前提是这些样条曲线彼此
首尾相连。执行该选项，AutoCAD 提示：

选择要合并到源的任何开放曲线：

在此提示下依次选择需要合并的各样条曲线，按 Enter 键，即可实现合并。

3) 拟合数据(F)

修改样条曲线的拟合点。执行该选项，AutoCAD 将在样条曲线的各拟合点位置显示夹点，并提示：

输入拟合数据选项[添加(A)/闭合(C)/删除(D)/扭折(K)/移动(M)/清理(P)/切线(T)/公差(L)/退出(X)] <退出>：

上面提示中各选项的含义及其操作方法如下。

● 添加(A)

为样条曲线的拟合点集添加新拟合点。执行该选项，AutoCAD 提示：

在样条曲线上指定现有拟合点<退出>：

在此提示下，应在图中以夹点形式表示的拟合点集中选择某个点，以确定新加入的点在点集中的位置。用户做出选择后，被选择的夹点将以不同的颜色显示。如果选择的是样条曲线上的起始点，则 AutoCAD 提示：

指定新点或 [后面(A)/前面(B)]<退出>：

如果在此提示下直接指定新点的位置，AutoCAD 会将新指定的点作为样条曲线的起始点；如果在执行"后面(A)"选项后指定新点，AutoCAD 则在第一点与第二点之间添加新点；如果在执行"前面(B)"选项后指定新点，AutoCAD 将在第一个点之前添加新点。

如果用户在"指定控制点<退出>:"提示下选择除第一个点以外的任何一点，那么新添加的点将位于该点之后。

● 闭合(C)

封闭样条曲线。封闭后，AutoCAD 将用"打开(O)"选项代替"闭合(C)"选项，选择"打开(O)"选项可以打开封闭的样条曲线。

● 删除(D)

删除样条曲线拟合点集中的点。执行该选项，AutoCAD 提示：

在样条曲线上指定现有拟合点<退出>：

在此提示下选择某一拟合点，AutoCAD 会将该点删除，并根据其余拟合点重新生成样条曲线。

● 扭折(K)

在样条曲线上的指定位置添加节点和拟合点。执行该选项，AutoCAD 提示：

在样条曲线上指定点<退出>：

在此提示下可依次指定点，指定后按 Enter 键结束操作。

● 移动(M)

移动所指定拟合点的位置。执行该选项，AutoCAD 提示：

指定新位置或 [下一个(N)/上一个(P)/选择点(S)/退出(X)]<下一个>：

此时，AutoCAD 将样条曲线的起点作为当前点，并用另一种颜色显示。在提示中，"下一个(N)"和"上一个(P)"选项分别用于选择当前拟合点的下一个或上一个拟合点作为移动点；"选择点(S)"选项表示允许选择任意一个拟合点作为移动点。确定了要移动位置的拟合点及其新位置后(即执行"指定新位置"默认选项)，AutoCAD 会将当前拟合点移到新点，并仍保持该点为当前点，同时 AutoCAD 会根据此新点与其他拟合点重新生成样条曲线。

* 清理(P)

从图形数据库中删除拟合曲线的拟合数据。删除拟合曲线的拟合数据后，AutoCAD 的提示中不包括"拟合数据"选项提示，提示如下：

> 输入选项 [打开(O)/拟合数据(F)/编辑顶点(E)/转换为多段线(P)/反转(R)/放弃(U)/退出(X)]<退出>：

* 切线(T)

改变样条曲线在起点和终点的切线方向。执行该选项，AutoCAD 提示：

> 指定起点切向或 [系统默认值(S)]：

此时若执行"系统默认值(S)"选项，则表示样条曲线在起点处的切线方向将采用系统提供的默认方向；否则可以通过输入角度值或拖动鼠标的方式修改样条曲线在起点处的切线方向。确定起点切线方向后，AutoCAD 提示：

> 指定端点切向或 [系统默认值(S)]：

该提示要求用户修改样条曲线在终点的切线方向，其操作方法与改变样条曲线在起点的切线方向的操作相同。

* 公差(L)

修改样条曲线的拟合公差。执行该选项，AutoCAD 提示：

> 输入拟合公差：

如果将拟合公差设置为 0，样条曲线会通过各拟合点；如果拟合公差值大于 0，AutoCAD 会根据指定的拟合公差及各拟合点重新生成样条曲线。

* 退出(X)

退出当前的"拟合数据(F)"操作，返回到上一级提示。

4) 编辑顶点(E)

编辑样条曲线上的当前点。执行该选项，AutoCAD 提示：

> 输入顶点编辑选项 [添加(A)/删除(D)/提高阶数(E)/移动(M)/权值(W)/退出(X)] <退出>：

* 添加(A)

在样条曲线上添加新控制点。执行该选项，AutoCAD 提示：

> 在样条曲线上指定点<退出>：

在此提示下依次指定新控制点。指定新控制点后，AutoCAD 会在靠近影响此部分样条曲线的两个控制点之间添加新控制点。

指定控制点后按 Enter 键返回。

- 删除(D)

删除样条曲线指定的拟合点。执行该选项，AutoCAD 提示：

指定要删除的控制点：

可在此提示下依次指定要删除的拟合点。指定拟合点后按 Enter 键返回。

- 提高阶数(E)

更改样条曲线的阶数。阶数越高，控制点越多。AutoCAD 允许的阶数值范围为 4~26。执行该选项，AutoCAD 提示：

输入新阶数：

在此提示下输入新的阶数值即可。

- 移动(M)

重新定位所选定的控制点。执行该选项，AutoCAD 提示：

指定新位置或 [下一个(N)/上一个(P)/选择点(S)/退出(X)]<下一个>：

上面各选项的含义与"拟合数据(F)"选项中的"移动(M)"子选项的含义相同，此处不再赘述。

- 权值(W)

更改所指定控制点的权值。较大的权值会将样条曲线拉近其控制点。执行该选项，AutoCAD 提示：

输入新权值 (当前值=1.0000) 或 [下一个(N)/上一个(P)/选择点(S)/退出(X)]<下一个>：

此时可以输入新权值，也可以通过其他选项选择控制点。

5) 转换为多段线(P)

将样条曲线转换为多段线。执行该选项，AutoCAD 提示：

指定精度 <10>：

此提示要求用户指定将样条曲线转换为多段线时，多段线对样条曲线的拟合精度，有效值为 0~99。

6) 反转(R)

反转样条曲线的方向，主要用于第三方应用程序。

7) 放弃(U)

取消上一次的修改操作。

8) 退出(X)

结束编辑样条曲线的操作。

7.3　绘制、编辑多线

7.3.1　绘制多线

1. 功能

同时绘制多条平行线,即由两条或两条以上直线构成的相互平行的直线,且各直线可以具有不同的线型和颜色。

2. 命令调用方式

命令:MLINE。菜单命令:"绘图"|"多线"。

3. 命令执行方式

执行 MLINE 命令,AutoCAD 提示:

> 当前设置: 对正=上,比例=20.00,样式=STANDARD
> 指定起点或 [对正(J)/比例(S)/样式(ST)]:

提示中的第一行说明当前的绘图模式。本提示示例说明当前多线的对正方式为"上",比例为 20.00,样式为 STANDARD;第二行为绘制多线时的选择项,各选项的含义及其操作如下。

1) 指定起点

指定多线的起点,为默认选项。执行该选项,AutoCAD 将按当前的多线样式、比例及对正方式绘制多线,同时提示:

> 指定下一点:

在此提示下的后续操作与执行 LINE 命令后绘制直线的操作过程类似,此处不再赘述。

2) 对正(J)

控制如何在指定的点之间绘制多线,即控制多线上的某条线随光标移动的方式。执行该选项,AutoCAD 提示:

> 输入对正类型 [上(T)/无(Z)/下(B)]<上>:

各选项的含义如下。

- 上(T)

表示当从左向右绘制多线时，多线中位于最顶端的线将随光标移动。

- 无(Z)

表示绘制多线时，多线的中心线将随光标移动。

- 下(B)

表示当从左向右绘制多线时，多线中位于最底端的线将随光标移动。

3) 比例(S)

确定所绘多线的宽度相对于多线定义宽度的比例，该比例并不影响线型比例。执行该选项，AutoCAD 提示：

输入多线比例:

在此提示下输入新比例值即可。

4) 样式(ST)

确定绘制多线时采用的多线样式，默认样式为 STANDARD。执行该选项，AutoCAD 提示：

输入多线样式名或 [?]:

此时，可直接输入已有的多线样式名，也可以通过输入?，然后按 Enter 键显示已有的多线样式。用户可以根据需要定义多线样式(详见 7.3.2 节)。

7.3.2 定义多线样式

1. 功能

创建、管理多线样式。

2. 命令调用方式

命令：MLSTYLE。菜单命令："格式"|"多线样式"。

3. 命令执行方式

执行 MLSTYLE 命令，打开 "多线样式"对话框，如图 7-8 所示。

"多线样式"对话框下部的"预览"图像框内显示当前多线的实际绘图样式。下面介绍该对话框中其他各主要选项的功能。

1) "样式"列表框

该列表框中列出了当前已有的多线样式的名称。图 7-8 中只有一种样式，即 AutoCAD 提供的 STANDARD 样式。

2) "新建"按钮

新建多线样式。单击该按钮，将打开"创建新的多线样式"对话框，如图 7-9 所示。

图 7-8　"多线样式"对话框

图 7-9　"创建新的多线样式"对话框

在该对话框的"新样式名"编辑框中输入新样式的名称(如输入 NEW)，并在"基础样式"下拉列表框中选择基础样式，然后单击"继续"按钮，打开"新建多线样式"对话框，如图 7-10 所示。

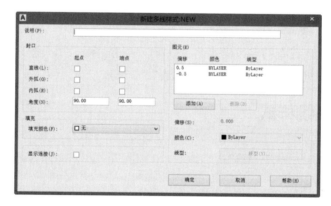

图 7-10　"新建多线样式"对话框

该对话框用于定义新建多线的具体样式。下面介绍该对话框中各主要选项的功能。

● "说明"文本框

输入对所定义多线的说明。

● "封口"选项组

用于控制多线在起点和终点处的样式。其中，与"直线"行对应的两个复选框用于确定是否在多线的起点和终点处绘制横线，效果如图 7-11 所示；与"外弧"行对应的两个复选框用于确定是否在多线的起点和终点处，在位于最外侧的两条线之间绘制圆弧，效果如图 7-12 所示；与"内弧"行对应的两个复选框用于确定是否在多线的起点和终点处，在位于内侧的对应直线之间绘制圆弧(如果多线由奇数条线组成，则在位于中心线两侧的线之间绘制圆弧)，效果如图 7-13 所示；与"角度"行对应的两个文本框用于指定多线在两端的角度，效果如图 7-14 所示。

(a) 无横线　　　　　　　　　　(b) 两端均有横线

图 7-11　"直线"复选框功能说明

(a) 无圆弧　　　　　　　　　　(b) 两端均有圆弧

图 7-12　"外弧"复选框功能说明

(a) 多线由偶数条线组成　　　　(b) 多线由奇数条线组成

图 7-13　"内弧"复选框功能说明

(a) 两端无角度　　　　　　　　(b) 两端均有角度

图 7-14　"角度"复选框功能说明

● "填充颜色"下拉列表

确定多线的背景填充颜色，从下拉列表中选择即可。

● "显示连接"复选框

确定在多线的转折处是否显示交叉线。

● "图元"选项组

显示、设置当前多线样式的线元素。在其中的大列表框中，AutoCAD 显示了每条线相对于多线原点(0,0)的偏移量、颜色和线型。

"新建多线样式"对话框中其他选项的功能如下。

● "添加"按钮

为多线添加新线。操作方法为：单击"添加"按钮，AutoCAD 会自动加入一条偏移量为 0 的新线，用户可以分别通过该对话框中的"偏移"文本框、"颜色"下拉列表框及"线型"按钮设置该线的偏移量、颜色和线型。

- "删除"按钮

从多线样式中删除线元素。

- "偏移"文本框

为多线样式中的元素指定偏移量。

- "颜色"下拉列表框

显示并设置多线样式中元素的颜色。

- "线型"按钮

显示并设置多线样式中元素的线型。单击该按钮，打开"选择线型"对话框，用户可以从中选择需要的线型。

在如图 7-10 所示的"新建多线样式"对话框中可以完成新线的定义，单击"确定"按钮，将返回到如图 7-8 所示的"多线样式"对话框。

3) "修改"按钮

修改线型。从"样式"列表框中选择需要修改的样式，单击"修改"按钮，打开与图 7-10 类似的修改多线样式对话框，可以通过该对话框修改对应的样式。

4) "置为当前""重命名"和"删除"按钮

"置为当前"按钮用于将在"样式"列表框中选中的样式设置为当前样式。当需要以某种多线样式绘图时，应首先将该样式置为当前样式；"重命名"按钮用于修改"样式"列表框中选中样式的名称；"删除"按钮用于删除在"样式"列表框中选中的样式。

5) "加载"按钮

从多线文件(扩展名为.mln 的文件)中加载已定义的多线。单击该按钮，可以打开"加载多线样式"对话框，供用户加载多线，如图 7-15 所示。AutoCAD 2020 提供了多线文件 acad.mln，用户也可以自行创建多线文件。

图 7-15 "加载多线样式"对话框

6) "保存"按钮

将当前多线样式保存到多线文件(文件的扩展名为.mln)中。单击"保存"按钮，打开"保存多线样式"对话框，可通过该对话框设置文件的名称与保存位置，并进行保存。

7) "说明"文本框

显示在"样式"列表框中所选中多线样式的说明部分。

8) "预览"按钮

预览在"样式"列表框中所选中多线样式的具体样式。

7.3.3　编辑多线

1. 功能

编辑已有多线。

2. 命令调用方式

命令：MLEDIT。菜单命令："修改" | "对象" | "多线"。

3. 命令执行方式

执行 MLEDIT 命令，AutoCAD 会打开"多线编辑工具"对话框，如图 7-16 所示。该对话框中的各个图像按钮形象地说明了各种编辑功能，下面通过例7-2说明这些按钮的功能和具体使用方法。

图 7-16　"多线编辑工具"对话框

【例 7-2】已知有如图 7-17(a)所示的多线(图中的 A、B、C 点将用作编辑操作时的拾取点)，利用 AutoCAD 对其进行编辑，使结果如图 7-17(b)所示。

(a) 要编辑的多线　　　　　　　　　　　　(b) 编辑结果

图 7-17　编辑多线示例

执行 MLEDIT 命令，打开"多线编辑工具"对话框，单击该对话框中位于第一行、第三列的"角点结合"图像按钮，AutoCAD 提示：

> 选择第一条多线:(在 A 点处拾取对应的多线)
> 选择第二条多线:(在 B 点处拾取对应的多线)
> 选择第一条多线或[放弃(U)]:✓

执行结果如图 7-18 所示。

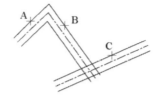

图 7-18　执行结果

继续执行 MLEDIT 命令，从"多线编辑工具"对话框中双击位于第三行、第一列的"十字合并"图像按钮，AutoCAD 提示：

> 选择第一条多线:(在 B 点处拾取对应的多线)
>
> 选择第二条多线:(在 C 点处拾取对应的多线)
>
> 选择第一条多线或[放弃(U)]:✓

最后的执行结果如图 7-17(b)所示。

7.4 应用实例

绘制如图 7-19 所示的图形。

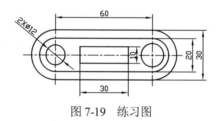

图 7-19　练习图

该图形较为简单，主要用于说明多段线的绘制过程。

1) 使用多段线绘制外轮廓

执行 PLINE 命令，AutoCAD 提示：

> 指定起点:(在绘图窗口的适当位置取一点)
>
> 指定下一点或 [圆弧(A)/半宽(H)/长度(L)/放弃(U)/宽度(W)]: @60,0✓
>
> 指定下一点或 [圆弧(A)/闭合(C)/半宽(H)/长度(L)/放弃(U)/宽度(W)]: A✓(绘制圆弧)
>
> 指定圆弧的端点或
>
> [角度(A)/圆心(CE)/闭合(CL)/方向(D)/半宽(H)/直线(L)/半径(R)/第二个点(S)/放弃(U)/宽度(W)]: @0,30✓
>
> 指定圆弧的端点或
>
> [角度(A)/圆心(CE)/闭合(CL)/方向(D)/半宽(H)/直线(L)/半径(R)/第二个点(S)/放弃(U)/宽度(W)]: L✓
>
> (切换到绘制直线模式)
>
> 指定下一点或 [圆弧(A)/闭合(C)/半宽(H)/长度(L)/放弃(U)/宽度(W)]: @-60,0✓
>
> 指定下一点或 [圆弧(A)/闭合(C)/半宽(H)/长度(L)/放弃(U)/宽度(W)]: A✓

指定圆弧的端点或
[角度(A)/圆心(CE)/闭合(CL)/方向(D)/半宽(H)/直线(L)/半径(R)/第二个点(S)/放弃(U)/宽度(W)]: CL↙

执行结果如图 7-20 所示。

2) 偏移

执行 OFFSET 命令，对如图 7-20 所示的轮廓以偏移距离 5 向内进行偏移复制，结果如图 7-21 所示。

图 7-20　绘制外轮廓　　　　　　　　　　图 7-21　偏移结果

3) 绘制其他图形

绘制图形的其余部分，得到如图 7-19 所示的结果(过程略)。

7.5　本章小结

本章介绍了利用 AutoCAD 2020 绘制多段线、样条曲线、多线的操作方法及相应的编辑功能。利用多段线，可以绘制出具有不同宽度，且由直线段和圆弧段组成的图形对象。需要注意的是，使用 PLINE 命令绘制的多段线整体是一个图形对象，利用 EXPLODE 命令可以将其分解为构成多段线的各条直线段和圆弧段，而利用 PEDIT 命令则可以将多条直线段和(或)圆弧段连接成一条多段线。用 RECTANG 和 POLYGON 命令绘制的矩形和等边多边形均属于多段线对象。用户也可以利用 AutoCAD 2020 绘制符合指定条件的样条曲线，还可以方便地绘制多线，即绘制由不同颜色和不同线型的直线构成的一系列平行线。

7.6　习　　题

1. 判断题

(1) 执行 PLINE 命令绘制的图形属于一个对象。(　　)

(2) 可以使用 PEDIT 命令将圆转换成多段线。(　　)

(3) 可以使用 EXPLODE 命令将执行 POLYGON 命令绘制的正多边形分解成由多条直线构成的等边多边形。(　　)

(4) 样条曲线一定通过其拟合点。(　　)

(5) 可以使用 EXPLODE 命令将执行 MLINE 命令绘制的多线分解为构成多线的多条单独直线。(　　)

2. 上机习题

(1) 利用 PLINE 命令，绘制如图 7-22 所示的图形。

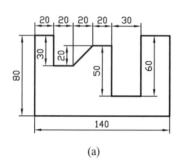

(a)

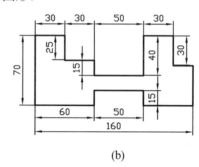

(b)

图 7-22　上机绘图练习

(2) 定义多线样式，将多线样式的样式命名为"多线样式 1"，其线元素的特性要求如表 7-1 所示。

表 7-1　线元素特性表

序　号	偏　移　量	颜　色	线　型
1	5	白色	BYLAYER
2	2.5	绿色	DASHED
3	－2.5	绿色	DASHED
4	－5	白色	BYLAYER

此外，还要求在多线的起点和终点处绘制外圆弧。

(3) 使用上机习题(2)中定义的多线样式"多线样式 1"绘制长为 200、宽为 100 的矩形，并将图形保存到磁盘。

第 8 章

填充与编辑图案

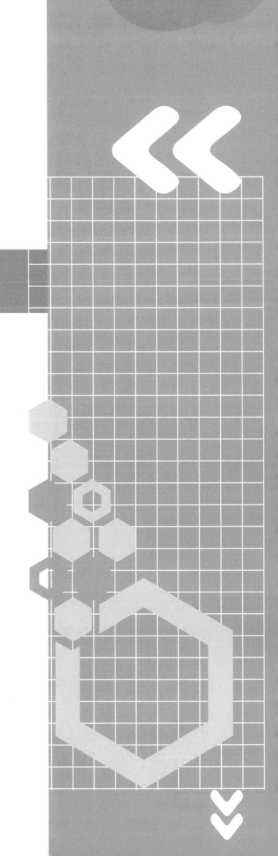

本章要点

绘制工程图时，经常需要将某种图案填充到某一区域，如机械制图中需要对表示剖面的区域填充剖面线图案。本章主要介绍 AutoCAD 2020 的图案填充功能。通过本章的学习，读者应掌握以下内容：

- 为指定的区域填充图案
- 编辑已填充的图案

8.1 填充图案

1. 功能

利用指定的图案填充指定的区域。

2. 命令调用方式

命令：HATCH。功能区："默认"| 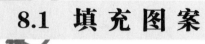按钮。工具栏："绘图"| ■(图案填充)按钮。菜单命令："绘图"|"图案填充"。

3. 命令执行方式

执行 HATCH 命令，AutoCAD 提示：

拾取内部点或 [选择对象(S)/放弃(U)/设置(T)]:

在此提示下可以选择要填充图案的对象，如果执行"设置(T)"选项，AutoCAD 将打开"图案填充和渐变色"对话框，如图 8-1 所示。

图 8-1 "图案填充和渐变色"对话框

该对话框中包含"图案填充"和"渐变色"两个选项卡，以及其他一些选项。下面分别介绍其中各主要选项的功能。

1)"图案填充"选项卡

该选项卡用于设置填充类型和图案，以及相关填充参数。

● "类型和图案"选项组

用于设置填充的图案类型及图案。其中，"类型"下拉列表框用于设置填充图案的类型。可以通过该下拉列表在"预定义""用户定义"和"自定义"三者之间选择填充类型。选择

"预定义"选项表示将使用 AutoCAD 提供的图案进行填充；选择"用户定义"选项表示将由用户临时定义填充图案，该图案由一组平行线或相互垂直的两组平行线(即双向线，又称为交叉线)组成；执行"自定义"选项则表示将选择事先定义并保存的图案进行填充。

"图案"下拉列表框用于确定填充图案。可以直接通过下拉列表选择图案，或单击右边的按钮，在打开的"填充图案选项板"对话框中进行选择，如图 8-2 所示。

图 8-2　"填充图案选项板"对话框

"颜色"下拉列表框用于确定填充图案的颜色，可以直接通过下拉列表选择图案。"样例"框用于显示当前所选择的填充图案的图案样式。单击"样例"框中的图案，AutoCAD 将打开如图 8-2 所示的"填充图案选项板"对话框，从中选择需要的图案即可。

当通过"类型"下拉列表框选择自定义的图案作为填充图案时，可以通过"自定义图案"下拉列表选择自定义的填充图案，或单击对应的按钮，从打开的对话框中进行选择。

- "角度和比例"选项组

在该选项组中，"角度"组合框用于设置填充图案时的图案旋转角度，可以直接输入角度值，也可以从对应的下拉列表中选择；"比例"组合框用于确定填充图案时的图案比例值，每种图案的默认填充比例为 1，可以直接输入比例值进行修改，也可以从对应的下拉列表中选择需要的比例值。

当将填充类型设置为"用户定义"时，可以通过"角度和比例"选项组中的"间距"文本框输入填充平行线之间的距离；通过"双向"复选框确定填充线是一组平行线，还是相互垂直的两组平行线，或进行其他设置。

- "图案填充原点"选项组

用于控制所生成填充图案的起始位置，因为某些填充图案(如砖块图案)需要与图案填充边界上的某一点对齐。在默认设置下，所有填充图案的原点均对应当前 UCS 的原点。在该选项组中，选中"使用当前原点"单选按钮，则表示以当前坐标原点(0, 0)作为图案生成的起始位置；选中"指定的原点"单选按钮，则表示要指定新的图案填充原点。

- "添加:拾取点"按钮

根据围绕指定点构成封闭区域的现有对象确定边界。单击该按钮，AutoCAD 临时切换到绘图屏幕，并提示：

拾取内部点或 [选择对象(S)/放弃(U)/设置(T)]:

在此提示下，在需要填充的封闭区域内任意拾取一点，AutoCAD 将自动确定包围该点的封闭填充边界，同时显示出填充效果(如果设置了允许的间隙值，实际的填充边界可以不封闭)。确定填充边界后，AutoCAD 提示"拾取内部点或 [选择对象(S)/放弃(U)/设置(T)]:"，如果按 Enter 键，完成填充；如果选择"设置(T)"选项，AutoCAD 返回到"图案填充和渐变色"对话框。

在"拾取内部点或 [选择对象(S)/放弃(U)/设置(T)]:"提示下，可以通过"选择对象(S)"选项来选择作为填充边界的对象。

● "添加:选择对象"按钮

选择作为填充边界的对象。单击该按钮，AutoCAD 临时切换到绘图屏幕，并提示：

选择对象或 [拾取内部点(K)/放弃(U)/设置(T)]:

此时，可以直接选择作为填充边界的对象，也可以通过选择"拾取内部点(K)"选项以拾取点的方式选择对象。

● "删除边界"按钮

从已确定的填充边界中取消某些边界对象。单击该按钮，AutoCAD 临时切换到绘图屏幕，并提示：

选择要删除的边界:

此时选择要删除的对象即可。

● "重新创建边界"按钮

围绕选定的填充图案或填充对象创建多段线或面域，并使其与图案填充对象相关联(可选)。单击该按钮，AutoCAD 临时切换到绘图屏幕，并提示：

输入边界对象的类型 [面域(R)/多段线(P)] <当前>:

执行某一选项后，AutoCAD 继续提示：

要重新关联图案填充与新边界吗？ [是(Y)/否(N)]

此提示询问是否将新边界与填充的图案建立关联，用户根据需要设置即可(有关关联的概念详见后面对"关联"复选框的介绍)。

● "查看选择集"按钮

用于查看所选择的填充边界。单击该按钮，AutoCAD 会临时切换到绘图屏幕，并显示出填充效果，同时提示：

<按 Enter 键或单击鼠标右键返回到对话框>

用户响应此提示后，即按 Enter 键或右击后，AutoCAD 返回到"图案填充和渐变色"对话框。

- "选项"选项组

用于控制几个常用的图案填充设置。其中，"注释性"复选框用于确定填充的图案是否属于注释性图案；"关联"复选框用于确定所填充的图案是否要与边界建立关联，如果要建立关联，当通过编辑命令修改边界后，被关联的填充图案会相应更新，以与边界相适应；"创建独立的图案填充"复选框用于控制当同时指定几个独立的闭合边界进行填充时，是将它们创建成单个的图案填充对象(即在各闭合边界中填充的图案均属于一个对象)，还是创建成多个图案填充对象(即在各闭合边界中填充的图案为各自独立的对象)；"绘图次序"下拉列表框用于为填充图案指定绘图次序，填充的图案可以置于所有其他对象后、所有其他对象前、图案填充边界后或图案填充边界前等；"图层"下拉列表框用于确定所填充的图案所在的图层，从下拉列表中进行选择即可。

- "继承特性"按钮

用于选用图形中已使用的填充图案作为当前填充图案。单击该按钮，AutoCAD 会临时切换到绘图屏幕，并提示：

> 选择图案填充对象:(在图中选择某个已有的填充图案)
> 拾取内部点或 [选择对象(S)/放弃(U)/设置(T)]:(通过拾取内部点或其他方式确定填充边界。如果在单击"继承特性"按钮前指定了填充边界，则不显示此提示)
> 拾取内部点或 [选择对象(S)/放弃(U)/设置(T)]:

在此提示下可以继续确定填充边界。如果按 Enter 键，则表示完成图案的填充。

- "预览"按钮

用于预览填充效果。确定填充区域、填充图案及其他参数后，单击"预览"按钮，AutoCAD 会临时切换到绘图屏幕，并按当前选择的填充图案和设置进行预填充，同时提示：

> 拾取或按 Esc 键返回到对话框或 <单击右键接受图案填充>:

如果预览效果满足要求，可以直接右击接受图案进行填充；否则单击或按 Esc 键返回到"图案填充和渐变色"对话框，在其中修改填充设置。

完成填充设置后，单击"确定"按钮，结束 HATCH 命令的操作，并对指定的区域填充图案。

2) "渐变色"选项卡

单击"图案填充和渐变色"对话框中的"渐变色"标签，打开"渐变色"选项卡，如图 8-3 所示。

该选项卡用于设置以渐变方式实现图案填充的相关参数。其中，"单色"和"双色"两个单选按钮用于确定是以一种颜色填充，还是以两种颜色填充。单击位于"单色"单选按钮下方颜色框右侧的按钮，打开"选择颜色"对话框，该对话框用于确定填充的颜色。当以一种颜色填充时，可利用位于"双色"单选按钮下方的滑块调整所填充颜色的浓度。当以两种颜色填充时(同时选中"双色"单选按钮)，位于"双色"单选按钮下方的滑块会变成与其左侧相同的颜色框和按钮，用于确定另一种颜色。位于选项卡中间位置的 9 个图像按钮均用于确定填充方式。此外，用户还可以通过"角度"下拉列表框设置以渐变方式填充时的旋转角度，选中"居中"复选框后可以指定对称的渐变配置。如果取消选中该复选框，渐变填充将朝左上方变化，创建出光源在对象左边的图案。

3) 其他选项

单击"图案填充和渐变色"对话框中位于右下角位置的小箭头，则对话框变为如图 8-4 所示的形式。

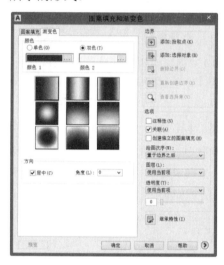

图 8-3　"渐变色"选项卡

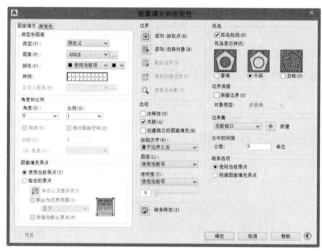

图 8-4　"图案填充和渐变色"对话框

下面介绍该对话框中右侧各主要选项的功能。

● "孤岛检测"复选框

用于确定是否进行孤岛检测及孤岛检测的方式。填充图案时，位于填充区域内的封闭区域称为孤岛。当以拾取点的方式确定填充边界后，AutoCAD 会自动确定包围该点的封闭填充边界，同时自动确定对应的孤岛边界，如图 8-5 所示。

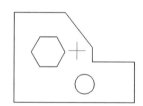

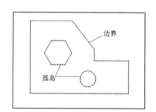

(a) 拾取内部点(小十字表示光标的拾取点位置)　　(b) AutoCAD 自动确定填充边界与孤岛

图 8-5　封闭边界与孤岛

如果选中"孤岛检测"复选框，则表示将进行孤岛检测。AutoCAD 对孤岛的填充方式有3 种，即"普通""外部"和"忽略"。"孤岛检测"复选框下面的 3 个图像按钮形象地说明了这 3 种填充方式各自的具体填充效果。

"普通"填充方式的填充过程：AutoCAD 从最外部边界向内填充，遇到与之相交的内部边界时断开填充线，遇到下一个内部边界时继续填充。

　　"外部"填充方式的填充过程：AutoCAD 从最外部边界向内填充，遇到与之相交的内部边界时断开填充线，不再继续填充。

　　"忽略"填充方式的填充过程：AutoCAD 忽略边界内的对象，所有内部结构均被填充图案覆盖。

●　"边界保留"选项组

　　指定是否将填充边界保留为对象，并可设置其对象类型。其中，选中"保留边界"复选框表示将根据图案的填充边界创建边界对象，并将其添加到图形中。此时可以通过"对象类型"下拉列表框指定新边界对象的类型，其中包括面域和多段线两种类型。

●　"边界集"选项组

　　当以拾取点的方式确定填充边界时，该选项组用于定义填充边界的对象集，即设置 AutoCAD 将根据哪些对象确定填充边界。

●　"允许的间隙"选项

　　AutoCAD 2020 允许用户将实际上并未完全封闭的边界用作填充边界。如果在"公差"文本框中指定了间隙值，则该值就是 AutoCAD 确定填充边界时可以忽略的最大间隙，即如果边界有间隙，且各间隙均小于或等于设置的允许值，那么这些间隙均会被忽略，AutoCAD 将对应的边界视为封闭边界。

　　如果在"公差"文本框中指定了间隙值，当通过"拾取点"按钮指定的填充边界为非封闭边界且边界间隙小于或等于设定的值时，AutoCAD 会打开"图案填充-开放边界警告"窗口，如图 8-6 所示。此时如果单击"继续填充此区域"命令行，AutoCAD 将对非封闭图形进行图案填充。

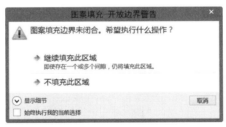

图 8-6　"图案填充-开放边界警告"窗口

8.2　编 辑 图 案

　　本节将介绍编辑已有图案的操作方法。

8.2.1　利用对话框编辑图案

1. 功能

用于修改指定的图案。

2. 命令调用方式

命令：HATCHEDIT。工具栏："修改II" | ▨(编辑图案填充)按钮。菜单命令："修改" | "对象" | "图案填充"。

3. 命令执行方式

用于执行 HATCHEDIT 命令，AutoCAD 提示：

选择图案填充对象:

在该提示下选择已有的填充图案，将打开如图 8-7 所示的"图案填充编辑"对话框。

图 8-7　"图案填充编辑"对话框

在该对话框中，只能对以正常颜色显示的选项进行编辑操作。对话框中各选项的含义与图 8-1 所示的"图案填充和渐变色"对话框中各对应选项的含义相同。利用该对话框，可以对已填充的图案进行更改填充图案、填充比例或旋转角度等操作。

8.2.2　利用夹点功能编辑填充图案

在本书的 4.17 节中介绍了夹点功能，利用夹点功能可以编辑填充图案。当填充图案是关联填充时，通过夹点功能更改填充边界后，AutoCAD 会根据边界的新位置重新生成填充图案。下面举例说明。

【例 8-1】已知有如图 8-8 所示的图形，利用夹点功能对其进行如下修改。

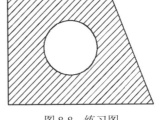

(1) 移动轮廓的右下角点，使该点沿 X 方向移动 10 个单位，沿 Y 方向移动 40 个单位。

(2) 移动圆，使圆心沿 X 方向移动-30 个单位，沿 Y 方向移动-20 个单位。

图 8-8　练习图

具体操作步骤如下。

1) 更改右下角点的位置

拾取如图 8-8 所示位于下方的水平边和位于右侧的斜边，AutoCAD 显示对应的夹点，然后选择右下角点为操作点，操作结果如图 8-9 所示。同时 AutoCAD 提示：

** 拉伸 **
指定拉伸点或 [基点(B)/复制(C)/放弃(U)/退出(X)]: @10,40↙

执行结果如图 8-10 所示。图中除移动边界直线的端点外，AutoCAD 还会根据新边界重新生成图案。

2) 更改圆的位置

按 Esc 键，取消夹点的显示，然后拾取圆，选择圆心作为操作点，在对应的提示下输入 @-30,-20，然后按 Enter 键，得到如图 8-11 所示的结果。

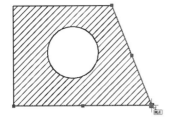
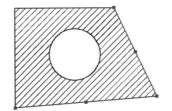
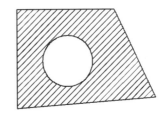

图 8-9　选择操作对象和操作点　　　图 8-10　移动角点　　　图 8-11　移动圆

由以上例子可以看出，利用夹点功能更改填充边界后，填充图案也会发生相应的更改。

8.3 应用实例

练习 1　绘制如图 8-12 所示的图形。

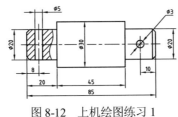

图 8-12　上机绘图练习 1

1) 创建图层

执行 LAYER 命令，根据表 8-1 所示的设置要求定义图层(过程略)。

表 8-1　图层设置要求

图 层 名	线 型	颜 色
粗实线	Continuous	白色
中心线	Center	红色
细实线	Continuous	红色
剖面线	Continuous	红色

2) 绘制图形

根据图 8-12 在各对应图层绘制图形，结果如图 8-13 所示(绘图过程略。提示：可利用样条曲线绘制图形中的波浪线，然后对其进行修剪操作)。

3) 填充剖面线

执行 HATCH 命令，在打开的"图案填充和渐变色"对话框中进行填充设置，如图 8-14 所示(并通过单击"添加:拾取点"按钮确定填充区域)。

图 8-14　进行填充设置

图 8-13　绘制图形

单击"确定"按钮，最终结果如图 8-12 所示。

练习 2　已知有如图 8-15 所示的图形，修改图中的剖面线，要求：将剖面线间距由 1 修改为 2，将填充角度由 90°修改为 60°，使修改结果如图 8-16 所示。

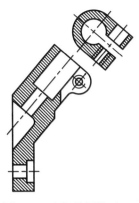

图 8-15 上机绘图练习 2

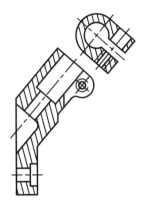

图 8-16 修改结果

选择"修改"|"对象"|"图案填充"命令,在"选择图案填充对象:"的提示下选择如图 8-15 所示的剖面线图案,然后在打开的"图案填充编辑"对话框中修改填充设置,如图 8-17 所示。

图 8-17 修改填充设置

单击"确定"按钮,图形的最终绘制结果如图 8-16 所示。

8.4 本章小结

本章介绍了 AutoCAD 2020 的填充图案功能。当需要对图案进行填充时,首先应该确定对应的填充边界。通过本章的学习可知,即使填充边界未完全封闭,AutoCAD 也可以将间隙小于设置值内的非封闭边界看作封闭边界并予以填充。此外,利用填充图案功能还可以方便地修改已填充的图案,根据已有图案及其设置填充其他区域(即继承特性)。

8.5 习　题

1. 判断题

(1) 只有将构成填充区域的边界完全封闭，才能使用 HATCH 命令对其进行图案填充。(　　)

(2) 可以使用与当前图中已有的填充图案完全相同的图案及设置来填充同一图形中的其他区域。(　　)

(3) 利用夹点功能编辑填充边界后，其填充的图案总会自动进行相应的更改。(　　)

(4) AutoCAD 只能对由连续线(即实线)边界构成的区域填充图案。(　　)

(5) 可以在同一幅图形中使用不同的填充图案和不同的填充设置填充不同的区域。(　　)

2. 上机习题

(1) 绘制如图 8-18 所示的轴承和密封圈(未注尺寸由读者确定)。

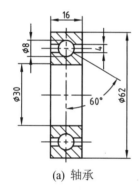

(a) 轴承

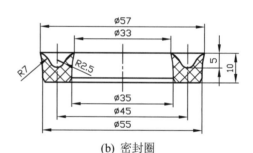

(b) 密封圈

图 8-18　轴承与密封圈

(2) 绘制如图 8-19 所示的端盖(未注尺寸由读者确定)。

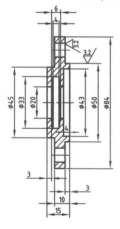

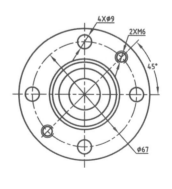

图 8-19　端盖

第9章

标注文字、创建表格

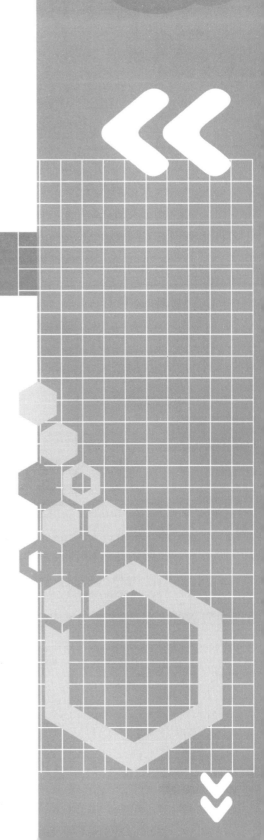

本章要点

本章主要介绍 AutoCAD 2020 的标注文字功能和创建表格功能。通过本章的学习，读者应掌握以下内容：

- 定义文字样式
- 标注文字
- 编辑文字
- 定义表格样式
- 创建表格

9.1 文字样式

1. 功能

定义文字样式。文字样式说明标注文字时所采用的字体及其他设置，如字高、字体颜色及文字标注方向等。AutoCAD 2020 为用户提供的默认文字样式为 Standard。当使用 AutoCAD 标注文字时，如果系统提供的文字样式不能满足制图标准或用户的要求，首先应定义文字样式。

2. 命令调用方式

命令：STYLE。工具栏："样式" | 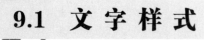(文字样式)按钮，或"文字" | 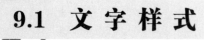(文字样式)按钮。菜单命令："格式" | "文字样式"。

3. 命令执行方式

执行 STYLE 命令，打开"文字样式"对话框，如图 9-1 所示。

图 9-1 "文字样式"对话框

下面介绍该对话框中各主要选项的功能。

1) "当前文字样式"标签

显示当前文字样式的名称。图 9-1 所示说明当前的文字样式为 Standard，这是 AutoCAD 2020 提供的默认文字标注样式。

2) "样式"列表框

该列表框中列出了当前已定义的文字样式。

3) 样式列表过滤器

位于"样式"列表框下方的下拉列表框为样式列表过滤器，用于确定要在"样式"列表框中显示的文字样式。其中提供了"所有样式"和"正在使用的样式"两种样式供用户选择。

4) 预览框

显示与所设置或选择的文字样式对应的文字标注预览图像。

5) "字体"选项组

确定文字样式采用的字体。用户可以通过"字体名"下拉列表框选择所需的字体，如果选中"使用大字体"复选框(只有通过"字体名"下拉列表框选择某些字体后，"使用大字体"复选框才能有效)，"字体"选项组将如图 9-2 所示。通过此选项组可以分别确定 SHX 字体和大字体。SHX 字体是通过形文件定义的字体。形文件是 AutoCAD 用于定义字体或符号库的文件，其源文件的扩展名为.shp，扩展名为.shx 的形文件是编译后的文件。"大字体"下拉列表框用来指定亚洲语言(包括简、繁体汉语、日语或韩语等)使用的大字体文件。

图 9-2　"字体"选项组

6) "大小"选项组

指定文字的高度。可以直接在"高度"文本框中输入高度值。如果将文字高度设为 0，当使用 DTEXT 命令(见本书的 9.2.1 节)标注文字时，AutoCAD 会提示"指定高度:"，即要求用户设定文字的高度；如果在"高度"文本框中输入具体的高度值，AutoCAD 将按此高度标注文字，使用 DTEXT 命令标注文字时就不再提示"指定高度:"。

7) "效果"选项组

设置字体的特征参数，如是否倒置显示、反向显示、垂直显示，以及字的宽高比(即宽度因子)、倾斜角度等。其中，"颠倒"复选框用于确定是否将标注的文字倒置显示，其标注效果如图 9-3(b)所示，正常标注效果如图 9-3(a)所示；"反向"复选框用于确定是否将文字反向标注，标注效果如图 9-3(c)所示；"垂直"复选框用于确定是否将文字垂直标注；"宽度因子"文本框用于确定所标注文字字符的宽高比。当宽度比为 1 时，表示按系统定义的宽高比标注文字；当宽度比小于 1 时文字会变窄；当宽度比大于 1 时文字则变宽，图 9-4 给出了在不同宽度比例设置下的文字标注效果。"倾斜角度"文本框用于确定文字的倾斜角度，角度为 0 时不倾斜；角度为正值时向右倾斜；角度为负值时向左倾斜，其标注效果如图 9-5 所示。

计算机绘图　　　**计算机绘图**(颠倒)　　　**计算机绘图**(反向)

(a) 正常标注　　　　　(b) 文字颠倒标注　　　　(c) 文字反向标注

图 9-3　文字标注示例

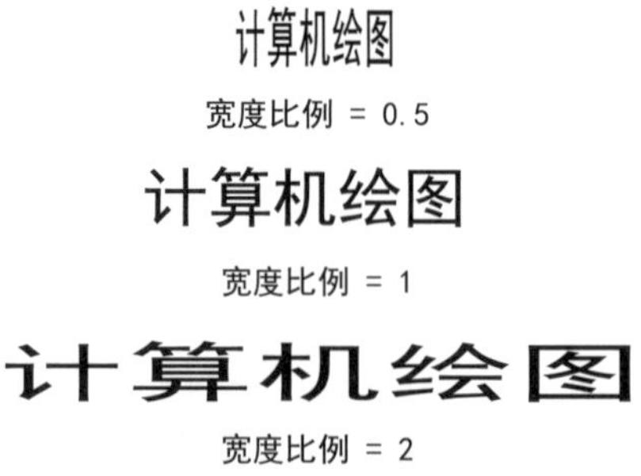

计算机绘图

宽度比例 = 0.5

计算机绘图

宽度比例 = 1

计算机绘图

宽度比例 = 2

图 9-4　用不同宽度比例标注文字

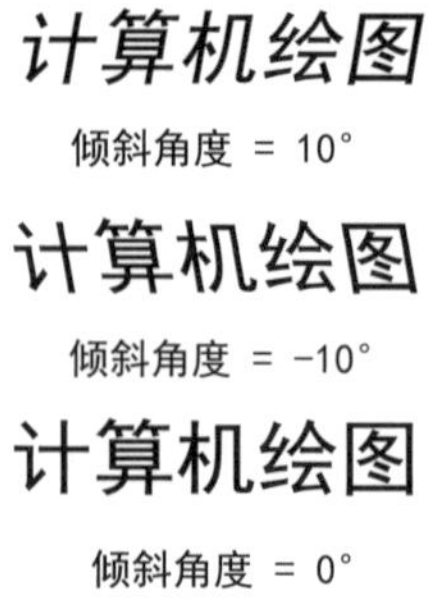

计算机绘图

倾斜角度 = 10°

计算机绘图

倾斜角度 = −10°

计算机绘图

倾斜角度 = 0°

图 9-5　用不同倾斜角标注文字

8)"置为当前"按钮

在"样式"列表框中将选中的样式置为当前样式。当需要以已有的某一文字样式标注文字时，应首先将该样式设为当前样式。此外，利用"样式"工具栏中的"文字样式控制"下拉列表框，可以方便地选择将某一文字样式设为当前样式。

9)"新建"按钮

新建文字样式。操作方法为：单击"新建"按钮，打开如图 9-6 所示的"新建文字样式"对话框。在该对话框的"样式名"文本框内输入新文字样式的名称，然后单击"确定"按钮，即可在原文字样式的基础上新建一种文字样式。默认情况下新样式的设置(字体等)与前一样式相同，因此还需要根据要求对新样式进行一些其他设置。

图 9-6　"新建文字样式"对话框

10)"删除"按钮

删除某一种文字样式。操作方法为：从"样式"下拉列表中选中要删除的文字样式，然后单击"删除"按钮即可。

说明:

用户只能删除当前图形中未使用的文字样式。

11)"应用"按钮

确认用户对文字样式的设置。单击"应用"按钮，AutoCAD 将确认已进行的操作。

【例 9-1】定义文字样式，要求如下。

文字样式名为 STYS，字体为"宋体"，字高为 5，其余设置均采用系统的默认设置。

执行 STYLE 命令，打开"文字样式"对话框，如图 9-1 所示，单击其中的"新建"按钮，打开"新建文字样式"对话框，在"样式名"文本框中输入新文字样式的名称 STYS，如图 9-7 所示，单击"确定"按钮。

继续设置新文字样式。在"文字样式"对话框中，在"字体"选项组的"字体名"下拉列表中选择"宋体"选项；在"高度"文本框中输入 5；其余设置均采用系统的默认设置，如图 9-8 所示。

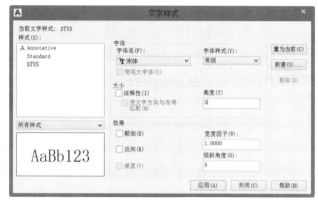

图 9-7　以 STYS 作为新文字样式的名称　　　　图 9-8　设置新文字样式

单击"应用"按钮，确认新定义的样式。单击"关闭"按钮，关闭对话框，完成新样式的定义，AutoCAD 会将 STYS 样式置为当前文字样式。

国家标准《机械制图》对文字标注做出了具体规定，其主要内容为：字的高度有 3.5、5、7、10、14、20 等(单位为 mm)，字的宽度约为字高度的 2/3。汉字应采用长仿宋体。由于汉字的笔画较多，因此其高度应不小于 3.5mm。字母分大写和小写两种，可以用直体(正体)和斜体形式标注。斜体字的字头要向右侧倾斜，与水平线约成 75°；阿拉伯数字也有直体和斜体两种形式，斜体数字与水平线也成 75°。在实际标注中，有时需要将汉字、字母和数字组合起来使用。例如，当标注"4×M8 深 18"时，就同时用到了汉字、字母和数字。

AutoCAD 2020 提供了基本符合标注要求的字体形文件：gbenor.shx、gbeitc.shx 和 gbcbig.shx 等。其中，gbenor.shx 用于标注直体字母与数字；gbeitc.shx 用于标注斜体字母与数字；gbcbig.shx 用于标注中文。使用如图 9-1 所示的默认文字样式标注文字时，标注出的汉字为长仿宋体，但字母和数字是由文件 txt.shx 定义的字体，不能够完全满足制图要求。为了使标注的字母和数字也满足要求，还须将对应的字体文件设置为 gbenor.shx 或 gbeitc.shx(定义方法详见【例 9-2】)。

【例 9-2】定义符合国标要求的新文字样式。新文字样式的样式名为"文字 35"，字高为 3.5。

执行 STYLE 命令，打开"文字样式"对话框。单击 "新建"按钮，打开"新建文字样式"对话框，在"样式名"文本框内输入"文字 35"，然后单击"确定"按钮，返回"文字样式"对话框，如图 9-9 所示。

图 9-9　创建新文字样式

从图 9-9 中可以看出，虽然已经创建了名为"文字 35"的文字样式，但该样式的具体设置还是创建该新样式之前所使用的设置，因此还需要对其中的某些设置进行修改。操作方法为：从"字体"选项组中的"字体名"下拉列表中选择 gbenor.shx(标注直体字母与数字)选项；选中"使用大字体"复选框(选中此复选框后，标题"字体名"将改为"SHX 字体")，在"大字体"下拉列表中选择 gbcbig.shx 选项；在"高度"文本框中输入 3.5，如图 9-10 所示。

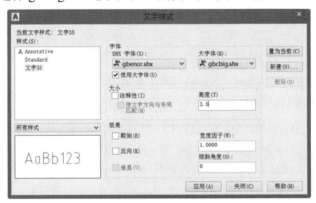

图 9-10　选择新字体形文件

需要说明的是，由于在字体形文件中已经考虑字的宽高比例因素，因此将"宽度因子"仍设置为 1 即可。

完成上述设置后，单击"应用"按钮，完成新文字样式的设置。单击"关闭"按钮，关闭"文字样式"对话框，并将文字样式"文字 35"设置为当前样式。

4. 说明

(1) 用户可以在同一幅图形中定义多种文字样式。当需要以某一种文字样式标注文字时，应首先将该样式设置为当前样式。可以通过"样式"工具栏中的"文字样式控制"下拉列表框设置当前文字样式。

(2) 利用 AutoCAD 设计中心可以方便地将其他图形中的文字样式添加到当前图形中(详见本书的 12.2 节)。

9.2 标 注 文 字

利用 AutoCAD 2020，可以方便地在图形中标注文字。

9.2.1 利用 DTEXT 命令标注文字

1. 功能

利用当前文字样式标注文字。

2. 命令调用方式

命令：DTEXT。功能区："默认" | 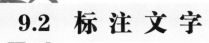按钮。工具栏："文字" | 🄰(单行文字)按钮。菜单命令："绘图" | "文字" | "单行文字"。

3. 命令执行方式

执行 DTEXT 命令，AutoCAD 提示：

> 当前文字样式： "文字 35" 文字高度： 3.5000 注释性：否 对正：左
> 指定文字的起点或 [对正(J)/样式(S)]:

第一行提示信息说明当前的文字样式、文字高度、注释性及对正方式。下面介绍第二行提示中各选项的含义及其操作。

1) 指定文字的起点

指定文字行基线的起点位置，为默认选项。AutoCAD 为文字行定义了顶线(top line)、中线(middle line)、基线(base line)和底线(bottom line)4 条线，用于确定文字行的位置。如图 9-11 所示，以文字串 "Text Sample" 为例，说明了 4 条线与文字串的关系。

图 9-11 文字标注参考线定义

在"指定文字的起点或 [对正(J)/样式(S)]:"提示下指定文字的起点位置后，AutoCAD 提示：

> 指定高度:(输入文字的高度值)
> 指定文字的旋转角度 <0>:(输入文字行的旋转角度)

用户响应后，AutoCAD 会在绘图屏幕上显示表示文字位置的方框，在其中输入需要标注的文字，连续按两次 Enter 键，即可完成文字的标注。

说明：

使用 DTEXT 命令标注文字时，当输入一行文字后，按一次 Enter 键可实现换行标注；如果在绘图屏幕的某一位置单击，则可以将该位置作为新标注文字行的起始位置。

如果在文字样式中指定了文字高度，执行 DTEXT 命令后，AutoCAD 将不再提示"指定高度:"。

2) 对正(J)

控制文字的对正方式，类似于在 Microsoft Word 中进行排版时使用的文字左对齐、居中及右对齐等，但 AutoCAD 提供了更加灵活的对正方式。执行"对正(J)"选项，AutoCAD 提示：

> 输入选项 [左(L)/居中(C)/右(R)/对齐(A)/中间(M)/布满(F)/左上(TL)/中上(TC)/右上(TR)/左中(ML)/正中(MC)/右中(MR)/左下(BL)/中下(BC)/右下(BR)]:

下面介绍该提示中各选项的含义。

● 左(L)

指定一个点，AutoCAD 将该点作为所标注文字行基线的起点。执行该选项，AutoCAD 依次提示：

> 指定文字的起点:
> 指定高度:(如果文字样式中已经设置字高，则无此提示)
> 指定文字的旋转角度:

用户响应后，AutoCAD 在绘图屏幕上会显示表示文字位置的方框，在其中输入需要标注的文字，连续按两次 Enter 键即可。

● 居中(C)

指定一个点，AutoCAD 将该点作为所标注文字行基线的中心点，即所输入文字行的基线中点将与该点对齐。执行该选项，AutoCAD 依次提示：

> 指定文字的中心点:(确定作为文字行基线中点的点)
> 指定高度:(输入文字的高度。如果文字样式中已经设置字高，则无此提示)
> 指定文字的旋转角度:(输入文字行的旋转角度)

用户响应后，AutoCAD 会在绘图屏幕上显示表示文字位置的方框，在其中输入需要标注的文字，连续按两次 Enter 键即可。

● 右(R)

指定一个点，AutoCAD 将该点作为所标注文字行基线的右端点。执行该选项，AutoCAD 依次提示：

> 指定文字基线的右端点:

> 指定高度:(如果文字样式中已经设置字高，则无此提示)
> 指定文字的旋转角度:

用户响应后，AutoCAD 会在绘图屏幕上显示表示文字位置的方框，在其中输入需要标注的文字，连续按两次 Enter 键即可。

- 对齐(A)

确定所标注文字行基线的起点与终点位置。执行该选项，AutoCAD 提示:

> 指定文字基线的第一个端点:(确定文字行基线的起点位置)
> 指定文字基线的第二个端点:(确定文字行基线的终点位置)

用户响应后，AutoCAD 会在绘图屏幕上显示表示文字位置的方框，在其中输入需要标注的文字，连续按两次 Enter 键即可。执行结果为：输入的文字字符均匀地分布于所指定的两点之间，且文字行的旋转角度由两点间连线的倾斜角度确定；字高和字宽根据两点间的距离确定。

- 中间(M)

指定一个点，AutoCAD 将该点作为所标注文字行的中间点，即以该点作为文字行在水平、垂直方向上的中点。执行该选项，AutoCAD 依次提示:

> 指定文字的中间点:
> 指定高度:(如果文字样式中已经设置字高，则无此提示)
> 指定文字的旋转角度:

用户响应后，AutoCAD 会在绘图屏幕上显示表示文字位置的方框，在其中输入需要标注的文字，连续按两次 Enter 键即可。

- 布满(F)

确定文字行基线的起点位置、终点位置及文字的字高(如果文字样式未设置字高)。执行该选项，AutoCAD 依次提示:

> 指定文字基线的第一个端点:
> 指定文字基线的第二个端点:
> 指定高度:(如果文字样式中已经设置字高，则无此提示)

用户响应后，AutoCAD 会在绘图屏幕上显示表示文字位置的方框，在其中输入要标注的文字，连续按两次 Enter 键即可。执行结果为：输入的文字字符均匀地分布于所指定的两点之间，且文字行的旋转角度由两点间连线的倾斜角度确定，字的高度为用户指定的高度或在文字样式中设置的高度，字宽由所确定两点间的距离和字的多少自动确定。

- 其他提示

在与"对正(J)"选项对应的其他提示中，"左上(TL)""中上(TC)"和"右上(TR)"选项分别表示将以指定的点作为所标注文字行顶线的起点、中点和终点；"左中(ML)""正中(MC)"及"右中(MR)"选项分别表示将以指定的点作为所标注文字行中线的起点、中点和终点；"左下(BL)""中下(BC)"和"右下(BR)"选项分别表示将以指定的点作为所标注文字行底线的起点、中点和终点。

3) 样式(S)

确定所标注文字的样式。执行该选项，AutoCAD 提示：

输入样式名或 [?]<默认样式名>:

在此提示下，可以直接输入当前需要使用的样式名；也可以使用符号?进行响应，以显示当前已有的文字样式。如果直接按 Enter 键，则采用默认样式。

4. 说明

实际绘图时，有时需要标注一些特殊字符，如在一段文字的上方或下方加线、标注度(°)、标注正负公差符号(±)或标注直径符号(ϕ)等。由于这些特殊字符不能通过键盘直接输入，因此 AutoCAD 提供了相应的控制符，以满足特殊标注的需要。AutoCAD 的控制符由两个百分号(%%)和一个字符构成。表 9-1 列出了 AutoCAD 的部分常用控制符及其功能。

表 9-1 AutoCAD 部分常用控制符及其功能

控 制 符	功 能
%%O	打开或关闭文字上画线
%%U	打开或关闭文字下画线
%%D	标注度符号°
%%P	标注正负公差符号±
%%C	标注直径符号 ϕ
%%%	标注百分比符号%

AutoCAD 的控制符不区分大小写,本书均采用大写字母。在 AutoCAD 的控制符中,%%O和%%U 分别为上画线、下画线的开关，当第一次出现此符号时，表明打开上画线或下画线，即开始绘制上画线或下画线；当第二次出现对应的符号时，则表示关闭上画线或下画线，即结束绘制上画线或下画线(本章 9.6 节中的练习 1 标注了其中的一些特殊符号，供读者参考)。

9.2.2 利用文字编辑器标注文字

1. 功能

利用文字编辑器标注文字。

2. 命令调用方式

命令：MTEXT。功能区："默认" | ![按钮]多行文字按钮。工具栏："绘图" | 按钮，或"文字" | 按钮。菜单命令："绘图" | "文字" | "多行文字"。

3. 命令执行方式

执行 MTEXT 命令，AutoCAD 提示：

指定第一角点：

在此提示下指定一点作为第一个角点后，AutoCAD 继续提示：

指定对角点或 [高度(H)/对正(J)/行距(L)/旋转(R)/样式(S)/宽度(W)/栏(C)]:

如果用户响应默认选项，即指定另一个角点的位置，AutoCAD 将显示文字输入窗格，并在功能区显示"文字编辑器"选项卡，如图 9-12 所示(其中文字输入窗格中的"AutoCAD"是作者输入的文字)。

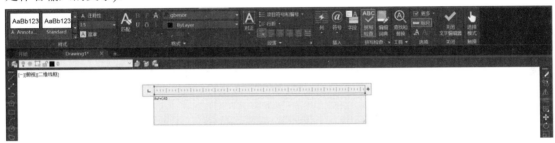

图 9-12 "文字编辑器"选项卡及文字输入窗格

从图 9-12 中可以看出，文字输入窗格由水平标尺等组成，文字编辑器中包含一些按钮和下拉列表框等。下面介绍"文字编辑器"选项卡中主要选项的功能。

1) 样式列表框 AaBb123 AaBb123

该列表框中列有当前已定义的文字样式。如果有多种文字样式，可通过右侧的向上箭头按钮、向下箭头按钮，右侧最下面的按钮等显示出全部的文字样式。用户可通过该列表框选择需要采用的样式，或更改在文字编辑器中所输入文字的样式。

2) "注释性"按钮 注释性

用于确定标注的文字是否为注释性文字(详见本章的 9.4 节)。

3) 文字高度下拉列表 3.5

用于设置或更改文字的高度。

4) "匹配"按钮

类似于常用文字编辑器中的格式刷，用于将选定文字的格式应用到其他字符。再次单击该按钮或按 Esc 键则退出匹配模式。

5) "粗体"按钮 B

用于确定文字是否以粗体形式标注，单击该按钮可以在是否以粗体形式标注文字之间进行切换。

6) "斜体"按钮 I

用于确定文字是否以斜体形式标注，单击该按钮可以在是否以斜体形式标注文字之间进行切换。

7) "删除线"按钮 A

用于确定是否对文字添加删除线,单击该按钮可以在是否为文字添加删除线之间进行切换。

8) "下画线"按钮 U、"上画线"按钮 O

"下画线"按钮 U 用于设置是否对文字添加下画线,单击该按钮可以在是否为文字添加下画线之间进行切换;"上画线"按钮 O 用于设置是否对文字添加上画线,单击该按钮可以在是否为文字添加上画线之间进行切换。

9) "堆叠/非堆叠"按钮 b/a

用于实现堆叠与非堆叠标注之间的切换。

利用符号/、^或#,可以以不同的方式实现堆叠(例如,$\frac{18}{89}$、$^{18}_{89}$ 和 $^{18}/_{89}$ 均属于堆叠标注)。利用堆叠功能,可以实现分数、上下偏差等形式的标注。堆叠标注的具体操作方法为:在文字编辑器中输入要堆叠的两部分文字,同时还应在这两部分文字中间输入符号/、^或#,选中文字,单击 b/a 按钮,使该按钮处于按下状态,即可实现对应的堆叠标注。例如,如果选中的文字为 18/89,堆叠后的效果(即标注后的效果)为 $\frac{18}{89}$;如果选中的文字为 18^89,堆叠后的效果为 $^{18}_{89}$(显然,利用此功能可以标注出上下偏差);如果选中的文字为 18#89,堆叠后的效果则为 $^{18}/_{89}$。此外,如果选中已堆叠的文字,然后单击 b/a 按钮使其处于弹起状态,则会取消堆叠标注效果。

10) "上标"按钮 x^2、"下标"按钮 x_2

"上标"按钮 x^2 用于将选定的文字设为上标形式或恢复成正常形式,"下标"按钮 x_2 用于将选定的文字设为下标形式或恢复成正常形式。

11) "改变大小写"下拉列表 Aa▼

用于将选定的字符更改为大写或小写状态,从下拉列表中选择即可。

12) "字体"下拉列表 gbenor

用于设置或改变字体。在文字编辑器中输入文字时,可以利用此下拉列表随时改变所输入文字的字体,也可以用来更改已有文字的字体。

13) "对正"下拉列表 A

设置文字行的对正方式,在弹出的下拉列表中进行选择即可,默认为"左上"对正。

14) "行距"下拉列表 行距▼

设置行间距,从对应的下拉列表中进行选择和设置即可。

15) 对齐按钮 按钮组

设置文字行的水平对齐方式,各按钮从左到右依次为默认、左对齐、居中对齐、右对齐、对正、分散对齐等。

16) "段落"下拉列表 段落▼

通过"段落"下拉列表,可实现段落合并操作。单击右侧的箭头,弹出"段落"对话框,如图 9-13 所示。可通过此对话框对段落的各属性进行设置,如设置制表位、缩进、段落对齐、段落间距及段落行距等属性。

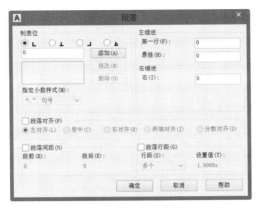

图 9-13 "段落"对话框

17) "列"下拉列表

设置所标注文字是否分栏及分栏的方式，从下拉列表中选择或设置即可。

18) "符号"下拉列表

用于在光标位置插入符号或不间断空格。单击该按钮，弹出对应的符号列表，如图 9-14 所示，从中选择即可。

19) "字段"按钮

向文字中插入字段。单击该按钮，打开"字段"对话框，如图 9-15 所示，从中选择需要插入文字中的字段即可。

图 9-14 符号列表

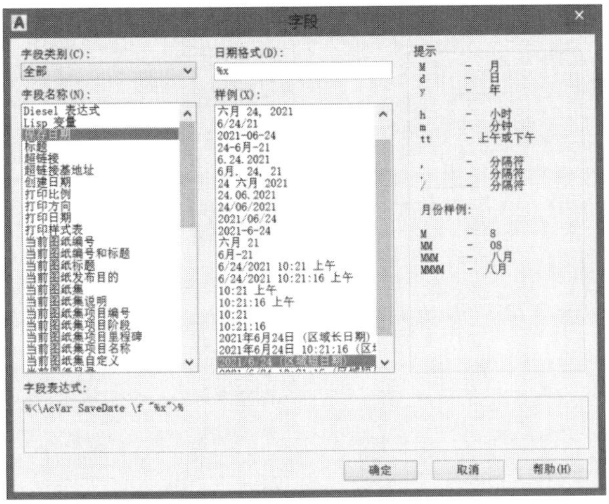

图 9-15 "字段"对话框

20) "拼写检查"按钮

实现打开或关闭文字拼写检查功能之间的切换。如果打开文字拼写检查功能，当输入的英文单词有拼写错误时，会在其下面显示红色虚线。

21)"查找和替换"按钮

用于实现文字的查找和替换操作。单击该按钮,会弹出"查找和替换"对话框,如图 9-16 所示。

图 9-16　"查找和替换"对话框

利用该对话框可实现查找与替换等操作。

22)"标尺"按钮

实现在文字输入窗格中是否显示水平标尺之间的切换。

4. 文字编辑快捷菜单

当显示如图 9-12 所示的文字编辑界面时,在绘图窗口中右击,AutoCAD 将弹出如图 9-17 所示的快捷菜单。用户可通过此菜单进行相应的操作。

图 9-17　文字编辑快捷菜单

9.3　编 辑 文 字

1. 功能

修改已标注的文字。

2. 命令调用方式

命令：DDEDIT。工具栏："文字" | **A**(编辑文字)按钮。菜单命令："修改" | "对象" | "文字" | "编辑"。

3. 命令执行方式

执行 DDEDIT 命令，AutoCAD 提示：

> 选择注释对象或 [放弃(U)/模式(M)]:

此时，应选择需要编辑的文字。标注文字时使用的标注方法不同，选择文字后 AutoCAD 给出的响应也不同。如果在该提示下所选择的文字是使用 DTEXT 命令标注的，选择文字对象后，AutoCAD 将在该文字四周显示一个方框，表示进入编辑模式，此时用户可以直接修改对应的文字；如果在此提示下选择的文字是使用 MTEXT 命令标注的，则 AutoCAD 会弹出与图 9-12 类似的文字编辑窗格，显示所选择的文字以供用户编辑，并在功能区显示出"文字编辑器"选项卡。

如果执行"模式(M)"选项，AutoCAD 提示：

> 输入文本编辑模式选项 [单个(S)/多个(M)] <Multiple>:

即此时有两种文本编辑模式：单个和多个。单个模式是指修改选定的文字对象一次，然后结束命令；多个模式则允许在命令持续时间内编辑多个文字对象。

9.4　注释性文字

实际工作中经常需要以不同的比例绘制工程图，如采用比例 1：2、1：4、2：1 等。当在图纸上手工绘制不同比例要求的图形时，首先需要按照比例要求换算图形的尺寸，然后再按换算后得到的尺寸绘制图形。使用计算机绘制有比例要求的图形时也可以采用该方法，但基于 AutoCAD 软件的特点，用户可以直接按 1：1 比例绘制图形，当通过打印机或绘图仪将图形输出到图纸时，再设置输出比例。这样，用户在绘制图形时不必考虑尺寸的换算问题，且同一幅图形可以按不同的比例多次输出。采用该方法也存在一个问题，即当以不同的比例输出图形时，图形可以根据用户需要按比例缩小或放大，但其他一些内容，如文字、尺寸文字和尺寸箭头的大小等也会同时按比例缩小或放大，从而可能使其中的某些内容不能满足绘图标准的要求。解决此问题的方法之一就是使用注释性对象功能。例如，当希望以 1∶2 比例输出图形时，将图形按 1:1 比例绘制，通过设置，使文字等按 2∶1 比例标注或绘制，这样，当按 1∶2 比例绘制的图形等对象通过打印机或绘图仪输出到图纸上时，图形按比例缩小，但其他相关注释性对象(如文字等)按设置比例缩小后，也正好满足标准要求。

AutoCAD 2020 可以将文字、尺寸、形位公差、块、属性及引线等对象指定为注释性对象。本节只介绍注释性文字的设置与使用方法，其他注释性对象将在后面的章节中陆续介绍。

9.4.1　注释性文字样式

为方便操作，用户可以专门定义注释性文字样式。用于定义注释性文字样式的命令也是 STYLE，其定义过程与 9.1 节介绍的文字样式的定义过程类似。执行 STYLE 命令后，在打开的如图 9-1 所示的"文字样式"对话框中，除按在 9.1 节中介绍的过程设置样式外，还需要选中"注释性"复选框。选中该复选框后，在"样式"列表框中的对应样式名前将显示图标 ▲，表示该样式属于注释性文字样式(后面章节在介绍其他注释性对象的样式名时也使用图标 ▲ 进行标记)。

9.4.2　标注注释性文字

使用 DTEXT 命令标注注释性文字时，首先应将对应的注释性文字样式设为当前样式，然后利用状态栏上的"注释比例"列表(单击状态栏上"注释比例"右侧的小箭头可打开此列表)设置比例，如图 9-18 所示，最后使用 DTEXT 命令标注文字即可。

例如，如果通过列表将注释比例设为 1∶2，则按注释性文字样式使用 DTEXT 命令标注出文字后，文字的实际高度为文字设置高度的两倍。

图 9-18　"注释比例"列表(部分)

当使用 MTEXT 命令标注注释性文字时，可以通过单击"文字格式"工具栏上的注释性按钮 ▲ 注释性 将标注的文字设置为注释性文字。

对于已标注的非注释性文字(或对象)，可以通过特性窗口将其设置为注释性文字(对象)。

9.5　创建表格与定义表格样式

本节将介绍 AutoCAD 2020 提供的创建表格功能。

9.5.1　创建表格

1. 功能

在图形中创建指定行数和列数的表格对象。

2. 命令调用方式

命令：TABLE。功能区："默认"|　按钮。工具栏："绘图"|　(表格)按钮。菜单命令："绘图"|"表格"。

3. 命令执行方式

执行 TABLE 命令，打开"插入表格"对话框，如图 9-19 所示。

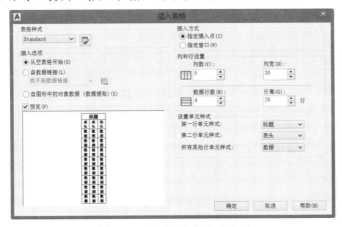

图 9-19　"插入表格"对话框

该对话框用于选择表格样式，设置表格的相关参数。下面介绍"插入表格"对话框中各主要选项的功能。

1) "表格样式"下拉列表

用于选择所使用的表格样式，用户根据需要在下拉列表中进行选择即可。

2) "插入选项"选项组

用于设置如何为表格填写数据。其中，选中"从空表格开始"单选按钮，表示首先创建一个空表格，然后填写数据；选中"自数据链接"单选按钮，表示根据已有的 Excel 数据表创建表格；如果选中"自数据链接"单选按钮，可以通过　(启动"数据链接管理器"对话框)按钮建立与已有 Excel 数据表的链接；选中"自图形中的对象数据(数据提取)"单选按钮，可以通过数据提取向导来提取图形中的数据。

3) "预览"复选框及图片框

用于预览表格的样式。

4) "插入方式"选项组

用于确定将表格插入图形时的插入方式。其中，选中"指定插入点"单选按钮，表示将通过在绘图窗口指定一点作为表格的一个角点位置的方式插入表格。如果表格样式将表的方向设置为由上而下读取，则插入点为表格的左上角点；如果表格样式将表格的方向设置为由下而上读取，则插入点为表格的左下角点。选中"指定窗口"单选按钮，表示将通过指定窗口的方式确定表格的大小与位置。

5) "列和行设置"选项组

用于设置表格的列数、行数，以及列宽与行高。

6) "设置单元样式"选项组

可以通过与"第一行单元样式""第二行单元样式"和"所有其他行单元样式"对应的下拉列表框，分别设置第一行、第二行和其他行的单元样式。每个下拉列表中均有"标题""表头"和"数据"3 个选项。

通过"插入表格"对话框完成表格的设置，单击"确定"按钮，然后根据提示确定表格的位置后，即可将表格插入图形中，并将表格中的第一个单元格醒目显示，如图 9-20 所示，同时 AutoCAD 在功能区显示出"文字编辑器"选项卡。

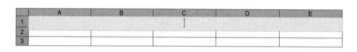

图 9-20　表格中的文字输入界面

在输入文字时，可以利用 Tab 键和箭头键在各单元格之间进行切换。在表格中输入文字后，单击"文字格式"工具栏中的"确定"按钮，或在绘图屏幕上任意一点单击拾取键，将关闭"文字格式"工具栏。

9.5.2　定义表格样式

1. 功能

定义满足指定条件的表格样式。

2. 命令调用方式

命令：TABLESTYLE。工具栏："样式" | ▦(表格样式)按钮。菜单命令："格式" | "表格样式"。

3. 命令执行方式

执行 TABLESTYLE 命令，打开"表格样式"对话框，如图 9-21 所示。在该对话框中，"样式"列表框列出了满足条件的表格样式。用户可以通过"列出"下拉列表选择需要列出的样式。"预览"图片框用于显示表格的预览图像。"置为当前"按钮和"删除"按钮分别用于将"样式"列表框中选中的表格样式设置为当前样式和删除选中的表格样式。"新建"按钮和"修改"按钮分别用于新建表格样式、修改已有的表格样式。下面将介绍新建和修改表格样式的操作方法。

1) 新建表格样式

单击"表格样式"对话框中的"新建"按钮，打开"创建新的表格样式"对话框，如图 9-22 所示。

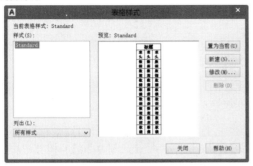

图 9-21 "表格样式"对话框

图 9-22 "创建新的表格样式"对话框

在该对话框的"基础样式"下拉列表中选择基础样式，并在"新样式名"文本框中输入新样式的名称(如输入"表格 1")，然后单击"继续"按钮，打开"新建表格样式"对话框，如图 9-23 所示。

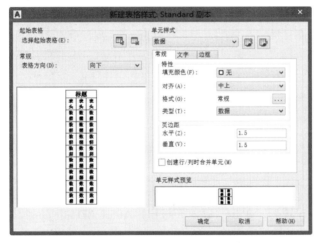

图 9-23 "新建表格样式"对话框

下面介绍该对话框中各主要选项的功能。

● "起始表格"选项组

由用户指定一个已有表格作为新建表格样式的起始表格。单击其中的🖳按钮，AutoCAD 会临时切换到绘图屏幕，并提示：

选择表格：

在此提示下选择某一表格后，AutoCAD 返回到"新建表格样式"对话框，在预览框中显示所选表格，并在各对应设置中显示该表格的样式设置。

通过🖳按钮选择某一表格后，还可以通过位于该按钮右侧的按钮删除该起始表格。

● "常规"选项组

通过"表格方向"下拉列表框设置插入表格时的表格方向。列表中有"向下"和"向上"两个选项。其中，"向下"选项表示创建由上而下读取的表格，即标题行和表头行位于表格的顶部；"向上"选项则表示创建由下而上读取的表格，即标题行和表头行位于表格的底部。

● "预览"图片框

显示新创建表格样式的表格预览图像。

● "单元样式"选项组

确定单元格的样式。可以通过对应的下拉列表选择要设置的样式，即在"数据""标题"和"表头"3个选项之间进行选择。

在"单元样式"选项组中，"常规"(如图 9-24(a))、"文字"(如图 9-24(b))和"边框"(如图 9-24(c))3个选项卡分别用于设置表格的基本内容、文字和边框。

其中，"常规"选项卡用于设置单元格的基本特性，如文字在单元格中的对齐方式等；"文字"选项卡用于设置文字特性，如文字样式等；"边框"选项卡用于设置表格的边框特性，如边框线宽、线型和颜色等。用户可以直接在"单元样式预览"图片框中预览对应的单元样式。

(a) "常规"选项卡　　　　　(b) "文字"选项卡　　　　　(c) "边框"选项卡

图 9-24　"单元样式"选项组中的各选项卡

完成表格样式的设置后，单击"确定"按钮，AutoCAD 将返回到如图 9-21 所示的"表格样式"对话框，并将新定义的样式显示在"样式"列表框中。单击 "确定"按钮，关闭对话框，即可完成新表格样式的定义。

2) 修改表格样式

在如图 9-21 所示的"表格样式"对话框的"样式"列表框中选中要修改的表格样式，单击"修改"按钮，将打开与图 9-23 类似的对话框，利用该对话框用户可以修改已有表格的样式。

9.6　应用实例

练习 1　新建文字样式，要求如下。

(1) 文字样式名为"文字5"，字高为5.0，SHX字体采用gbenor.shx，大字体采用gbcbig.shx。

(2) 创建文字样式后，使用DTEXT命令标注以下文字：

1. 未注圆角半径R5
2. 未注角度45°
3. 未注直径φ2

(3) 将图形命名并进行保存(建议文件名为"9-练习1.DWG")。

操作步骤如下。

1) 定义文字样式

执行 STYLE 命令，打开"文字样式"对话框。单击"新建"按钮，打开"新建文字样式"对话框，在"样式名"文本框中输入"文字5"，单击 "确定"按钮，然后在"文字样式"对话框中进行相应的设置，如图9-25所示。

图9-25 设置文字样式

单击"应用"按钮，应用设置好的文字样式，然后单击"关闭"按钮，关闭对话框。

2) 标注文字

执行 DTEXT 命令，AutoCAD 提示：

> 指定文字的起点或 [对正(J)/样式(S)]:(指定一点作为文字行的起点)
> 指定文字的旋转角度 <0>:

在绘图屏幕的对应位置输入以下文字(输入一行文字后按 Enter 键换行，输入最后一行文字后继续按两次 Enter 键结束命令)：

> 1. 未注圆角半径 R5
> 2. 未注角度 45%%d(输入"%%d"后，AutoCAD 自动将其转换成符号°)
> 3. 未注直径%%c2

至此，已完成文字的标注，将当前图形命名并存盘。

练习2 利用多行文字标注功能标注以下文字：

$$\alpha = 45°$$

其中，字体采用宋体，字高设置为 10。

操作步骤如下。

执行 MTEXT 命令，AutoCAD 提示：

指定第一角点:(指定一角点位置)
指定对角点或 [高度(H)/对正(J)/行距(L)/旋转(R)/样式(S)/宽度(W)/栏(C)]:(指定另一角点位置)

AutoCAD 弹出文字输入窗格，在窗格中右击，从弹出的快捷菜单中选择"符号"子菜单中的"其他"命令，打开"字符映射表"对话框，从"字体"下拉列表中选择 Symbol 选项，在符号集中单击符号 α，然后单击该对话框中的"选择"按钮，使符号 α 显示在"复制字符"文本框中，如图 9-26 所示。

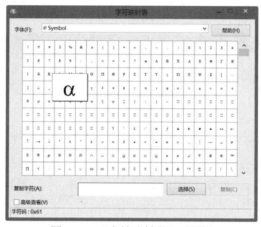

图 9-26 "字符映射表"对话框

单击"复制"按钮，返回在位文字编辑器，从快捷菜单中选择"粘贴"命令，将符号 α 粘贴到编辑器中，输入其他符号(应输入=45%%d)，并将字体设置为"宋体"，将字高设置为 10。最后，单击"确定"按钮，完成文字的标注。

练习 3 定义新表格样式，要求如下。

表格样式名为"表格 1"，数据单元的文字样式均采用在【例 9-2】中定义的文字样式"文字 35"(如果读者没有此样式，应先定义该文字样式，或使用其他样式代替)，表格数据均左对齐，且数据距离单元格左边界的距离为 5，距单元格上、下边界的距离均为 0.5。

首先参照【例 9-2】定义文字样式"文字 35"(过程略)。

执行 TABLESTYLE 命令，打开"表格样式"对话框，单击 "新建"按钮，打开"创建新的表格样式"对话框，在"新样式名"文本框中输入文本"表格 1"，如图 9-27 所示。

单击"继续"按钮，打开"新建表格样式"对话框，在其中进行相应的设置，如图 9-28 所示。

将"表格方向"设为"向下"；将"单元样式"设为"数据"；在"常规"选项卡中，将"对齐"设为"左中"；在"页边距"选项组中，将"水平"设为 5，将"垂直"设为 0.5，其余选项均采用默认设置。

第 9 章 标注文字、创建表格

图 9-27 "创建新的表格样式"对话框　　　图 9-28 设置表格数据

"文字"选项卡和"边框"选项卡中的设置如图 9-29 所示。

(a) 设置文字　　　　　(b) 设置边框(选中⊞按钮)

图 9-29 设置文字与边框

另外，分别通过"单元样式"下拉列表选择"表头"和"标题"选项，然后在对应的"文字"选项卡中，将"文字样式"设置为"文字 35"(过程略)。

单击"确定"按钮，返回"表格样式"对话框，然后单击"关闭"按钮，完成表格样式的创建。

练习 4　使用【练习 3】中定义的表格样式"表格 1"插入表格并填写表格，使结果如图 9-30 所示。

模数	m	4
齿数	Z1	35
压力角	α	20°
精度等级		7EH JB170 83

图 9-30 表格

将含有该表格的图形命名并进行保存(建议文件名为"9-练习 4.DWG")。

首先，将表格样式"表格 1"设置为当前样式。

执行 TABLE 命令，打开"插入表格"对话框，在该对话框中进行对应的设置，如图 9-31 所示。

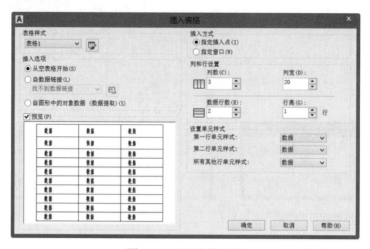

图 9-31　设置表格参数

注意，由于将"第一行单元样式"和"第二行单元样式"均设置为"数据"选项，故应将"数据行数"设置为 2。

单击"确定"按钮，根据提示确定表格的位置，并根据图 9-30 所示的要求填写表格。单击工具栏中的"确定"按钮，完成表格的填写。

说明：

如果表格的行宽、行高尺寸不合适，可以通过夹点功能改变某一列的宽度或某一行的高度。

最后，将图形保存至磁盘。

9.7　本章小结

本章介绍了 AutoCAD 2020 的文字标注功能和表格创建功能。文字标注是工程图中必不可少的内容。AutoCAD 2020 提供了用于标注文字的 DTEXT 命令和 MTEXT 命令。通过前面的介绍可知，由 MTEXT 命令引出的在位文字编辑器与一般文字编辑器有相似之处，其不仅可用于输入标注文字，还可方便地进行各种标注设置、插入特殊符号等操作；同时，还可随时设置所标注文字的格式，而不受当前文字样式的限制。因此，建议读者尽量使用 MTEXT 命令来标注文字。

AutoCAD 2020 也提供了表格功能。用户可以基于已有的表格样式，通过指定表格的相关参数(如行数、列数等)将表格插入图形中，也可以通过快捷菜单对表格进行编辑。同样，在插入表格时，如果当前已有的表格样式不符合要求，则首先应定义表格样式。

9.8　习　题

1. 判断题

(1) AutoCAD 2020 本身提供的字体文件一般是以.shx 为扩展名的文件。(　　)

(2) 在 AutoCAD 2020 中，可以使用 TrueType 字体标注文字。(　　)

(3) 执行一次 DTEXT 命令只能标注一行文字。(　　)

(4) 使用 MTEXT 命令标注文字时，可以调整文字行的宽度。(　　)

(5) 使用 MTEXT 命令标注文字时，可以标注出许多特殊符号。(　　)

(6) 使用 MTEXT 命令标注文字时，所标注的文字可以不受当前文字样式的限制。(　　)

(7) 可以利用 MTEXT 命令将已有文本文件中的文字插入当前图形。(　　)

2. 上机习题

(1) 定义文字样式，其要求如表 9-2 所示(其余设置均采用系统的默认设置)。

表 9-2　文字样式要求

设　置　内　容	设　置　值
样式名	MYTEXTSTYLE
字体	黑体
字格式	粗体
宽度比例	0.8
字高	5

(2) 选择前面设置的文字样式 MYTEXTSTYLE，并使用 DTEXT 命令标注以下文字。

AutoCAD 2020 文字标注练习。

(3) 使用 MTEXT 命令标注以下文字。

AutoCAD Help contains complete information for using AutoCAD. The left pane of the Help window aids you in locating the information you want. The tabs above the left pane provide methods for finding the topics you want to view. The right pane displays the topics you select.

其中，字体采用 Times New Roman，字高为 3.5。

(4) 使用 MTEXT 命令标注以下文字。

技术要求
1. 发蓝
2. 未注圆角半径 R5

其中，字体采用宋体，字高为 5。

(5) 定义表格样式，并在当前图形中插入表 9-3 所示的表格(表格要求：字高为 3.5，数据均居中显示，其余参数由读者确定)。

表 9-3　表格练习

序　　号	L	数　　量
1	85	10
2	89	12
3	92	10
4	95	15
5	97	14

3. 思考题

(1) 如何在图形中标注有下标的文字？如标注 $a_0=100$。

(2) 当标注如 $45^{+0.012}_{-0.010}$ 一类的文字时，如何控制公差文字沿垂直方向相对于尺寸文字 45 的位置及其大小？

第10章

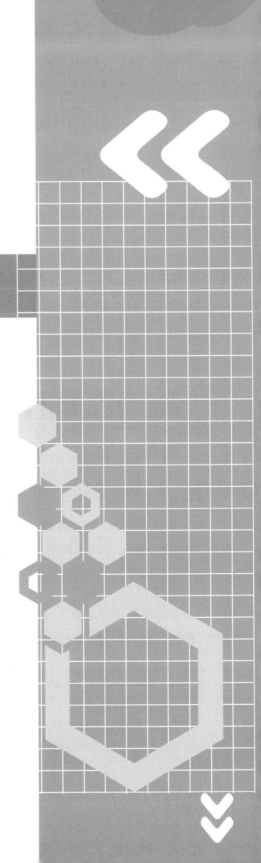

尺寸标注、参数化绘图

本章要点

尺寸标注是绘图设计中的一项重要内容。图形主要用于说明对象的形状，而对象的真实大小通常只有在标注尺寸之后才能确定。本章介绍 AutoCAD 2020 的尺寸标注功能。通过学习本章，读者应掌握以下内容：

- 尺寸的基本概念
- 定义尺寸标注样式
- 标注尺寸
- 标注尺寸公差及形位公差
- 编辑尺寸
- 参数化绘图

10.1 基本概念

在 AutoCAD 中,一个完整的尺寸一般由尺寸线、尺寸界线、尺寸文字(即尺寸值)和尺寸箭头 4 部分组成,如图 10-1 所示。注意:这里的"箭头"是一个广义的概念,也可以用短画线、点或其他标记代替尺寸箭头。

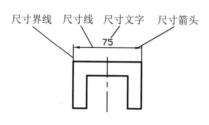

图 10-1 尺寸的组成

AutoCAD 2020 将尺寸标注分为线性标注、对齐标注、半径标注、直径标注、弧长标注、折弯标注、角度标注、引线标注、基线标注及连续标注等多种类型,而线性标注又分水平标注、垂直标注和旋转标注三种。10.3 节将详细介绍这些标注类型的含义及其操作方法。

10.2 尺寸标注样式

尺寸标注样式(简称标注样式)用于设置尺寸标注的具体格式,如尺寸文字采用的样式,尺寸线、尺寸界线及尺寸箭头的标注设置等,以满足不同行业或不同国家的尺寸标注要求。

用于定义、管理标注样式的命令为 DIMSTYLE,单击"样式"工具栏中的按钮、"标注"工具栏中的按钮或执行"标注"|"标注样式"命令,均可启用该命令。执行 DIMSTYLE 命令,AutoCAD 将打开"标注样式管理器"对话框,如图 10-2 所示。

下面介绍该对话框中各主要选项的功能。

1) "当前标注样式"标签

用于显示当前标注样式的名称。图 10-2 所示的当前标注样式为 ISO-25,该样式为 AutoCAD 提供的默认标注样式。

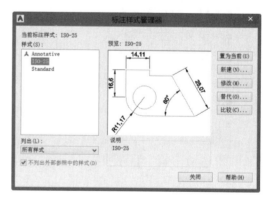

图 10-2 "标注样式管理器"对话框

2) "样式"列表框

用于列出已有标注样式的名称。

3) "列出"下拉列表

用于确定要在"样式"列表框中列出的标注样式类型。用户可通过该下拉列表在"所有样式"和"正在使用的样式"二者之间进行选择。

4) "预览"图片框

用于预览在"样式"列表框中所选中标注样式的标注效果。

5) "说明"标签框

用于显示在"样式"列表框中所选定标注样式的说明。

6) "置为当前"按钮

用于将指定的标注样式置为当前样式。具体操作方法为：在"样式"列表框中选择标注样式，然后单击"置为当前"按钮。当需要使用某一样式标注尺寸时，应首先将此样式设为当前样式。此外，利用"样式"工具栏中的"标注样式控制"下拉列表框，可以方便地将某一样式设置为当前样式。

7) "新建"按钮

用于创建新标注样式。单击"新建"按钮，将打开如图 10-3 所示的"创建新标注样式"对话框。

图 10-3　"创建新标注样式"对话框

用户可以通过该对话框中的"新样式名"文本框指定新样式的名称；通过"基础样式"下拉列表框选择用于创建新样式的基础样式；通过"用于"下拉列表框可选择新建标注样式的适用范围。"用于"下拉列表中包含"所有标注""线性标注""角度标注""半径标注""直径标注""坐标标注"和"引线和公差"等选项，分别用于使新样式适合对应的标注。确定了新样式的名称并进行相关设置后，单击"继续"按钮，将打开"新建标注样式"对话框，如图 10-4 所示。

"新建标注样式"对话框中包含"线""符号和箭头""文字""调整""主单位""换算单位"和"公差"等选项卡，后面将详细介绍各选项卡的功能。

8) "修改"按钮

用于修改已有的标注样式。从"样式"列表框中选择要修改的标注样式，单击"修改"按钮，可打开如图 10-5 所示的"修改标注样式"对话框。此对话框与"新建标注样式"对话框相似，同样由 7 个选项卡组成。

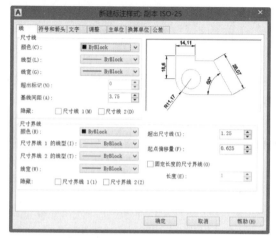

图 10-4 "新建标注样式"对话框

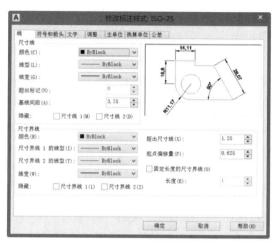

图 10-5 "修改标注样式"对话框

9) "替代"按钮

用于设置当前样式的替代样式。单击"替代"按钮,打开"替代当前样式"对话框,通过该对话框可以进行相应的设置。

10) "比较"按钮

用于比较两个标注样式,或了解某一样式的全部特性。该功能便于用户快速比较不同标注样式在标注设置上的区别。单击"比较"按钮,AutoCAD 将打开"比较标注样式"对话框,如图 10-6 所示。

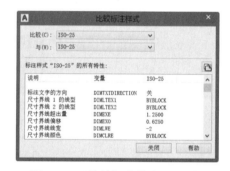

在该对话框中,如果在"比较"和"与"两个下拉列表框中指定了不同的样式,AutoCAD 会在大列表框中显示两种样式之间的区别。如果在两个下拉列表框中指定的样式相同,则在大列表框中显示该样式的全部特性。

图 10-6 "比较标注样式"对话框

在"新建标注样式"和"修改标注样式"对话框中均包含"线""符号和箭头""文字""调整""主单位""换算单位"和"公差"选项卡。下面分别介绍各选项卡的作用。

1. "线"选项卡

"线"选项卡用于设置尺寸线和尺寸界线的格式与属性。如图 10-4 所示,该选项卡中主要选项的功能如下。

1) "尺寸线"选项组

用于设置尺寸线的样式。其中,"颜色""线型"和"线宽"下拉列表框分别用于设置尺寸线的颜色、线型和线宽;"超出标记"文本框用于设置当尺寸"箭头"采用斜线、建筑标记、小点、积分或无标记时,尺寸线超出尺寸界线的长度;"基线间距"组合框用于设置当采用基线标注方式标注尺寸时(详见 10.3.9 节),各尺寸线之间的距离;与"隐藏"选项对应的"尺寸线 1"和"尺寸线 2"复选框分别用于确定是否在标注的尺寸上隐藏第一段尺寸线、第二段尺寸线及对应的箭头。选中其中的复选框表示隐藏,其标注效果如图 10-7 所示。

(a) 隐藏第一条尺寸线

(b) 隐藏第二条尺寸线

(c) 显示两条尺寸线

图 10-7 尺寸线标注示例

2) "尺寸界线"选项组

用于设置尺寸界线的样式。其中"颜色""尺寸界线 1 的线型""尺寸界线 2 的线型"和"线宽"下拉列表框分别用于设置尺寸界线的颜色、第一条尺寸界线的线型、第二条尺寸界线的线型及线宽;与"隐藏"选项对应的"尺寸界线 1"和"尺寸界线 2"复选框分别用于确定是否隐藏第一条和第二条尺寸界线,选中复选框表示隐藏对应的尺寸界线,其标注效果分别如图 10-8 所示;"超出尺寸线"文本框用于确定尺寸界线超出尺寸线的距离;"起点偏移量"文本框用于确定尺寸界线的实际起始点相对于其定义点的偏移距离;选中"固定长度的尺寸界线"复选框可使所标注的尺寸采用相同的尺寸界线。如果采用该标注方式,可以通过"长度"文本框指定尺寸界线的长度。

(a) 隐藏第一条尺寸界线

(b) 隐藏第二条尺寸界线

(c) 显示两条尺寸界线

图 10-8 尺寸界线标注示例

3) 预览窗口

AutoCAD 会根据当前的样式设置,在位于对话框右上角的预览窗口中显示对应的标注效果示例。

2. "符号和箭头"选项卡

用于设置尺寸箭头、圆心标记、折断标注、弧长符号、半径折弯标注和线性折弯标注等元素的格式与属性。图 10-9 所示为"符号和箭头"选项卡。

下面介绍该选项卡中各主要选项的功能。

1) "箭头"选项组

用于设置尺寸线两端的箭头样式。其中,"第一个"下拉列表框用于确定尺寸线在第一端点处的样式。单击位于"第一个"下拉列表框右侧的小箭头,弹出如图 10-10 所示的"箭头样式"下拉列表，其中列出了 AutoCAD 2020 允许使用的尺寸线起始端的样式以供用户选择。当设置了尺寸线第一端的样式后，尺寸线的另一端将默认采用相同的样式。如果要求尺寸线两端的样式不同，可以通过"第二个"下拉列表框设置尺寸线另一端的样式。"引线"下拉列表框用于确定当进行引线标注时(见 10.4 节)，引线在起始点处的样式，在对应的下拉列表中进行选择即可；"箭头大小"组合框用于确定尺寸箭头的长度。

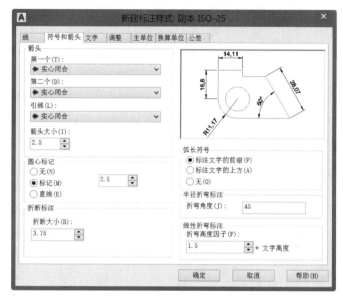

图 10-9 "符号和箭头"选项卡

图 10-10 "箭头样式"下拉列表

2) "圆心标记"选项组

对圆或圆弧执行标注圆心标记操作时(详见 10.3.10 节)，用于设置圆心标记的类型与大小。可以在"无"(即无标记)、"标记"(即显示标记)和"直线"(即显示为中心线)3 个选项之间进行选择，具体标注效果如图 10-11 所示。"大小"文本框用于确定圆心标记的大小。

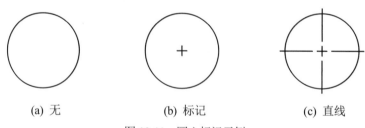

(a) 无　　　　　　　(b) 标记　　　　　　　(c) 直线

图 10-11 圆心标记示例

3) "折断标注"选项组

AutoCAD 2020 允许在尺寸线、尺寸界线与其他线的重叠处打断尺寸线或尺寸界线，如图 10-12 所示。其中的"折断大小"组合框用于设置如图 10-12(b)所示的 h 值。

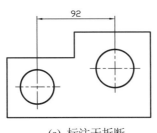

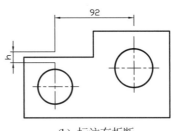

(a) 标注无折断　　　　　　　　　　　　　　(b) 标注有折断

图 10-12　折断标注示例

4) "弧长符号"选项组

为圆弧标注长度尺寸时，该选项组用于控制弧长标注中圆弧符号的显示方式。其中，选中"标注文字的前缀"单选按钮表示要将弧长符号置于标注文字的前面；选中"标注文字的上方"单选按钮表示要将弧长符号置于标注文字的上方；选中"无"单选按钮表示不显示弧长符号，如图 10-13 所示。

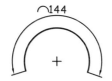　　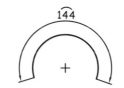　　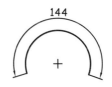

(a) 弧长符号放在标注文字的前面　　(b) 弧长符号放在标注文字的上方　　(c) 不显示弧长符号

图 10-13　弧长标注示例

5) "半径折弯标注"选项组

半径折弯标注通常用于被标注尺寸圆弧的中心点位于较远位置的情况，如图 10-14 所示。其中"折弯角度"文本框用于确定连接半径标注的尺寸界线和尺寸线之间的横向直线的折弯角度。

6) "线性折弯标注"选项组

AutoCAD 2020 允许用户采用线性折弯标注，如图 10-15 所示。该标注的折弯高度 h 为折弯高度因子与尺寸文字高度的乘积。用户可以在"折弯高度因子"组合框中输入折弯高度因子值。

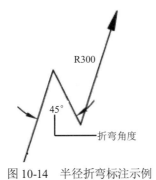

图 10-14　半径折弯标注示例　　　　　　　　图 10-15　线性折弯标注示例

3. "文字"选项卡

"文字"选项卡用于设置尺寸文字的外观、位置及对齐方式等，如图 10-16 所示。该选项卡中各主要选项的功能如下。

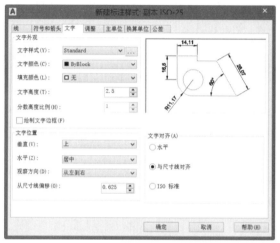

图 10-16 "文字"选项卡

1) "文字外观"选项组

用于设置尺寸文字的样式、颜色及高度等参数。其中，"文字样式"和"文字颜色"下拉列表分别用于设置尺寸文字的样式与颜色；"填充颜色"下拉列表用于设置文字的背景颜色；"文字高度"框用于确定尺寸文字的高度；"分数高度比例"框用于设置尺寸文字中的分数相对于其他尺寸文字的缩放比例。AutoCAD 将该比例值与尺寸文字高度的乘积作为所标记分数的高度(只有在"主单位"选项卡中选择"分数"作为单位格式时，此选项才有效)；"绘制文字边框"复选框用于确定是否为尺寸文字添加边框。

2) "文字位置"选项组

用于设置尺寸文字的位置。其中，"垂直"下拉列表用于控制尺寸文字相对于尺寸线在垂直方向的放置形式。可以通过该下拉列表在"居中""上""外部"和 JIS 4 个选项之间进行选择。其中，选择"居中"选项表示将尺寸文字置于尺寸线的中间；选择"上"选项表示将尺寸文字置于尺寸线的上方；选择"外部"选项表示将尺寸文字置于远离尺寸界线起始点的尺寸线一侧；选择 JIS 选项则表示按 JIS 规则放置尺寸文字。以上 4 种放置形式如图 10-17 所示。

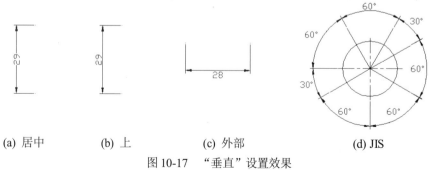

(a) 居中　　　　　(b) 上　　　　　(c) 外部　　　　　(d) JIS

图 10-17 "垂直"设置效果

"水平"下拉列表用于确定尺寸文字相对于尺寸线方向的位置。可以通过该下拉列表在"居中""第一条尺寸界线""第二条尺寸界线""第一条尺寸界线上方"和"第二条尺寸界线上方"5 个选项之间进行选择。这 5 种形式的标注效果如图 10-18 所示。

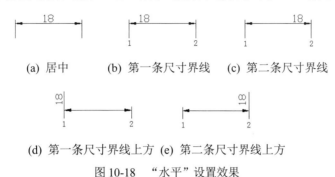

(a) 居中　　　(b) 第一条尺寸界线　　　(c) 第二条尺寸界线

(d) 第一条尺寸界线上方　(e) 第二条尺寸界线上方

图 10-18　"水平"设置效果

"观察方向"下拉列表用于设置尺寸文字的观察方向，即控制是从左向右还是从右向左标注尺寸文字。

"从尺寸线偏移"组合框用于确定尺寸文字与尺寸线之间的距离，在文本框中输入具体的值即可。

3)　"文字对齐"选项组

该选项组用于确定尺寸文字的对齐方式。其中，"水平"单选按钮用于确定尺寸文字是否水平放置；"与尺寸线对齐"单选按钮用于确定尺寸文字方向是否要与尺寸线方向保持一致；"ISO 标准"单选按钮用于确定尺寸文字是否按照 ISO 标准放置，即当尺寸文字在尺寸界线之间时，方向要与尺寸线方向一致；当尺寸文字在尺寸界线之外时，则尺寸文字水平放置。

4.　"调整"选项卡

该选项卡用于控制尺寸文字、尺寸线及尺寸箭头的位置和其他属性，如图 10-19 所示。

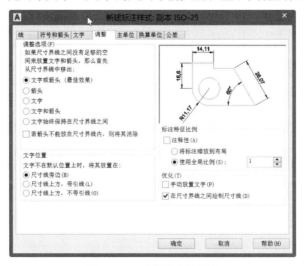

图 10-19　"调整"选项卡

该选项卡中各主要选项的功能如下。

1)"调整选项"选项组

当在尺寸界线中没有足够的空间同时放置尺寸文字和箭头时,首先应确定从尺寸界线中移出尺寸文字和箭头的哪一部分,这可以通过选中其中的各个单选按钮进行设置。

2)"文字位置"选项组

用于确定当尺寸文字不在默认位置时的放置位置。用户有 3 种选择:"尺寸线旁边""尺寸线上方,带引线"或"尺寸线上方,不带引线"。

3)"标注特征比例"选项组

用于设置所标注尺寸的缩放关系。"注释性"复选框用于确定标注样式是否为注释性样式;选中"将标注缩放到布局"单选按钮,表示将根据当前模型空间视口和图纸空间之间的比例确定比例因子;选中"使用全局比例"单选按钮,可在其右侧的微调框中为所有标注样式设置一个缩放比例,但该比例并不改变尺寸的测量值。

4)"优化"选项组

用于设置标注尺寸时是否进行附加调整。其中,"手动放置文字"复选框用于确定是否忽略对尺寸文字的水平设置,而手动将尺寸文字放置在用户指定的位置;"在尺寸界线之间绘制尺寸线"复选框用于确定当尺寸箭头放置在尺寸线之外时,是否在尺寸界线内绘出尺寸线。

5. "主单位"选项卡

用于设置主单位的格式、精度及尺寸文字的前缀和后缀,如图 10-20 所示。

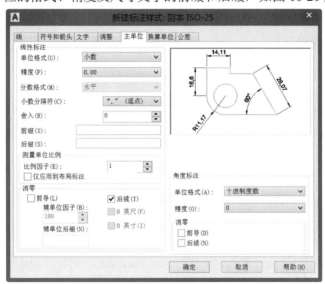

图 10-20 "主单位"选项卡

该选项卡中各主要选项的功能如下。

1)"线性标注"选项组

用于设置线性标注的格式与精度。其中，"单位格式"下拉列表用于设置除角度标注外其余各标注类型的尺寸单位，可以通过下拉列表在"科学""小数""工程""建筑"及"分数"等格式之间进行选择；"精度"下拉列表用于标注除角度尺寸外其他尺寸的精度，通过下拉列表选择具体精度值即可；"分数格式"下拉列表用于设置当单位格式为分数形式时的标注格式；"小数分隔符"下拉列表用于设置当单位格式为小数形式时小数的分隔符形式；"舍入"组合框用于设置尺寸测量值(角度标注除外)的测量精度；"前缀"和"后缀"文本框分别用于设置尺寸文字的前缀和后缀，在文本框中输入具体内容即可。

"测量单位比例"子选项组用于确定测量单位的比例。其中，"比例因子"组合框用于确定测量尺寸的缩放比例，用户设置所需的比例值后，AutoCAD 的实际标注值为测量值与该值之积；"仅应用到布局标注"复选框用于设置所确定的比例关系是否仅应用于布局。

"消零"子选项组用于设置是否显示尺寸标注中的"前导"或"后续"零。

2)"角度标注"选项组

该选项组用于确定标注角度尺寸时的单位格式、精度，以及是否消零。其中，"单位格式"下拉列表用于确定标注角度时的单位，用户可以在"十进制度数""度/分/秒""百分度"及"弧度"之间进行选择；"精度"下拉列表用于确定标注角度时的尺寸精度；"消零"子选项组用于确定是否消除角度尺寸的"前导"或"后续"零。

6. "换算单位"选项卡

该选项卡用于确定是否使用换算单位及换算单位的格式，如图 10-21 所示。

图 10-21 "换算单位"选项卡

该选项卡中各主要选项的功能如下。

1)"显示换算单位"复选框

该复选框用于确定是否在标注的尺寸中显示换算单位。

2)"换算单位"选项组

当显示换算单位时,该选项组用于设置换算单位的单位格式和精度等属性。

3)"消零"选项组

该选项组用于确定是否消除换算单位的"前导"或"后续"零。

4)"位置"选项组

该选择组用于确定换算单位的位置。用户可以在"主值后"与"主值下"两个选项中进行选择。

7."公差"选项卡

该选项卡用于确定是否标注公差及标注公差的方式,如图 10-22 所示。下面介绍该选项卡中各主要选项的功能。

图 10-22 "公差"选项卡

1)"公差格式"选项组

该选项组用于确定公差的标注格式。其中"方式"下拉列表用于设置以何种方式标注公差。用户可以在"无""对称""极限偏差""极限尺寸"和"基本尺寸"5 个选项之间进行选择。以上 5 种标注方式的示例说明如图 10-23 所示。

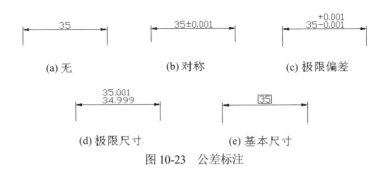

图 10-23　公差标注

"精度"下拉列表用于设置尺寸公差的精度; "上偏差"和"下偏差"组合框分别用于设置尺寸的上偏差和下偏差; "高度比例"组合框用于确定公差文字的高度比例因子; "垂直位置"下拉列表用于控制公差文字相对于尺寸文字的对齐位置,用户可以在"上""中"和"下"3 个选项之间进行选择; "公差对齐"子选项组用于确定公差的对齐方式; "消零"子选项组用于确定是否消除公差值的"前导"或"后续"零。

2) "换算单位公差"选项组

当标注换算单位时,该选项组用于确定换算单位公差的精度与单位公差是否消零。

【例 10-1】定义新标注样式,主要要求如下。

标注样式名为"尺寸 35"; 尺寸文字样式采用在例 9-2 中定义的"文字 35"(如果读者的当前图形中没有此文字样式,应先定义该样式); 尺寸箭头长度为 3.5。

执行 DIMSTYLE 命令,打开"标注样式管理器"对话框,如图 10-2 所示,单击"新建"按钮,打开"创建新标注样式"对话框。在"新样式名"文本框中输入"尺寸 35",其余均采用默认设置,单击"继续"按钮,打开"新建标注样式"对话框。在"线"选项卡中进行相应的设置,如图 10-24 所示。

从图 10-24 可以看出已设置如下内容: "基线间距"为 5.5, "超出尺寸线"为 2, "起点偏移量"为 0。

切换到"符号和箭头"选项卡,并在该选项卡中设置尺寸箭头的相关属性,如图 10-25所示。

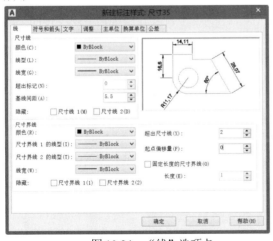

图 10-24　"线"选项卡

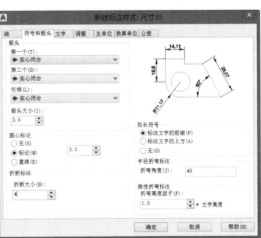

图 10-25　"符号和箭头"选项卡

从图 10-25 可以看出已设置如下内容: "箭头大小"为 3.5; "圆心标记"选项组中的"大小"为 3.5, "折断大小"为 4, 其余采用默认设置, 即基础样式 ISO-25 的设置。

切换到"文字"选项卡, 并在该选项卡中设置尺寸文字的相关属性, 如图 10-26 所示。

从图 10-26 可以看出已设置如下内容: "文字样式"为"文字 35", "从尺寸线偏移"为 1, 其余采用基础样式 ISO-25 的设置。

切换到"主单位"选项卡, 在该选项卡中进行相应的设置, 如图 10-27 所示。

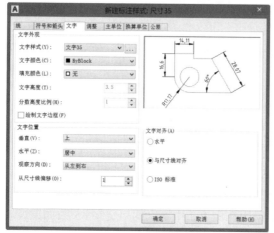

图 10-26 "文字"选项卡

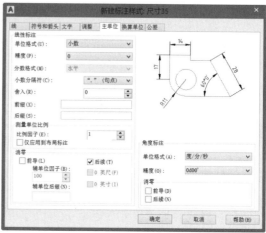

图 10-27 "主单位"选项卡

单击"确定"按钮, 返回"标注样式管理器"对话框, 如图 10-28 所示。

从图 10-28 可以看出, 新创建的标注样式"尺寸 35"已经显示在"样式"列表框中。当使用该标注样式标注尺寸时, 可以标注出符合国标要求的大多数尺寸, 但标注的角度尺寸为在预览框中的形式, 不符合要求。国家标准《机械制图》规定: 标注角度尺寸时, 角度数字一般写成水平方向, 且一般应注写在尺寸线的中断处。因此, 还应在尺寸标注样式"尺寸 35"的基础上定义专门用于角度尺寸标注的子样式, 定义过程如下。

在图 10-28 所示的对话框中, 单击"新建"按钮, 打开"创建新标注样式"对话框, 在"基础样式"下拉列表中选择"尺寸 35"选项, 在"用于"下拉列表中选择"角度标注"选项, 如图 10-29 所示。

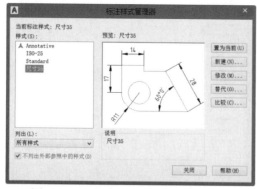

图 10-28 "标注样式管理器"对话框

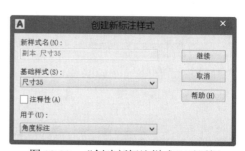

图 10-29 "创建新标注样式"对话框

单击"继续"按钮，打开"新建标注样式"对话框，在"文字"选项卡中，选中"文字对齐"选项组中的"水平"单选按钮，其余设置保持不变，如图 10-30 所示。

单击"确定"按钮，完成角度样式的设置，返回到"标注样式管理器"对话框，单击"关闭"按钮，关闭对话框，完成尺寸标注样式"尺寸 35"的设置。

将含有此标注样式的图形命名并进行保存(建议文件名为"例 10-1.DWG")，后面的章节中将用到此标注样式。用本例定义的标注样式可以标注出基本满足机械制图要求的尺寸。

图 10-30 选中"文字"选项卡中的"水平"单选按钮

10.3 标 注 尺 寸

本节将介绍如何使用 AutoCAD 2020 标注各种类型的尺寸。AutoCAD 2020 提供了专门用于尺寸标注的"标注"工具栏和"标注"菜单。

10.3.1 线性标注

1. 功能

线性标注指标注图形对象沿水平方向、垂直方向或指定方向的尺寸。线性标注分为水平标注、垂直标注和旋转标注 3 种类型。水平标注用于设置标注图形对象沿水平方向的尺寸，即尺寸线沿水平方向放置；垂直标注用于设置标注对象沿垂直方向的尺寸，即尺寸线沿垂直方向放置；旋转标注用于设置标注对象沿指定方向的尺寸。需要注意的是，水平标注和垂直标注并不只是标注水平边和垂直边的尺寸。

说明：

当需要以某种标注样式标注尺寸时，首先应通过"样式"工具栏中的"标注样式控制"下拉列表或通过如图 10-2 所示的"标注样式管理器"对话框将所需的样式设置为当前样式。

2. 命令调用方式

命令：DIMLINEAR。功能区："默认" | ▇▇按钮。工具栏："标注" | ▇(线性)按钮。菜单命令："标注" | "线性"。

3. 命令执行方式

执行 DIMLINEAR 命令，AutoCAD 提示：

指定第一个尺寸界线原点或 <选择对象>:

在此提示下有两种选择，即确定一点作为第一条尺寸界线的起始点或按 Enter 键选择要标注的对象。下面对这两种选择分别进行介绍。

1) 指定第一个尺寸界线原点

如果在"指定第一个尺寸界线原点或 <选择对象>:"提示下直接确定第一条尺寸界线的起始点，AutoCAD 提示：

指定第二条尺寸界线原点:(确定另一条尺寸界线的起始点位置)
指定尺寸线位置或
[多行文字(M)/文字(T)/角度(A)/水平(H)/垂直(V)/旋转(R)]:

该提示中各选项的含义及其操作方法如下。

● 指定尺寸线位置

确定尺寸线的位置。通过拖动鼠标的方式确定尺寸线的位置后，单击，AutoCAD 将根据自动测量的两条尺寸界线起始点间的对应距离值标注尺寸。

说明：

当两条尺寸界线的起始点不位于同一条水平线或同一条垂直线上时，可以通过拖动鼠标的方式来确定是进行水平标注还是垂直标注。操作方法为：确定两条尺寸界线的起始点，然后使光标位于两条尺寸界线的起始点之间。此时，上下拖动鼠标将引出水平尺寸线；左右拖动鼠标将引出垂直尺寸线。

● 多行文字(M)

执行该命令，系统将通过自动测量得到的尺寸值显示在方框中，同时使其处于编辑模式，如图 10-31 所示，并在功能区显示出"文字编辑器"选项卡。

此时，可以直接修改尺寸值或输入新值，也可以采用自动测量值。确定尺寸值后单击鼠标左键，AutoCAD 提示：

图 10-31　尺寸值处于编辑模式

指定尺寸线位置或
[多行文字(M)/文字(T)/角度(A)/水平(H)/垂直(V)/旋转(R)]:

在此提示下确定尺寸线的位置即可(还可以进行其他设置)。

- 文字(T)

输入尺寸文字。执行该命令，AutoCAD 提示：

> 输入标注文字:(输入尺寸文字)
>
> 指定尺寸线位置或
>
> [多行文字(M)/文字(T)/角度(A)/水平(H)/垂直(V)/旋转(R)]:(确定尺寸线的位置,也可以进行其他设置)

- 角度(A)

确定尺寸文字的旋转角度。执行该命令，AutoCAD 提示：

> 指定标注文字的角度:(输入文字的旋转角度)
>
> 指定尺寸线位置或
>
> [多行文字(M)/文字(T)/角度(A)/水平(H)/垂直(V)/旋转(R)]:(确定尺寸线的位置,也可以进行其他设置)

- 水平(H)

标注水平尺寸，即标注沿水平方向的尺寸。执行该命令，AutoCAD 提示：

> 指定尺寸线位置或 [多行文字(M)/文字(T)/角度(A)]:

在此提示下可以直接确定尺寸线的位置，也可以通过"多行文字(M)""文字(T)"和"角度(A)"选项确定尺寸文字或尺寸文字的旋转角度。

- 垂直(V)

标注垂直尺寸，即标注沿垂直方向的尺寸。执行该选项，AutoCAD 提示：

> 指定尺寸线位置或 [多行文字(M)/文字(T)/角度(A)]:

在此提示下可以直接确定尺寸线的位置，也可以利用"多行文字(M)""文字(T)"和"角度(A)"选项确定尺寸文字或尺寸文字的旋转角度。

- 旋转(R)

旋转标注，即标注沿指定方向的尺寸。执行该选项，AutoCAD 提示：

> 指定尺寸线的角度:(指定尺寸线的旋转角度)
>
> 指定尺寸线位置或
>
> [多行文字(M)/文字(T)/角度(A)/水平(H)/垂直(V)/旋转(R)]:(确定尺寸线的位置,也可以进行其他设置)

2) <选择对象>

如果用户在"指定第一个尺寸界线原点或<选择对象>:"提示下直接按 Enter 键，即执行"<选择对象>"选项，AutoCAD 提示：

> 选择标注对象:

该提示要求用户选择需要标注尺寸的对象。选择后，AutoCAD 将该对象的两个端点分别作为两条尺寸界线的起始点，并提示：

> 指定尺寸线位置或
>
> [多行文字(M)/文字(T)/角度(A)/水平(H)/垂直(V)/旋转(R)]:

在该提示下进行的操作与前面介绍的操作相同，此处不再赘述，用户进行相应的选择即可。

10.3.2　对齐标注

1. 功能

所标注尺寸的尺寸线与两条尺寸界线起始点间的连线平行。利用对齐标注可以标注出斜边的长度尺寸。

2. 命令调用方式

命令：DIMALIGNED。功能区："默认" | 按钮。工具栏："标注" | (对齐)按钮。菜单命令："标注" | "对齐"。

3. 命令执行方式

执行 DIMALIGNED 命令，AutoCAD 提示：

指定第一个尺寸界线原点或 <选择对象>:

与线性标注类似，可以通过选择"指定第一个尺寸界线原点"选项确定两条尺寸界线的起始点；也可以通过选择"<选择对象>"选项确定要标注尺寸的对象，即以所指定对象的两个端点作为两条尺寸界线的起始点，AutoCAD 提示：

指定尺寸线位置或
[多行文字(M)/文字(T)/角度(A)]:

此时，可以直接确定尺寸线的位置(执行"指定尺寸线位置"命令)，也可以通过选择"多行文字(M)"或"文字(T)"选项确定尺寸文字，还可以通过选择"角度(A)"选项确定尺寸文字的旋转角度。

【例 10-2】标注如图 10-32 所示的三角形的各条边的长度。

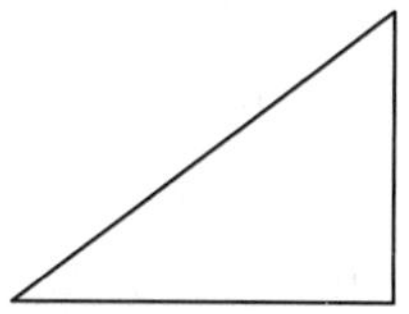

操作步骤如下。

1) 标注水平边的尺寸

执行 DIMLINEAR 命令，AutoCAD 提示：

图 10-32　要标注尺寸的三角形

指定第一个尺寸界线原点或<选择对象>:(捕捉三角形水平边的左端点)
指定第二条尺寸界线原点:(捕捉三角形水平边的右端点)
指定尺寸线位置或
[多行文字(M)/文字(T)/角度(A)/水平(H)/垂直(V)/旋转(R)]:(向下拖动鼠标，使尺寸线位于适当位置并单击)

此时，完成三角形水平边尺寸的标注(尺寸标注值采用系统的自动测量值)，标注结果如图 10-33 所示。

2) 标注垂直边的尺寸

继续执行 DIMLINEAR 命令，AutoCAD 提示：

指定第一个尺寸界线原点或 <选择对象>:✓ (选择"选择对象"选项)

选择标注对象:(选择三角形的垂直边)

指定尺寸线位置或

[多行文字(M)/文字(T)/角度(A)/水平(H)/垂直(V)/旋转(R)]:(向右拖动鼠标,使尺寸线位于适当位置并单击)

此时,完成三角形垂直边尺寸的标注(尺寸标注值采用系统的自动测量值)。

3) 标注斜边的长度

执行 DIMALIGNED 命令(对齐标注),AutoCAD 提示:

指定第一个尺寸界线原点或<选择对象>:✓

选择标注对象:(选择三角形的斜边)

指定尺寸线位置或

[多行文字(M)/文字(T)/角度(A)]:(确定尺寸线的位置)

最后的尺寸标注结果如图 10-33 所示。

10.3.3 角度标注

1. 功能

标注角度尺寸。

图 10-33 尺寸标注结果

2. 命令调用方式

命令:DIMANGULAR。功能区:"默认" | ▧按钮。工具栏:"标注" | ◣(角度)按钮。菜单命令:"标注"|"角度"。

3. 命令执行方式

执行 DIMANGULAR 命令,AutoCAD 提示:

选择圆弧、圆、直线或 <指定顶点>:

在此提示下可以标注圆弧的包含角、圆上某段圆弧的包含角、两条不平行直线之间的夹角,或根据给定的 3 点标注角度。下面分别介绍进行各种标注的操作方法。

1) 标注圆弧的包含角

在"选择圆弧、圆、直线或 <指定顶点>:"提示下选择圆弧,AutoCAD 提示:

指定标注弧线位置或 [多行文字(M)/文字(T)/角度(A)/象限点(Q):

如果在该提示下直接确定标注弧线的位置,AutoCAD 会按实际测量值标注出角度。另外,可以通过"多行文字(M)""文字(T)"和"角度(A)"选项确定尺寸文字及其旋转角度。选择"象限点(Q)"选项可以使角度尺寸文字位于尺寸界线之外。

2) 标注圆上某段圆弧的包含角

执行 DIMANGULAR 命令后,在"选择圆弧、圆、直线或 <指定顶点>:"提示信息下选择圆,AutoCAD 提示:

> 指定角的第二个端点:(在圆上指定另一个点作为角的第二个端点)
>
> 指定标注弧线位置或 [多行文字(M)/文字(T)/角度(A)/象限点(Q)]:

如果在该提示下直接确定标注弧线的位置,则 AutoCAD 会按实际测量值标注出角度值,该角度的顶点为圆心,尺寸界线通过选择圆时的拾取点和指定的第二个端点。另外,可以通过"多行文字(M)""文字(T)"及"角度(A)"选项确定尺寸文字及其旋转角度,可以通过选择"象限点(Q)"选项使角度尺寸文字位于尺寸界线之外。

3) 标注两条不平行直线之间的夹角

执行 DIMANGULAR 命令,在"选择圆弧、圆、直线或<指定顶点>:"提示下选择直线,AutoCAD 提示:

> 选择第二条直线:(选择第二条直线)
>
> 指定标注弧线位置或 [多行文字(M)/文字(T)/角度(A)/象限点(Q)]:

如果在该提示下直接确定标注弧线的位置,AutoCAD 将标注出这两条直线的夹角。另外,可以通过"多行文字(M)""文字(T)"及"角度(A)"3 个选项确定尺寸文字及其旋转角度。

4) 根据 3 个点标注角度

执行 DIMANGULAR 命令,然后在"选择圆弧、圆、直线或 <指定顶点>:"提示下直接按 Enter 键,AutoCAD 提示:

> 指定角的顶点:(确定角的顶点)
>
> 指定角的第一个端点:(确定角的第一个端点)
>
> 指定角的第二个端点:(确定角的第二个端点)
>
> 指定标注弧线位置或 [多行文字(M)/文字(T)/角度(A)/象限点(Q)]:

如果在该提示下直接确定标注弧线的位置,AutoCAD 将根据给定的 3 点标注出角度。同样可以利用"多行文字(M)""文字(T)"及"角度(A)"3 个选项设置尺寸文字及其旋转角度。

说明:

通过选择"多行文字(M)"或"文字(T)"选项重新确定尺寸文字时,只有在新输入的尺寸文字后添加后缀%%D,才能使标注出的角度值具有度符号(°)。

10.3.4 直径标注

1. 功能

为圆或圆弧标注直径尺寸。

2. 命令调用方式

命令:DIMDIAMETER。功能区:"默认" | ⬛按钮。工具栏:"标注" | ⬛(直径)按钮。菜单命令:"标注" | "直径"。

3. 命令执行方式

执行 DIMDIAMETER 命令，AutoCAD 提示：

> 选择圆弧或圆:(选择要标注直径的圆或圆弧)
> 指定尺寸线位置或 [多行文字(M)/文字(T)/角度(A)]:

如果在该提示下直接确定尺寸线的位置，AutoCAD 将按实际测量值标注出圆或圆弧的直径。也可以通过"多行文字(M)""文字(T)"及"角度(A)"3 个选项设置尺寸文字及其旋转角度。

说明：
通过"多行文字(M)"或"文字(T)"选项重新确定尺寸文字时，只有在输入的尺寸文字前添加前缀%%C，才能使标注出的直径尺寸具有直径符号(ϕ)。

10.3.5　半径标注

1. 功能

为圆或圆弧标注半径尺寸。

2. 命令调用方式

命令：DIMRADIUS。功能区："默认" | 半径按钮。工具栏："标注" | (半径)按钮。菜单命令："标注" | "半径"。

3. 命令执行方式

执行 DIMRADIUS 命令，AutoCAD 提示：

> 选择圆弧或圆:(选择要标注半径的圆或圆弧)
> 指定尺寸线位置或 [多行文字(M)/文字(T)/角度(A)]:

如果在该提示下直接确定尺寸线的位置，AutoCAD 将按实际测量值标注出圆或圆弧的半径。另外，可以利用"多行文字(M)""文字(T)"及"角度(A)"3 个选项确定尺寸文字及其旋转角度。

说明：
通过"多行文字(M)"或"文字(T)"选项重新确定尺寸文字时，只有在输入的尺寸文字前添加前缀 R，才能使标出的半径尺寸具有半径符号。

10.3.6　弧长标注

1. 功能

为圆弧标注长度尺寸(参见图 10-13)。

2. 命令调用方式

命令：DIMARC。功能区："默认" | ⬚按钮。工具栏："标注" | ⬚(弧长)按钮。菜单命令："标注" | "弧长"。

3. 命令执行方式

执行 DIMARC 命令，AutoCAD 提示：

> 选择弧线段或多段线圆弧段:(选择圆弧段)
> 指定弧长标注位置或 [多行文字(M)/文字(T)/角度(A)/部分(P)/引线(L)]:

该提示中，"多行文字(M)"和"文字(T)"这两个选项用于确定尺寸文字属性，"角度(A)"选项用于确定尺寸文字的旋转角度。以上 3 个选项的操作与前面介绍的同名选项的操作相同，此处不再赘述。利用"部分(P)"选项，可以为部分圆弧标注长度。执行该选项，AutoCAD 提示：

> 指定弧长标注的第一个点:(指定圆弧上弧长标注的起点)
> 指定弧长标注的第二个点:(指定圆弧上弧长标注的终点)
> 指定弧长标注位置或 [多行文字(M)/文字(T)/角度(A)/部分(P)/]:(指定弧长标注位置,或执行其他选项进行设置)

"引线(L)"选项用于为弧长尺寸添加引线对象。仅当圆弧(或弧线段)大于 90° 时才会显示该选项。引线按径向方向绘制，并指向所标注圆弧的圆心。执行该选项，AutoCAD 提示：

> 指定弧长标注位置或 [多行文字(M)/文字(T)/角度(A)/部分(P)/无引线(N)]:

如果此时确定弧长标注位置，AutoCAD 会在标注出的尺寸上自动创建引线。选择提示中的"无引线(N)"选项，可以使标注出的弧长尺寸没有引线。

说明：

可以通过"符号和箭头"选项卡中的"弧长符号"选项组来确定圆弧标注的标注样式，如图 10-9 所示。

10.3.7 折弯标注

1. 功能

为圆或圆弧创建折弯标注(参见图 10-14)。

2. 命令调用方式

命令：DIMJOGGED。功能区："默认" | ⬚按钮。工具栏："标注" | ⬚(折弯)按钮。菜单命令："标注" | "折弯"。

3. 命令执行方式

执行 DIMJOGGED 命令，AutoCAD 提示：

选择圆弧或圆:(选择要标注尺寸的圆弧或圆)
指定图示中心位置:(指定折弯半径标注的新中心点，以替代圆弧或圆的实际中心点)
指定尺寸线位置或 [多行文字(M)/文字(T)/角度(A)]:(确定尺寸线的位置，或进行其他设置)
指定折弯位置:(指定折弯位置)

10.3.8 连续标注

1. 功能

在标注出的尺寸中，相邻两条尺寸线共用同一条尺寸界线，如图 10-34 所示。

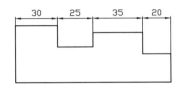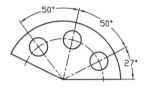

图 10-34 连续标注示例

2. 命令调用方式

命令：DIMCONTINUE。工具栏："标注" | (连续)按钮。菜单命令："标注" | "连续"。

3. 命令执行方式

执行 DIMCONTINUE 命令，AutoCAD 提示：

指定第二条尺寸界线原点或 [选择(S)/放弃(U)]<选择>:

下面介绍提示中各选项的含义及其操作方法。

1) 指定第二条尺寸界线原点

确定下一个尺寸的第二条尺寸界线的起始点。用户响应后，AutoCAD 将按连续标注方式标注出尺寸,即将上一个尺寸的第二条尺寸界线作为新尺寸标注的第一条尺寸界线标注尺寸，AutoCAD 继续提示：

指定第二条尺寸界线原点或 [选择(S)/放弃(U)]<选择>:

此时，可以再确定下一个尺寸的第二条尺寸界线的起点位置。使用该方式标注出全部尺寸后，在与上述相同的提示下按 Enter 键或 Space 键，结束命令的执行。

2) 选择(S)

设置连续标注由哪一个尺寸的尺寸界线引出。执行该选项，AutoCAD 提示：

选择连续标注:

在该提示下选择尺寸界线后，AutoCAD 将继续提示：

指定第二条尺寸界线原点或 [选择(S)/放弃(U)]<选择>:

在该提示下标注出的下一个尺寸会以指定的尺寸界线作为第一条尺寸界线。执行连续尺寸标注时，有时需要先执行"选择(S)"选项来指定引出连续尺寸的尺寸界线。

3) 放弃(U)

放弃前一次操作。

10.3.9　基线标注

1. 功能

各尺寸线从同一条尺寸界线处引出，效果如图 10-35 所示。

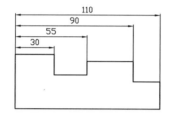
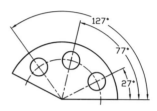

图 10-35　基线标注示例

2. 命令调用方式

命令：DIMBASELINE。工具栏："标注" | ▤(基线)按钮。菜单命令："标注" | "基线"。

3. 命令执行方式

执行 DIMBASELINE 命令，AutoCAD 提示：

指定第二条尺寸界线原点或 [选择(S)/放弃(U)]<选择>:

下面介绍提示中各选项的含义及其操作方法。

1) 指定第二条尺寸界线原点

确定下一个尺寸的第二条尺寸界线的起始点后，AutoCAD 按基线标注方式标注出尺寸，继续提示：

指定第二条尺寸界线原点或 [选择(S)/放弃(U)]<选择>:

此时，可以再确定下一个尺寸的第二条尺寸界线的起点位置。利用此方式标注出全部尺寸后，在与上述相同的提示下按 Enter 键或 Space 键，结束命令的执行。

2) 选择(S)

指定基线标注时作为基线的尺寸界线。执行该选项，AutoCAD 提示：

选择基准标注:

在该提示下选择尺寸界线后，AutoCAD 继续提示：

> 指定第二条尺寸界线原点或[选择(S)/放弃(U)]<选择>:

在该提示下标注出的各尺寸均从指定的基线引出。执行基线尺寸标注时，有时需要首先执行"选择(S)"选项来指定引出基线尺寸的尺寸界线。

3) 放弃(U)

放弃前一次操作。

10.3.10　绘制圆心标记

1. 功能

为圆或圆弧绘制圆心标记或中心线(参见图 10-11)。

2. 命令调用方式

命令：DIMCENTER。工具栏："标注" | (圆心标记)按钮。菜单命令："标注" | "圆心标记"。

3. 命令执行方式

执行 DIMCENTER 命令，AutoCAD 提示：

> 选择圆弧或圆:

在该提示下选择圆弧或圆即可。

说明：

可以执行 DIMCENTER 命令为圆和圆弧绘制圆心标记或中心线。具体方法详见本章 10.2 节中对"符号和箭头"选项卡中的"圆心标记"选项组的介绍(参见图 10-11)。

10.4　多重引线样式和多重引线标注

利用多重引线标注，可以标注(标记)注释、说明等，图 10-36 所示的是"表面发蓝处理"标记。

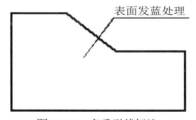

图 10-36　多重引线标注

10.4.1 多重引线样式

1．功能

定义多重引线的样式。

2．命令调用方式

命令：MLEADERSTYLE。工具栏："多重引线" | (多重引线样式)按钮。菜单命令："格式" | "多重引线样式"。

3．命令执行方式

执行 MLEADERSTYLE 命令，打开"多重引线样式管理器"对话框，如图 10-37 所示。下面介绍该对话框中各主要选项的功能。

1) "当前多重引线样式"标签

用于显示当前多重引线样式的名称。如图 10-37 所示，当前多重引线样式为 Standard，该样式为 AutoCAD 2020 提供的默认样式。

2) "样式"列表框

用于列出已有的多重引线样式的名称。

3) "列出"下拉列表框

用于设置在"样式"列表框中需要列出哪些多重引线样式。通过该下拉列表用户可以在"所有样式"和"正在使用的样式"两个选项之间进行选择。

4) "预览"图像框

用于预览在"样式"列表框中所选中的多重引线样式的标注效果。

5) "置为当前"按钮

用于将指定的多重引线样式设为当前样式。设置方法为：在"样式"列表框中选择对应的多重引线样式，单击"置为当前"按钮。

6) "新建"按钮

用于创建新的多重引线样式。单击"新建"按钮，打开"创建新多重引线样式"对话框，如图 10-38 所示。

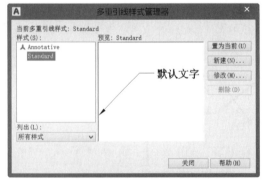

图 10-37　"多重引线样式管理器"对话框　　　图 10-38　"创建新多重引线样式"对话框

用户可以通过该对话框中的"新样式名"文本框指定新样式的名称；通过"基础样式"下拉列表选择用于创建新样式的基础样式。如果新定义的样式为注释性样式，应选中"注释性"复选框。确定新样式的名称和相关设置后，单击"继续"按钮，打开"修改多重引线样式"对话框，如图 10-39 所示。

图 10-39 "修改多重引线样式"对话框

该对话框中有"引线格式""引线结构"和"内容"3 个选项卡，后面将详细介绍各选项卡的功能。

7)"修改"按钮

用于修改已有的多重引线样式。从"样式"列表框中选择需要修改的多重引线样式后，单击"修改"按钮，打开与图 10-39 类似的"修改多重引线样式"对话框，可在其中对多重引线样式进行修改。

8)"删除"按钮

删除已有的多重引线样式。从"样式"列表框中选中要删除的多重引线样式后，单击"删除"按钮即可。

下面分别详细介绍图 10-39 所示对话框中的"引线格式""引线结构"和"内容"3 个选项卡的功能。

1)"引线格式"选项卡

用于设置引线的格式，图 10-39 所示为对应的对话框。

下面介绍该选项卡中各主要选项的功能。

● "常规"选项组

用于设置引线的外观。其中，"类型"下拉列表用于设置引线的类型，列表中有"直线""样条曲线"和"无"3 个选项，分别表示将引线设置为直线、样条曲线和无引线；"颜色""线型"和"线宽"下拉列表分别用于设置引线的颜色、线型及线宽。

● "箭头"选项组

用于设置箭头的样式与大小。可以通过"符号"下拉列表选择箭头样式,通过"大小"组合框指定箭头样式的大小。

● "引线打断"选项组

用于设置引线打断时的距离值,可以在"打断大小"组合框中进行设置,其含义与图 10-9 所示的"符号和箭头"选项卡中"折断标注"选项组的"折断大小"的含义相似。

● 预览框

用于预览对应的引线样式。

2) "引线结构"选项卡

用于设置引线的结构,图 10-40 所示为"引线结构"选项卡。

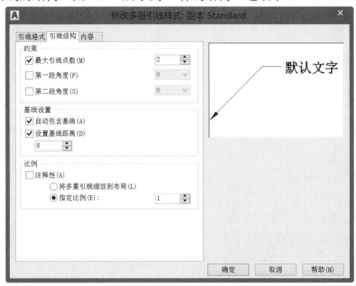

图 10-40 "引线结构"选项卡

下面介绍该选项卡中各主要选项的功能。

● "约束"选项组

用于设置多重引线的结构。其中,"最大引线点数"复选框用于确定是否需要指定引线端点的最大数量。选中该复选框,表示要指定最大引线点数,此时可通过其右侧的组合框指定值;"第一段角度"和"第二段角度"复选框分别用于确定是否设置反映引线中第一段直线和第二段直线方向的角度(如果引线为样条曲线,则分别设置第一段样条曲线和第二段样条曲线起点切线的角度)。选中这两个复选框后,用户可以在对应的文本框中指定角度。需要说明的是,指定角度后,对应线段(或曲线)的角度方向将按设置值的整数倍变化。

● "基线设置"选项组

用于设置多重引线中的基线(即在"预览"图片框中,所标注引线上的水平直线部分)。其中,"自动包含基线"复选框用于设置引线中是否包含基线。选中该复选框,表示含有基线。此时,可以通过"设置基线距离"组合框指定基线的长度。

● "比例"选项组

用于设置多重引线标注的缩放关系。"注释性"复选框用于确定多重引线样式是否为注释性样式;选中"将多重引线缩放到布局"单选按钮,表示将根据当前模型空间视口和图纸空间之间的比例确定比例因子;选中"指定比例"单选按钮,表示将为所有多重引线标注设置一个缩放比例。

3) "内容"选项卡

设置多重引线标注的内容。图 10-41 所示为"内容"选项卡。

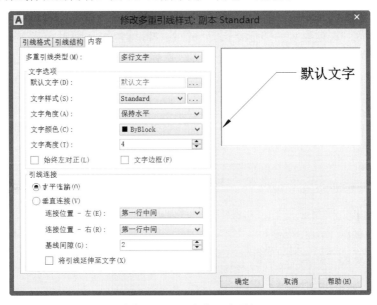

图 10-41 "内容"选项卡

下面介绍该选项卡中各主要选项的功能。

● "多重引线类型"下拉列表

用于设置多重引线标注的类型。该下拉列表中包含"多行文字""块"和"无"3 个选项,分别表示由多重引线标注出的对象为多行文字、块或无内容。

● "文字选项"选项组

如果在"多重引线类型"下拉列表中选择"多行文字"选项,将显示该选项组,用于设置多重引线标注的文字内容。其中,"默认文字"文本框用于设置多重引线标注时使用的默认文字,可以单击右侧的按钮,从弹出的文字输入框中输入;"文字样式"下拉列表用于设置所采用的文字样式;"文字角度"下拉列表用于设置文字的倾斜角度;"文字颜色"下拉列表和"文字高度"组合框分别用于设置文字的颜色和高度;"始终左对正"复选框用于设置是否使文字左对齐;"文字加框"复选框用于设置是否为文字添加边框。

● "引线连接"选项组

如果用户在"多重引线类型"下拉列表中选择了"多行文字"选项,也会显示该选项组,一般用于设置标注出的对象沿垂直方向相对于引线基线的位置。"水平连接"单选按钮用于确定引线终点位于所标注文字的左侧或右侧。"垂直连接"
单选按钮用于确定引线终点位于所标注文字的上方或下方。
如果选中"水平连接"单选按钮，则可以设置基线相对于文
字的具体位置。其中，选择"连接位置-左"选项，表示引
线位于多行文字的左侧；选择"连接位置-右"选项，表示
引线位于多行文字的右侧，与其对应的下拉列表如图 10-42
所示(两个列表的内容相同)。

图 10-42　"连接位置"下拉列表

在该下拉列表中，选择"第一行顶部"选项表示使多行文字第一行的顶部与基线对齐；
选择"第一行中间"选项表示使多行文字第一行的中间部位与基线对齐；选择"第一行底部"
选项表示使多行文字第一行的底部与基线对齐；选择"第一行加下画线"选项表示使多行文
字的第一行加下画线；选择"文字中间"选项将使整个多行文字的中间部位与基线对齐；选
择"最后一行中间"选项表示使多行文字最后一行的中间部位与基线对齐；选择"最后一行
底部"选项表示使多行文字最后一行的底部与基线对齐；选择"最后一行加下画线"选项表
示为多行文字的最后一行添加下画线；选择"所有文字加下画线"选项表示为多行文字的所
有行都添加下画线。此外，"基线间隙"组合框用于确定多行文字的相应位置与基线之间的
距离。

如果在"多重引线类型"下拉列表中选择"块"选项，则表示多重引线标注出的对象为
块，对应的界面如图 10-43 所示。

在该对话框中的"块选项"选项组中，"源块"下拉列表用于确定多重引线标注使用的
块对象，对应的下拉列表如图 10-44 所示。

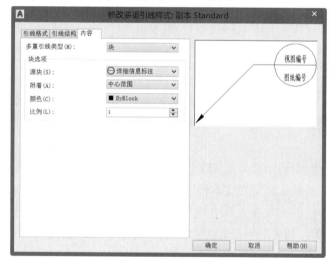

图 10-43　将多重引线类型设为块后的界面

图 10-44　"源块"下拉列表

"源块"下拉列表中位于各项前面的图标形象地说明了对应块的形状。实际上，这些块
本身具有属性，标注后还允许用户输入文字信息。列表中的"用户块"选项用于选择用户自
己定义的块。

"附着"下拉列表用于指定块与引线的关系；"颜色"下拉列表用于指定块的颜色；"比例"组合框用于设置块的插入比例。

10.4.2　多重引线标注

1. 功能

多重引线标注。

2. 命令调用方式

命令：MLEADER。功能区："默认" | ![按钮]按钮。工具栏："多重引线" | 按钮。菜单命令："标注" | "多重引线"。

3. 命令执行方式

说明：

当需要以某种多重引线样式进行标注时，首先应将该样式设为当前样式。利用"样式"工具栏或"多重引线"工具栏中的"多重引线样式控制"下拉列表框，可以方便地将某种多重引线样式设为当前样式。

执行 MLEADER 命令(设当前多重引线标注样式的标注内容为多行文字)，AutoCAD 提示：

> 指定引线箭头的位置或 [引线基线优先(L)/内容优先(C)/选项(O)] <选项>:

在该提示中，"指定引线箭头的位置"选项用于确定引线的箭头位置；"引线基线优先(L)"和"内容优先(C)"选项分别用于首先设置引线基线的位置和首先设置标注内容，用户根据需要进行选择即可；"选项(O)"选项用于多重引线标注的设置，执行该选项，AutoCAD 提示：

> 输入选项 [引线类型(L)/引线基线(A)/内容类型(C)/最大节点数(M)/第一个角度(F)/第二个角度(S)/退出选项(X)] <内容类型>:

其中，"引线类型(L)"选项用于确定引线的类型；"引线基线(A)"选项用于确定是否使用基线；"内容类型(C)"选项用于确定多重引线标注的内容(多行文字、块或无)；"最大节点数(M)"选项用于确定引线端点的最大数量；"第一个角度(F)"和"第二个角度(S)"选项用于指定前两段引线的方向角度。如果用户在此不指定角度值，则可在如图 10-40 所示的"引线结构"选项卡中指定角度值。

执行 MLEADER 命令后，如果在"指定引线箭头的位置或 [引线基线优先(L)/内容优先(C)/选项(O)] <选项>:"提示下指定一点，即指定了引线的箭头位置后，AutoCAD 提示：

> 指定下一点或 [端点(E)] <端点>:(指定点)
> 指定下一点或 [端点(E)] <端点>:

在该提示下依次指定各点，按 Enter 键，AutoCAD 会切换到文字输入模式，如图 10-45 所示，并在功能区中显示出"文字编辑器"选项卡(如果设置了最大点数，达到该点数后 AutoCAD 会自动切换到文字输入模式，并在功能区中显示出"文字编辑器"选项卡)。

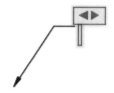

图 10-45　输入文字界面

输入对应的文字后，在任意位置单击鼠标左键，即可完成引线标注。

说明：

AutoCAD 2020 提供对齐引线、合并引线等功能。

10.5　标注尺寸公差与形位公差

利用 AutoCAD 2020，可以方便地标注尺寸公差和形位公差。

10.5.1　标注尺寸公差

AutoCAD 2020 提供了多种标注尺寸公差的方法。例如，在图 10-22 所示的"公差"选项卡中，可以通过"公差格式"选项组确定公差的标注格式，如设置尺寸公差的精度、上偏差和下偏差等。通过"公差"选项卡进行设置后再标注尺寸，即可标注出对应的尺寸公差。

实际上，标注尺寸时，可以方便地通过功能区中的"文字编辑器"选项卡输入公差，如【例 10-3】所示。

【例 10-3】已知有如图 10-46(a)所示的图形，为其标注尺寸及对应的公差，使标注结果如图 10-46(b)所示。

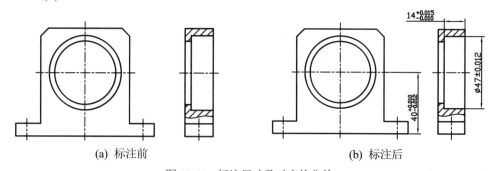

(a) 标注前　　　　　　　　　　　　　(b) 标注后

图 10-46　标注尺寸及对应的公差

1) 标注垂直尺寸 40 及公差

执行 DIMLINEAR 命令，AutoCAD 提示：

> 指定第一条尺寸界线原点或<选择对象>:(捕捉主视图中的右下角点)
> 指定第二条尺寸界线原点:(捕捉主视图中水平中心线的右端点)
> 指定尺寸线位置或
> [多行文字(M)/文字(T)/角度(A)/水平(H)/垂直(V)/旋转(R)]:M↙

在弹出的文字输入界面中输入+0.010^-0.012，如图 10-47 所示。

选中+0.010^-0.012，在功能区显示出的"文字编辑器"选项卡中，单击 ![堆叠] (堆叠)按钮，AutoCAD 将使选中的文字以公差格式显示，如图 10-48 所示。

图 10-47　输入值

图 10-48　使输入的值以公差格式显示

单击"文字格式"工具栏中的"确定"按钮，AutoCAD 切换到绘图屏幕，并提示：

> 指定尺寸线位置或
> [多行文字(M)/文字(T)/角度(A)/水平(H)/垂直(V)/旋转(R)]:

在该提示下拖动鼠标确定尺寸线的位置，之后单击，即可标注出对应的尺寸和公差。

2) 标注其他尺寸

使用类似的方法，标注水平尺寸 14 及公差和直径尺寸及公差。标注直径尺寸时，应输入新值%%c47%%p0.012，以显示直径符号(%%C)和正负公差符号(%%P)。最后得到的标注结果如图 10-46(b)所示。

10.5.2　标注形位公差

利用 AutoCAD 2020，可以方便地为图形标注形位公差。用于标注形位公差的命令为TOLERANCE，利用"标注"工具栏中的 ![公差] (公差)按钮或"标注"|"公差"命令均可启用该命令。执行 TOLERANCE 命令，打开 "形位公差"对话框，如图 10-49 所示。

下面介绍该对话框中各主要选项的功能。

1. "符号"选项组

用于确定形位公差的符号。单击其中的小黑方框，打开"特征符号"对话框，如图 10-50所示，用户可以从该对话框中选择所需的符号。单击某一符号，AutoCAD 将返回"形位公差"对话框，并在对应位置显示该符号。

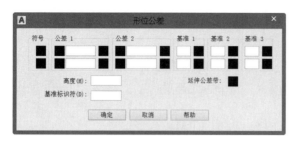

图 10-49　"形位公差"对话框

图 10-50　"特征符号"对话框

2. "公差 1"和"公差 2"选项组

用于确定公差。用户应在对应的文本框中输入公差值。此外，可以通过单击位于文本框前的小方框确定是否在该公差值前添加直径符号，如果单击位于文本框后的小方框，则可以从弹出的"包容条件"对话框中设置包容条件。

3. "基准 1""基准 2"和"基准 3"选项组

用于确定基准和对应的包容条件。

通过"形位公差"对话框确定要标注的内容后，单击"确定"按钮，AutoCAD 将切换到绘图屏幕，并提示：

> 输入公差位置:

在该提示下确定标注公差的位置即可。

说明：

执行 TOLERANCE 命令标注形位公差时，不能自动生成引出形位公差的引线，需要执行 MLEADER 命令(创建多重引线命令)添加引线。此外，AutoCAD 未提供标注基准符号的功能。用户需要单独绘制此类符号，或利用块功能创建、插入基准符号。

10.6 编 辑 尺 寸

用户可以根据需要编辑已标注出的尺寸。

10.6.1 修改尺寸文字

1. 功能

修改已有尺寸的尺寸文字。

2. 命令调用方式

命令：DDEDIT。工具栏："文字"｜■(编辑)按钮。菜单命令："修改"｜"对象"｜"文字"｜"编辑"。

3. 命令执行方式

执行 DDEDIT 命令，AutoCAD 提示：

> 选择注释对象或 [放弃(U)]:

在该提示下选择尺寸，AutoCAD 将所选择尺寸的尺寸文字设置为编辑状态，并在功能区显示"文字编辑器"选项卡。用户可以直接对其进行修改，如修改尺寸值、修改或添加公差等。

使用 DDEDIT 命令修改对应的文字后，AutoCAD 继续提示：

> 选择注释对象或 [放弃(U)]:

此时可以继续选择文字进行修改，或按 Enter 键结束命令的执行。

10.6.2　修改尺寸文字的位置

1. 功能

修改已标注尺寸的尺寸文字的位置。

2. 命令调用方式

命令：DIMTEDIT。工具栏："标注"｜■(编辑标注文字)按钮。

3. 命令执行方式

执行 DIMTEDIT 命令，AutoCAD 提示：

> 选择标注:(选择尺寸)
> 指定标注文字的新位置或 [左对齐(L)/右对齐(R)/居中(C)/默认(H)/角度(A)]:

在该提示中，"指定标注文字的新位置"选项用于确定尺寸文字的新位置，将尺寸文字拖到新位置，然后单击即可；"左对齐(L)"和"右对齐(R)"选项仅对非角度标注起作用，它们分别用于确定尺寸文字是沿尺寸线左对齐还是右对齐；选择"居中(C)"选项可将尺寸文字置于尺寸线的中间；选择"默认(H)"选项将按默认位置和方向放置尺寸文字；选择"角度(A)"选项可使尺寸文字旋转指定的角度。

说明：
利用与"标注"｜"对齐文字"命令对应的子菜单，也可以实现上述操作。

10.6.3　用 DIMEDIT 命令编辑尺寸

DIMEDIT 命令用于编辑已有的尺寸，单击"标注"工具栏中的 (编辑标注)按钮即可启用该命令。执行 DIMEDIT 命令，AutoCAD 提示：

> 输入标注编辑类型 [默认(H)/新建(N)/旋转(R)/倾斜(O)]<默认>:

在此提示中，各选项的含义及其操作方法如下。

1. 默认(H)

按默认位置和方向放置尺寸文字。执行该选项，AutoCAD 提示：

> 选择对象:

在该提示下选择各尺寸对象后，按 Enter 键结束命令的执行。

2. 新建(N)

修改尺寸文字。执行该选项，AutoCAD 会切换到文字输入模式，并在功能区中显示"文字编辑器"选项卡。用户修改或输入尺寸文字后，在屏幕空白处单击鼠标左键，AutoCAD 提示：

> 选择对象:

在该提示下选择对应的尺寸即可。

3. 旋转(R)

将尺寸文字旋转指定的角度，执行该选项，AutoCAD 提示：

> 指定标注文字的角度:(输入角度值)
> 选择对象:(选择尺寸)

4. 倾斜(O)

使非角度标注的尺寸界线旋转一定的角度。执行该选项，AutoCAD 提示：

> 选择对象:(选择尺寸)
> 选择对象:↙
> 输入倾斜角度(按 Enter 键表示无):

在该提示下输入角度值，或按 Enter 键取消倾斜操作。

10.6.4　调整标注间距

1. 功能

调整平行尺寸线之间的距离，如图 10-51 所示。

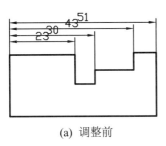
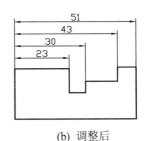

(a) 调整前　　　　　　　　　　　　(b) 调整后

图 10-51　调整标注间距示例

2. 命令调用方式

命令：DIMSPACE。工具栏："标注" | ▓(等距标注)按钮。菜单命令："标注" | "标注间距"。

3. 命令执行方式

执行 DIMSPACE 命令，AutoCAD 提示：

> 选择基准标注:(选择作为基准的尺寸)
> 选择要产生间距的标注:(依次选择要调整间距的尺寸)
> 选择要产生间距的标注:↙
> 输入值或 [自动(A)] <自动>:(如果输入距离值后按 Enter 键，AutoCAD 会调整各尺寸线的位置，使它们之间的距离值为指定的值；如果直接按 Enter 键，AutoCAD 会自动调整尺寸线的位置)

10.6.5　折弯线性

1. 功能

将折弯符号添加到图 10-52(a)所示的尺寸线中，效果如图 10-52(b)所示。

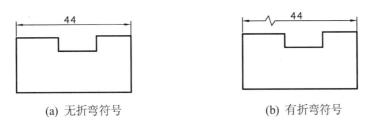

(a) 无折弯符号　　　　　　　　　　(b) 有折弯符号

图 10-52　折弯线性示例

2. 命令调用方式

命令：DIMJOGLINE。工具栏："标注" | ▓(折弯线性)按钮。菜单命令："标注" | "折弯线性"。

3. 命令执行方式

执行 DIMJOGLINE 命令，AutoCAD 提示：

选择要添加折弯的标注或 [删除(R)]:(选择要添加折弯的尺寸，选择"删除(R)"选项可以删除已有的折弯符号)

指定折弯位置 (或按 Enter 键):(通过拖动鼠标的方式确定折弯的位置)

说明:

用户可以设置折弯符号的高度(详见图 10-9 的"符号和箭头"选项卡中的"线性折弯标注"选项的说明)。

10.6.6 打断标注

1. 功能

在图 10-53(a)所示的标注或尺寸界线与其他线的重叠处打断标注或尺寸界线，效果如图 10-53(b)所示。

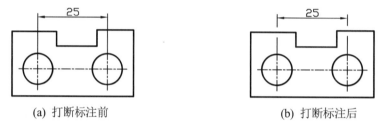

(a) 打断标注前　　　　　　　(b) 打断标注后

图 10-53　打断标注示例

2. 命令调用方式

命令：DIMBREAK。工具栏："标注" | 按钮。菜单命令："标注" | "标注打断"。

3. 命令执行方式

执行 DIMBREAK 命令，AutoCAD 提示：

选择要添加/删除打断的标注或 [多个(M)]:(选择尺寸。可通过"多个(M)"选项选择多个尺寸)

选择要打断标注的对象或 [自动(A)/手动(M)/删除(R)] <自动>:

下面介绍第二行提示中各选项的含义。

1) 选择要打断标注的对象

选择对象进行打断。

2) 自动(A)

按默认的设置尺寸进行打断。此默认尺寸通过图 10-9 所示的"符号和箭头"选项卡中的"折断标注"选项进行设置。

3) 手动(M)

以手动方式指定打断点。执行该选项，AutoCAD 提示：

指定第一个打断点:(指定第一个断点)

指定第二个打断点:(指定第二个断点)

4) 删除(R)

恢复至打断前的效果，即取消打断操作。

10.7　参数化绘图

AutoCAD 2020 提供了参数化绘图功能。利用该功能，当改变图形的尺寸参数后，图形会自动发生相应的变化。

10.7.1　几何约束

1. 功能

在对象之间建立一定的约束关系。

2. 命令调用方式

命令：GEOMCONSTRAINT。菜单命令：“参数”|“几何约束”命令。

3. 命令执行方式

执行 GEOMCONSTRAINT 命令，AutoCAD 提示：

输入约束类型

[水平(H)/竖直(V)/垂直(P)/平行(PA)/相切(T)/平滑(SM)/重合(C)/同心(CON)/共线(COL)/对称(S)/相等(E)/固定(F)]<平滑>:

此提示要求指定约束的类型并建立约束。下面介绍提示中各选项的含义及其操作方法。

1) 水平(H)

将指定的直线对象约束成与当前坐标系的 X 坐标平行(二维绘图一般是水平约束)的关系。执行该选项，AutoCAD 提示：

选择对象或 [两点(2P)] <两点>:

此时可通过执行“选择对象”选项选择直线，或通过执行“两点(2P)”选项指定直线对象的两个端点。指定直线后，该直线会与当前坐标系的 X 坐标平行。建立水平约束后，AutoCAD 会在对应直线的上方显示图标￣，表示对象的水平约束关系。

2) 竖直(V)

将指定的直线对象约束成与当前坐标系的 Y 坐标平行(二维绘图一般是竖直约束)的关系。执行该选项，AutoCAD 提示：

> 选择对象或 [两点(2P)] <两点>:

此时可通过执行"选择对象"选项选择直线，或通过执行"两点(2P)"选项指定直线对象的两个端点。指定直线后，该直线会与当前坐标系的 Y 坐标平行。建立竖直约束后，AutoCAD 会在对应直线的侧面显示图标 ，表示对象的竖直约束关系。

3) 垂直(P)

将指定的一条直线约束成与另一条直线保持垂直关系。执行该选项，AutoCAD 提示：

> 选择第一个对象:(选择直线对象)
> 选择第二个对象:(选择另一条直线对象)

建立垂直约束后，第一条直线与第二条直线垂直，并在对应的两条直线附近各显示一个图标 ，表示两个对象有垂直约束关系。当把光标置于其中的某一图标上时，有垂直约束关系的两个对象以虚线显示，且图标背景变为蓝色，以说明这两个对象有垂直约束关系。

4) 平行(PA)

将指定的一条直线约束成与另一条直线保持平行关系。执行该选项，AutoCAD 提示：

> 选择第一个对象:(选择直线对象)
> 选择第二个对象:(选择另一条直线对象)

建立平行约束后，第一条直线与第二条直线平行，并在对应的两条直线附近各显示一个图标 ，表示两个对象有平行约束关系。当把光标置于其中的某一图标上时，有平行约束关系的两个对象以虚线显示，且图标背景变为蓝色，以说明这两个对象有平行约束关系。

5) 相切(T)

将指定的一个对象与另一个对象约束成相切关系。执行该选项，AutoCAD 提示：

> 选择第一个对象:(选择一个对象)
> 选择第二个对象:(选择另一个对象)

建立相切约束后，第二个对象会调整位置，与第一个对象相切，并在切点附近显示一个图标 ，表示两个对象有相切约束关系。当把光标置于该图标上时，有相切约束关系的两个对象以虚线显示，且图标背景变为蓝色，以说明这两个对象有相切约束关系。

6) 平滑(SM)

指在共享同一端点的两条样条曲线之间建立平滑约束关系。执行该选项，AutoCAD 提示：

> 选择第一条样条曲线:(选择一条样条曲线)
> 选择第二条样条曲线:(选择另一条样条曲线)

建立平滑约束后，两条样条曲线在相连接的端点处进行平滑处理，并在两个对象附近各显示一个图标 ，表示两个对象有平滑约束关系。当把光标置于某一图标上时，有平滑约束关系的两条样条曲线以虚线显示，且图标背景变为蓝色，以说明这两个对象有平滑约束关系。

7) 重合(C)

使两个点或一个对象与一个点之间保持重合关系。执行该选项，AutoCAD 提示：

选择第一个点或 [对象(O)] <对象>:(选择一个点或通过"对象"选项选择对象)
选择第二个点或 [对象(O)] <对象>:(选择一个点或通过"对象"选项选择对象)

建立重合约束后，在"选择第二个点或 [对象(O)] <对象>:"提示下选择的点或对象会调整位置，与在"选择第一个点或 [对象(O)] <对象>:"提示下指定的点或对象保持重合。

8) 同心(CON)

使一个圆、圆弧或椭圆与另一个圆、圆弧或椭圆保持同心关系。执行该选项，AutoCAD 提示：

选择第一个对象:(选择圆、圆弧或椭圆)
选择第二个对象:(选择圆、圆弧或椭圆)

建立同心约束后，在"选择第二个对象:"提示下选择的圆、圆弧或椭圆会调整位置，与在"选择第一个对象:"提示下选择的圆、圆弧或椭圆保持同心，同时在两个对象附近各显示一个图标◎，表示两个对象为同心约束关系。当把光标置于某一个图标上时，有同心约束关系的两个对象以虚线显示，且图标背景变为蓝色，以说明这两个对象有同心约束关系。

9) 共线(COL)

使一条或多条直线段与另一条直线段保持共线关系，即位于同一条直线上。执行该选项，AutoCAD 提示：

选择第一个对象或 [多个(M)]:(选择一条直线段)
选择第二个对象:(选择另一条直线段)

建立共线约束后，在"选择第二个对象:"提示下选择的直线段会调整位置，与选择的第一条直线段保持共线，同时在两个对象附近各显示一个图标，表示两个对象为共线约束关系。当把光标置于某一图标上时，有共线约束关系的两个对象以虚线显示，且图标背景变为蓝色，以说明这两个对象有共线约束关系。

在"选择第一个对象或 [多个(M)]:"提示中执行"多个(M)"选项，可以使多条直线段与第一条直线段有共线约束关系。

10) 对称(S)

约束直线段或圆弧上的两个点，使其以选定直线为对称轴彼此对称。执行该选项，AutoCAD 提示：

选择第一个点或 [对象(O)] <对象>:(选择对象上的一个端点)
选择第二个点:(选择对象上的另一个端点)
选择对称直线:(选择对称轴)

建立对称约束后，在"选择第二个点:"提示下选择的对象端点将调整位置，使对象上所选择的两个点对称于选定的对称轴，同时在两个对象附近各显示一个图标，表示两个对象有对称约束关系。当把光标置于某一个图标上时，有对称约束关系的两个对象以虚线显示，且图标背景变为蓝色，以说明这两个对象有对称约束关系。

11) 相等(E)

使选择的圆弧或圆有相同的半径，或使选择的直线段有相同的长度。执行该选项，AutoCAD 提示：

> 选择第一个对象或 [多个(M)]:(选择第一个对象)
> 选择第二个对象:(选择第二个对象)

建立相等约束后，如果在两个提示下选择的对象均为直线段，则在"选择第二个对象:"提示下选择的直线段会调整长度，使其与第一条直线段保持相同的长度。如果在两个提示下选择的对象为圆或圆弧，则在"选择第二个对象:"提示下选择的圆或圆弧会调整其半径，使其与第一个圆或圆弧保持相同的半径。此外，还会在有相等约束关系的对象附近各显示一个图标 = ，表示两个对象为相等约束关系。当把光标置于某一图标上时，有对称约束关系的两个对象以虚线显示，且图标背景变为蓝色，以说明这两个对象有相等约束关系。

如果在"选择第一个对象或[多个(M)]:"提示中执行"多个(M)"选项，可以使后面选择的多个对象与第一个对象有相等约束关系。

12) 固定(F)

约束一个点或曲线，使其相当于坐标系固定在特定的位置和方向。执行该选项，AutoCAD 提示：

> 选择点或 [对象(O)] <对象>:(选择点或执行"对象(O)"选项选择对象)

说明：

当在对象之间建立约束关系并调整某一对象的位置后，有约束关系的其他对象也会随之调整位置，以保持它们之间的约束关系。用户可以取消已建立的几何约束，操作方法为：在约束图标上右击，从弹出的快捷菜单中选择"删除"命令。

图 10-54 和图 10-55 所示分别为几何约束工具栏和几何约束菜单，单击其中对应的按钮或执行相应的菜单命令可以直接建立对应的约束关系。

图 10-54　几何约束工具栏	图 10-55　几何约束菜单

10.7.2 标注约束

1. 功能

通过标注来约束同一对象上的两个点或不同对象上的两个点之间的距离。

2. 命令调用方式

命令：DIMCONSTRAINT。菜单命令："参数"|"标注约束"。

3. 命令执行方式

执行 DIMCONSTRAINT 命令，AutoCAD 提示：

> 输入标注约束选项 [线性(L)/水平(H)/竖直(V)/对齐(A)/角度(AN)/半径(R)/直径(D)/形式(F)/转换(C)]
> <对齐>：

在此提示下如果已存在选择关联标注，AutoCAD 会将其转换为约束标注。

建立标注约束后，AutoCAD 会将尺寸显示为如图 10-56 所示的形式(图中有一个锁状图标)。该图中，水平尺寸已成为约束标注，即对象沿水平方向的尺寸被约束为 110。如果双击 d1=110，该尺寸会切换到编辑状态，如图 10-57 所示。此时如果输入新尺寸值，图形对象会自动进行调整，以满足新约束尺寸的要求。

图 10-56 约束标注

图 10-57 编辑尺寸值

"线性(L)/水平(H)/竖直(V)/对齐(A)/角度(AN)/半径(R)/直径(D)"提示中的各选项用于对相应的尺寸建立约束；"形式(F)"选项用于确定是建立注释性约束还是动态约束；"转换(C)"选项用于将关联标注转换为约束标注。

图 10-58 和图 10-59 所示分别为标注约束工具栏和标注约束菜单，单击对应的按钮或执行相应的菜单命令可以直接进行对应的标注约束操作。

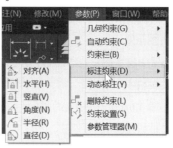

图 10-58 标注约束工具栏

图 10-59 标注约束菜单

说明：

可以取消标注约束，操作方法为：选择"参数"|"删除约束"命令，在"选择对象:"提示下选择对应的约束标注尺寸即可。

10.8 应用实例

练习 1 绘制如图 10-60 所示的图形，并使用在例 10-1 中定义的标注样式"尺寸 35"标注各尺寸。

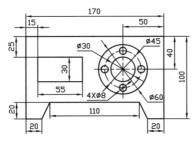

图 10-60　练习图

1) 定义图层

执行 LAYER 命令，根据表 10-1 所示的要求定义图层(定义过程略。绘制工程图时，一般应先建立对应的图层)。

表 10-1　图层设置要求

图　层　名	线　　型	颜　色
粗实线	Continuous	白色
中心线	Center	红色
虚线	Dashed	黄色
细实线	Continuous	红色
尺寸	Continuous	蓝色
剖面线	Continuous	红色
文字	Continuous	绿色

2) 绘制图形

在各对应图层绘制如图 10-60 所示的图形(过程略)。

3) 定义标注样式

根据例 10-1 定义标注样式"尺寸 35"(过程略)，然后将该样式设置为当前样式。

4) 定义标注直径的子样式

为了标注出如图 10-60 所示的直径尺寸样式，需要在标注样式"尺寸 35"的基础上定义标注直径尺寸的子样式。

执行 DIMSTYLE 命令，打开"标注样式管理器"对话框；单击"新建"按钮，打开"创建新标注样式"对话框。在"基础样式"下拉列表中选择"尺寸 35"选项；在"用于"下拉列表中选择"直径标注"选项，如图 10-61 所示。

图 10-61　"创建新标注样式"对话框

单击"继续"按钮，打开"新建标注样式"对话框。在"文字"选项卡中，选中"文字对齐"选项组中的"水平"单选按钮(参见图 10-16)，其余设置保持不变。

单击"确定"按钮，完成直径子标注样式的设置，返回"标注样式管理器"对话框，单击"关闭"按钮，关闭该对话框。

5) 标注尺寸

在"尺寸"图层标注尺寸：执行 DIMLINEAR 命令，依次标注各水平尺寸和对应的直径尺寸；执行 DIMDIAMETER 命令，标注其余直径尺寸，完成图形的绘制。

最后，将图形保存到磁盘(建议文件名为"10-练习 1.dwg")。

练习 2　绘制如图 10-62 所示的图形，并使用在例 10-1 中定义的标注样式"尺寸 35"标注尺寸、尺寸公差和形位公差。

1) 定义图层

根据表 10-1 定义图层(过程略)。

2) 绘制图形

根据图 10-62 在各对应图层绘图(包括填充剖面线和绘制基准符号，过程略)

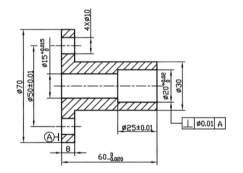

图 10-62　练习图

3) 标注尺寸和公差

将"尺寸"图层设置为当前图层，执行 DIMLINEAR 命令，依次标注各尺寸及公差。

4) 标注形位公差

执行 TOLERANCE 命令，标注垂直度；执行 MLEADER 命令，绘制引线。

将图形保存到磁盘(建议文件名为"10-练习 2.dwg")。

10.9　本 章 小 结

本章介绍了 AutoCAD 2020 的尺寸标注与参数化绘图功能。与标注文字类似，如果 AutoCAD 提供的尺寸标注样式不能满足用户的标注要求，在标注尺寸前，首先应设置标注样式。当需要以某一样式标注尺寸时，首先应将该样式设置为当前样式。AutoCAD 将尺寸标注分为线性标注、对齐标注、直径标注、半径标注、连续标注、基线标注和引线标注等多种类型。在标注尺寸时，首先应确定要标注尺寸的类型，然后执行相应的命令，根据提示进行操作。利用 AutoCAD 2020 还可以方便地为图形标注尺寸公差和形位公差，编辑已标注的尺寸与公差。利用参数化功能，可以为图形对象建立几何约束和标注约束，实现参数化绘图，即当改变图形的尺寸参数后，图形会自动发生相应的变化。

10.10 习 题

1. 判断题

(1) 在同一个图形中，可以根据需要定义不同的尺寸标注样式。(   )

(2) 利用对齐标注功能，可以标注直线的长度尺寸。(   )

(3) 连续标注、基线标注适用于线性尺寸、对齐尺寸及角度尺寸的标注。(   )

(4) AutoCAD 2020 的绘制圆心标记功能只能用于为圆或圆弧绘制圆心标记或中心线，并不能标注尺寸。(   )

(5) 使用 DIMDIAMETER 命令标注圆或圆弧的直径尺寸时，如果以 AutoCAD 的测量值作为尺寸值，则 AutoCAD 会自动在直径值前添加直径符号 ϕ。(   )

(6) 如果标注的尺寸没有公差，用户可以利用 AutoCAD 提供的 DDEDIT 等命令修改尺寸，为其添加公差。(   )

(7) 使用 AutoCAD 标注尺寸后，可以更改尺寸文字的位置。(   )

(8) 使用 AutoCAD 可以标注各种形位公差，但不能直接绘制出作为基准的符号。(   )

2. 上机习题

(1) 定义尺寸标注样式，要求如下。

尺寸标注样式名为"尺寸 5"，尺寸文字样式采用本书 9.6 节练习 1 中创建的文字样式"文字 5"(即尺寸文字高度为 5。如果没有该文字样式，读者应先定义该文字样式)，其余要求如下。

在"线"和"符号和箭头"选项卡中，分别将"基线间距"设为 7.5；"超出尺寸线"设为 3；"起点偏移量"设为 0；"箭头大小"和"圆心标记"选项组中的"大小"均设为 5；其余设置与例 10-1 中定义的"尺寸 35"样式相同。

在"文字"选项卡中，将"文字样式"设为"文字 5"；"文字高度"设为 5；"从尺寸线偏移"设为 1.5；其余设置与例 10-1 中定义的"尺寸 35"样式相同。

其余选项卡的设置与例 10-1 中定义的"尺寸 35"样式相同。同样，创建"尺寸 5"样式后，还需要为其创建"角度"子样式，以标注符合国标要求的角度尺寸。

最后，将定义有对应尺寸标注样式的图形保存到磁盘中(建议文件名为"10-练习 3.dwg")。

(2) 绘制如图 10-63 所示的各个图形，并使用例 10-1 中定义的标注样式"尺寸 35"标注尺寸(未注尺寸由读者确定)。

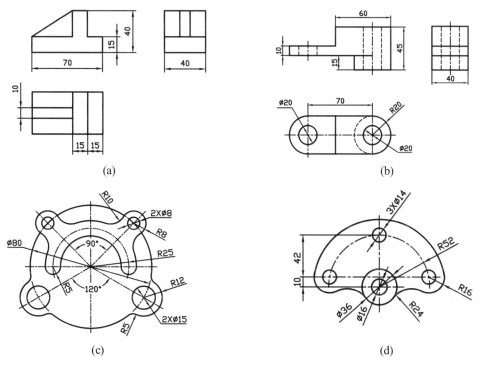

图 10-63 上机绘图练习 1

(3) 绘制如图 10-64 所示的轴，并使用例 10-1 中定义的标注样式"尺寸 35"标注尺寸、尺寸公差和形位公差等(图中给出了主要尺寸，其余尺寸由读者确定)。

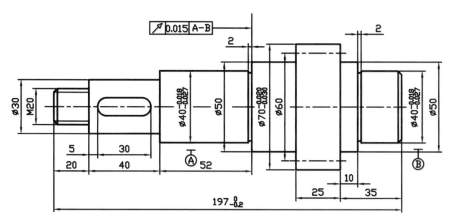

图 10-64 上机绘图练习 2

(4) 绘制如图 10-65 所示的图形，并标注尺寸和公差，然后修改标注尺寸和公差，修改结果如图 10-66 所示。

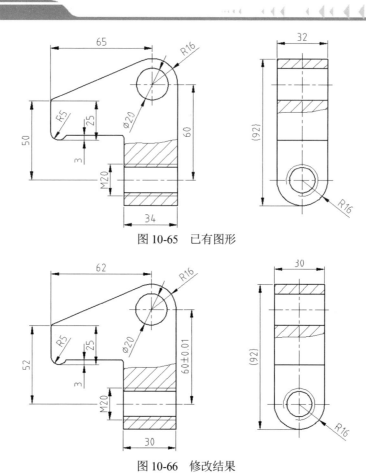

图 10-65　已有图形

图 10-66　修改结果

第11章

块 与 属 性

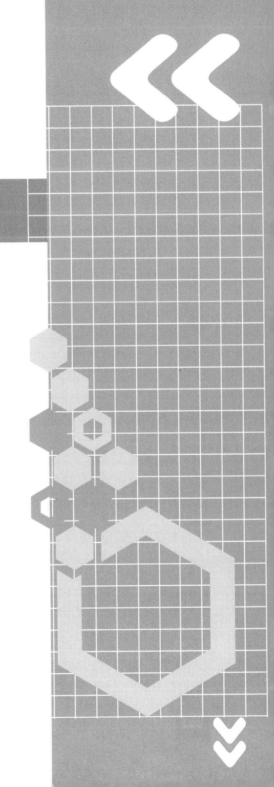

本章要点

使用 AutoCAD 2020 绘图时，可以将需要重复绘制的图形定义成块，当需要绘制这些图形时，直接将块插入即可。此外，还可以为块定义属性，即定义从属于块的文字信息。本章主要介绍 AutoCAD 2020 的块与属性功能。通过本章的学习，读者应掌握以下内容：

- 定义块
- 在图形中插入块
- 编辑块
- 属性

11.1 块及其定义

11.1.1 块的基本概念

块是图形对象的集合,通常用于绘制复杂、重复的图形。如果将一组对象组合成块,就可以根据绘图需要将其插入图中的指定位置,而且在插入时可以指定不同的插入比例和旋转角度。使用 AutoCAD 2020 标注的尺寸及用 HATCH 命令填充的图案均属于块对象。一般来说,块具有以下几个特点。

1. 提高绘图效率

使用 AutoCAD 2020 绘图时,经常需要重复绘制相同的图形。如果将这些图形分别定义成块,在需要绘制它们时利用插入块的方法即可实现,即将绘图变为拼图,这样既能避免大量的重复性工作,又能提高绘图效率。

2. 节省存储空间

AutoCAD 2020 可以自动保存图形中每个对象的相关信息,如对象的类型、位置、图层、线型和颜色等。如果一幅图中存在大量相同的图形,就会占用较大的磁盘空间,但如果把这些图形事先定义成块,当需要绘制它们时,直接将块插入图中的相应位置,就可以节省大量存储空间。虽然在块的定义中包含了图形对象的全部信息,但在系统中只需要定义一次。对于块的每一次插入,AutoCAD 只需要记住块对象的相关信息(如块名、插入点坐标和插入比例等)即可。对于复杂且需要多次绘制的图形,块的这一优势尤为突出。

3. 定义属性

很多块还要求附带文字信息,以便进一步解释说明。AutoCAD 2020 允许为块定义文字属性,还可以在插入的块中设置是否显示这些属性,并能够从图形中提取属性,将其保存到单独的文件中。

11.1.2 定义块

1. 功能

将选定的对象定义成块。

2. 命令调用方式

命令:BLOCK。功能区:"默认"|"块"|■按钮。工具栏:"绘图"|■(创建块)按钮。菜单命令:"绘图"|"块"|"创建"。

3. 命令执行方式

执行 BLOCK 命令，打开"块定义"对话框，如图 11-1 所示。

图 11-1　"块定义"对话框

下面介绍该对话框中各主要选项的功能。

1)"名称"文本框

用于指定块的名称，直接在文本框中输入即可。

2)"基点"选项组

用于确定块的插入基点位置。可以直接在 X、Y 和 Z 文本框中输入对应的坐标值；也可以单击"拾取点"按钮🔲，切换到绘图屏幕指定基点；或选中"在屏幕上指定"复选框，当关闭"块定义"对话框后，再根据提示在屏幕上指定基点。

3)"对象"选项组

用于确定组成块的对象。

● "在屏幕上指定"复选框

若选中此复选框，通过对话框完成其他设置后，在单击"确定"按钮关闭对话框时，AutoCAD 会提示用户选择组成块的对象。

● "选择对象"按钮✛

选择组成块的对象。单击该按钮，AutoCAD 会临时切换到绘图屏幕，并提示：

选择对象：

在此提示下选择组成块的各对象，然后按 Enter 键，AutoCAD 会返回如图 11-1 所示的"块定义"对话框，同时会在"名称"文本框的右侧显示由所选对象构成的块的预览图标，并在"对象"选项组中的最后一行显示"已选择 n 个对象"。

● "快速选择"按钮🔖

用于快速选择满足指定条件的对象。单击此按钮，AutoCAD 将打开"快速选择"对话框，可以通过此对话框指定选择对象时的过滤条件，以快速筛选满足条件的对象。

- "保留""转换为块"和"删除"单选按钮

将指定的图形定义成块后,确定如何处理这些图形。选中"保留"单选按钮,表示保留这些图形;选中"转换为块"单选按钮,表示将对应的图形转换成块;选中"删除"单选按钮,表示完成定义块后删除对应的图形。

4)"方式"选项组

指定块的其他设置。

- "注释性"复选框

指定块是否为注释性对象。

- "按统一比例缩放"复选框

指定插入块时是按统一的比例缩放,还是沿各坐标轴方向采用不同的缩放比例。

- "允许分解"复选框

指定插入块后是否可以将其分解,即分解成组成块的各基本对象。

说明:

如果选中"允许分解"复选框,对于插入的所定义的块,可以执行 EXPLODE 命令(菜单:"修改"|"分解"命令)分解块。

5)"设置"选项组

指定块的插入单位和超链接。

- "块单位"下拉列表框

指定插入块时的插入单位,通过对应的下拉列表进行选择即可。

- "超链接"按钮

通过"插入超链接"对话框使超链接与块定义相关联。

6)"说明"文本框

指定块的文字说明部分。

7)"在块编辑器中打开"复选框

用于确定单击"确定"按钮创建块后,是否立即在块编辑器中打开当前的块定义。如果打开了块定义,可对块定义进行编辑(11.3 节将详细介绍利用块编辑器修改块定义的方法)。

通过"块定义"对话框完成各项设置后,单击"确定"按钮,即可创建对应的块。

说明:

如果在"块定义"对话框中选中"在屏幕上指定"复选框,然后单击"确定"按钮,AutoCAD 将给出对应的提示,用户根据需要进行响应即可。

11.1.3 定义外部块

使用 BLOCK 命令定义的块为内部块,其从属于定义块时所在的图形。AutoCAD 2020 还提供了定义外部块的功能,即将块以单独的文件进行保存。用于定义外部块的命令为 WBLOCK,执行该命令,AutoCAD 将打开"写块"对话框,如图 11-2 所示。

图 11-2　"写块"对话框

下面介绍该对话框中各主要选项的功能。

1. "源"选项组

用于选择组成块的对象来源。其中，选中"块"单选按钮，表示将使用 BLOCK 命令创建的块写入磁盘；选中"整个图形"单选按钮，表示将全部图形写入磁盘；选中"对象"单选按钮，表示将指定的对象写入磁盘。

2. "基点"和"对象"选项组

"基点"选项组用于确定块的插入基点位置；"对象"选项组用于确定组成块的对象。只有在"源"选项组中选中"对象"单选按钮后，"基点"和"对象"选项组才有效。

3. "目标"选项组

用于确定块的名称和保存位置。可以直接在"文件名和路径"文本框中输入文件名(包括路径)，也可以单击相应的按钮，从打开的"浏览图形文件"对话框中指定文件名与保存位置。

实际上，使用 WBLOCK 命令将块写入磁盘后，该块将以 DWG 格式保存，即以 AutoCAD 图形文件格式保存。

11.2 插 入 块

1. 功能

为当前图形插入块或图形。

2. 命令调用方式

命令：INSERT。功能区："默认"|"块"|■按钮。工具栏："绘图"|■(插入块)按钮。菜单命令："插入"|"块"。

3. 命令执行方式

执行 INSERT 命令，AutoCAD 将打开"插入"对话框，如图 11-3 所示。

下面介绍该对话框中各主要选项的功能。

1) "当前图形""最近使用""其他图形"选项卡

用于确定要插入块所在的位置，可以通过对应的选项卡进行确定。图 11-3 中在"最近使用"选项卡中显示的两个块是笔者创建的块。

2) "插入选项"列表

用于确定块的插入方式。其中"插入点"用于确定块在图形中插入的位置，"比例"用于确定块的插入比例，"旋转"用于确定插入块时块的旋转角度，

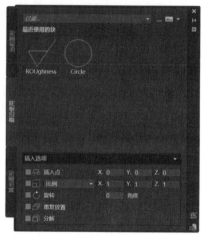

图 11-3 "插入"对话框

"重复放置"表示是否要插入多个同样的块，"分解"表示插入块后是否将块分解为组成块的各个基本对象。对于"插入点""比例""旋转"3 个选择项，如果选中左侧对应的复选框，表示将在绘图屏幕上确定对应的参数。

4. 设置插入基点

在 11.1.3 节中介绍过，使用 WBLOCK 命令创建的外部块以 AutoCAD 图形文件格式(即 DWG 格式)保存。实际上，用户可以使用 INSERT 命令将任意一个 AutoCAD 图形文件插入当前图形。但将某个图形文件以块的形式插入时，AutoCAD 默认将图形的坐标原点作为块上的插入基点，这不便于绘图。因此，AutoCAD 允许用户为图形重新指定插入基点。用于设置图形插入基点的命令为 BASE，利用"绘图" | "块" | "基点"命令即可启用该命令。

首先，打开要设置基点的图形。执行 BASE 命令，AutoCAD 提示：

输入基点：

在此提示下指定一点，即可为图形指定新基点。

11.3 编　辑　块

1. 功能

在块编辑器中打开块定义，以对其进行修改。

2. 命令调用方式

命令：BEDIT。功能区："默认" | "块" | ![按钮]按钮。工具栏："标准" |

按钮。菜单命令："工具"|"块编辑器"。

3. 命令执行方式

执行 BEDIT 命令，打开"编辑块定义"对话框，如图 11-4 所示。

从该对话框左侧的列表中选择要编辑的块(如此处选择的是 ROUghness。该列表中会列出当前图形中所有的块)，然后单击"确定"按钮，AutoCAD 进入块编辑模式，如图 11-5 所示。

图 11-4　"编辑块定义"对话框

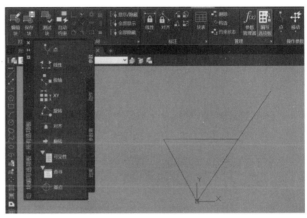

图 11-5　动态编辑块

此时，AutoCAD 会显示要编辑的块，并在功能区中显示"块编辑器"选项卡，用户可以直接对其进行编辑。完成编辑后，单击"块编辑器"选项卡中的"关闭块编辑器"按钮，AutoCAD

将打开如图 11-6 所示的提示信息窗口(如果对块进行修改的话)，选择"将更改保存到 ROUghness(S)"选项(本例的块名)，AutoCAD 将关闭块编辑器，并确认对块定义的修改。一旦利用块编辑器对块进行了修改，当前图形中插入的相应块均会自动进行相应的更改。

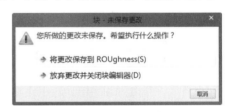

图 11-6　提示信息

11.4　属　性

属性是从属于块的文字信息，是块的组成部分。本节将介绍为块定义属性、使用有属性的块及编辑属性的操作方法。

11.4.1　定义属性

1. 功能

创建属性定义。

2. 命令调用方式

命令：ATTDEF。功能区："默认" | "块" | 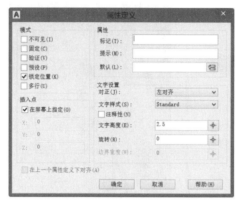按钮。菜单命令："绘图" | "块" | "定义属性"。

3. 命令执行方式

执行 ATTDEF 命令，打开"属性定义"对话框，如图 11-7 所示。

图 11-7 "属性定义"对话框

下面介绍该对话框中各主要选项的功能。

1) "模式"选项组

设置属性的模式。

- "不可见"复选框

设置插入块后是否显示属性值。选中该复选框，表示属性不可见，即属性值不在块中显示。

- "固定"复选框

设置属性是否为固定值。选中该复选框，表示属性为固定值(此值应通过"属性"选项组中的"默认"文本框设定)。如果将属性设为非固定值，则插入块时可以输入其他值。

- "验证"复选框

设置插入块时是否校验属性值。如果选中该复选框，在插入块且用户根据提示输入属性值后，AutoCAD 将再次提示校验所输入的属性值是否正确。

- "预设"复选框

确定当插入有预设属性值的块时，是否将该属性值设置为默认值。

- "锁定位置"复选框

确定是否锁定属性在块中的位置。如果未锁定位置，插入块后，可利用夹点功能改变属性的位置。

- "多行"复选框

指定属性值是否包含多行文字。如果选中该复选框，可以通过"文字设置"选项组中的"边界宽度"文本框指定边界宽度。

2) "属性"选项组

在该选项组中，"标记"文本框用于确定属性的标记(用户必须指定标记)；"提示"文本框用于确定插入块时，显示 AutoCAD 提示用户输入属性值的信息；"默认"文本框用于设置属性的默认值。用户在各个相应文本框中输入具体内容即可。

3) "插入点"选项组

确定属性值的插入点，即属性文字排列的参考点。指定插入点后，AutoCAD 将以该点为参考点，按照在"文字设置"选项组的"对正"下拉列表框中确定的文字对齐方式放置属性值。可以直接在 X、Y 和 Z 文本框中输入插入点的坐标，也可以选中"在屏幕上指定"复选框，当关闭"属性定义"对话框后，通过绘图窗口指定插入点。

4) "文字设置"选项组

确定属性文字的格式，其中主要选项的含义如下。

• "对正"下拉列表框

确定属性文字相对于在"插入点"选项组中确定的插入点的排列方式。用户可以通过下拉列表在"左对齐""对齐""布满""居中""中间""右对齐""左上""中上""右上""左中""正中""右中""左下""中下"和"右下"等选项中进行选择。

• "文字样式"下拉列表框

确定属性文字的样式，用户从相应的下拉列表中进行选择即可。

• "文字高度"文本框

指定属性文字的高度，用户可以直接在对应的文本框中输入高度值，或单击对应的按钮，在绘图屏幕上指定高度值。

• "旋转"文本框

指定属性文字行的旋转角度，用户可以直接在对应的文本框中输入角度值，或单击对应的按钮，在绘图屏幕上指定角度值。

• "边界宽度"文本框

当属性值采用多行文字时，指定多行文字属性的最大长度。用户可以直接在对应的文本框中输入宽度值，或单击对应的按钮，在绘图屏幕上指定宽度值。宽度值为 0 表示没有限制。

5) "在上一个属性定义下对齐"复选框

当定义多个属性时，选中该复选框，表示当前属性将采用上一个属性的文字样式、字高及旋转角度，并另起一行按照上一个属性的对正方式进行排列。选中该复选框后，"插入点"与"文字设置"选项组均以灰色显示，变为不可用状态。

确定"属性定义"对话框中的各项设置后，单击"确定"按钮，AutoCAD 将完成属性定义，并在图形中按指定的文字样式及对齐方式显示属性标记。用户可以用上述方法为块定义多个属性。

完成属性的定义后，即可创建块。需要说明的是，创建块并选择作为块的对象时，不仅要选择被用作块的各个图形对象，还应该选择全部属性标记。

【例 11-1】定义粗糙度符号块。

本例将定义含有粗糙度属性的粗糙度符号块，操作步骤如下。

1) 绘制粗糙度符号

绘制如图 11-8 所示的粗糙度符号(过程略。图中的黑点用于确定属性的位置,读者不必绘制该点)。

2) 定义属性

执行 ATTDEF 命令,打开"属性定义"对话框,在该对话框中进行相应的属性设置,如图 11-9 所示。

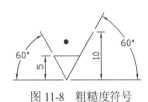

图 11-8 粗糙度符号

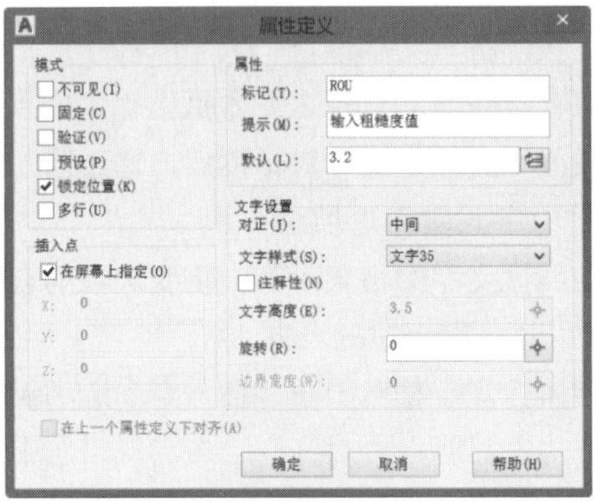

图 11-9 设置属性

从该对话框中可以看出,已将属性标记设为 ROU;将属性提示设为"输入粗糙度值";将粗糙度的默认值设为 3.2;选中"在屏幕上指定"复选框,将在绘图屏幕上确定块属性的插入点;在"文字设置"选项组中的"文字样式"下拉列表框中,将文字样式设置为已定义的"文字 35"(详见第 9 章的例 9-2);在"对正"下拉列表框中,将文字的对正方式设置为"中间"选项。

单击"确定"按钮,AutoCAD 提示如下:

指定起点:

在此提示下确定属性在块中的插入点位置,也就是图 11-8 所示标记有小黑点的位置,即可完成标记为 ROU 的属性定义,且 AutoCAD 将该标记按指定的文字样式和对正方式显示在相应位置,如图 11-10 所示。

3) 定义块

执行 BLOCK 命令,打开"块定义"对话框,在该对话框中进行相应的设置,如图 11-11 所示。

从图 11-11 中可以看出,块名设为 ROUGHNESS;通过"拾取点"按钮将图 11-10 中两条斜线在下方的交点选择为块基点;选中"转换为块"单选按钮;通过单击"选择对象"按钮选择图 11-10 中表示粗糙度符号的 3 条线以及块标记 ROU 作为创建块的对象(切记要选择块标记 ROU,因此提示"已选择 4 个对象");在"说明"文本框中输入 "粗糙度"。单击"确定"按钮,完成块的定义。最后,保存块所在的图形(建议以文件名"例 11-1.DWG"进行保存)。

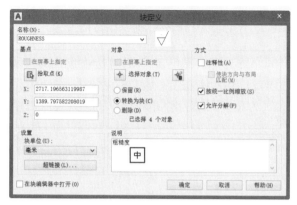

图 11-10 定义有属性的粗糙度符号   图 11-11 "块定义"对话框

11.4.2 修改属性定义

定义块属性后，可以修改属性定义中的属性标记、提示及默认值。实现该功能的命令为DDEDIT，选择"修改"|"对象"|"文字"|"编辑"命令即可执行该命令。执行 DDEDIT命令，AutoCAD 提示：

> 选择注释对象或 [放弃(U)/模式(M)]:

在该提示下选择属性定义标记后，会打开"编辑属性定义"对话框，如图 11-12 所示。用户可以通过该对话框设置属性定义的属性标记、提示和默认值等。

如果执行"模式(M)"选项，AutoCAD 提示：

图 11-12 "编辑属性定义"对话框

> 输入文本编辑模式选项 [单个(S)/多个(M)] <Multiple>:

即此时有两种文本编辑模式：单个和多个。单个模式是指修改选定的文字对象一次，然后结束命令；多个模式则允许在命令持续时间内编辑多个文字对象。

11.4.3 属性显示控制

插入含有属性的块后，可以设置各属性值的可见性。实现此功能的命令为 ATTDISP，选择"视图"|"显示"|"属性显示"中的相应子菜单即可实现该操作。执行 ATTDISP 命令，AutoCAD 提示：

> 输入属性的可见性设置 [普通(N)/开(ON)/关(OFF)]<普通>:

其中，选择"普通(N)"选项表示将按定义属性时规定的可见性模式显示各属性值；选择"开(ON)"选项将会显示所有属性值，与定义属性时规定的属性可见性无关；选择"关(OFF)"选项则不显示所有属性值，与定义属性时规定的属性可见性无关。

11.4.4 利用对话框编辑属性

AutoCAD 2020 提供了利用对话框编辑块中属性值的功能。执行该功能的命令为 EATTEDIT，单击"修改Ⅱ"工具栏中的 ♡ (编辑属性)按钮和执行菜单命令"修改"|"对象"|"属性"|"单个"均可执行该命令。执行 EATTEDIT 命令，AutoCAD 提示：

选择块：

在此提示下选择块，会打开"增强属性编辑器"对话框，如图 11-13 所示(在绘图窗口双击有属性的块，也可以打开该对话框)。

在该对话框中有"属性""文字选项"和"特性"3 个选项卡和其他一些选项。下面详细介绍它们的功能。

1) "属性"选项卡

在该选项卡中，AutoCAD 在列表框中显示块中每个属性的标记、提示和属性值。若在列表框中选择某一属性，AutoCAD 将在"值"文本框中显示相应的属性值，并允许通过该文本框修改属性值。

2) "文字选项"选项卡

用于修改属性文字的格式，相应的对话框如图 11-14 所示。

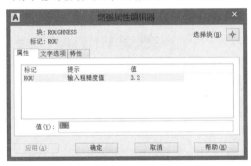

图 11-13 "增强属性编辑器"对话框

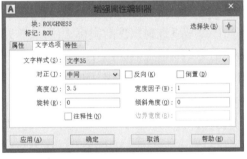

图 11-14 "文字选项"选项卡

用户可以通过该对话框修改文字的样式、对正方式、文字高度、文字行的倾斜角度、文字是否反向显示、上下颠倒显示、文字的宽度比例及文字的倾斜角度等属性。上述各项的含义与"文字样式"对话框中(见本书的 9.1 节)各同名项的含义相同，此处不再赘述。

3) "特性"选项卡

用于修改属性文字的图层、线宽、线型、颜色和打印样式等，相应的对话框如图 11-15 所示。用户可通过该对话框中的下拉列表框或文本框进行相应的设置或修改。

"增强属性编辑器"对话框中除上述 3 个选项卡外，还有"选择块"和"应用"等按钮。"选择块"按钮用于选择要编辑的块对象；"应用"按钮用于确认对块已做的修改。

图 11-15 "特性"选项卡

11.5 应 用 实 例

练习 1 使用 WBLOCK 命令将图 8-18(a)所示的轴承定义成块,其中图形文件名为 BEARING,块的插入基点为水平中心线与轴承左垂直线的交点。

操作步骤:打开(或绘制)相应的轴承图形,执行 WBLOCK 命令,在打开的"写块"对话框中(参见图 11-2),选中"对象"单选按钮,单击"拾取点"按钮拾取轴承水平中心线与左垂直线的交点作为块的插入基点,单击"选择对象"按钮,选择轴承为块对象,并通过"目标"选项组设置图形的保存位置和文件名(BEARING.DWG)。最后,单击 "确定"按钮,完成块的定义。

练习 2 已知有图 11-16 所示的轴承图形,将在练习 1 中定义的轴承块插入其中轴承的右端,使结果如图 11-17 所示。

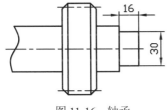

图 11-16 轴承

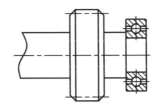

图 11-17 插入轴承块

操作步骤:执行 INSERT 命令,在打开的"插入"对话框中单击"浏览"按钮,选择图形 BEARING.DWG,然后选中"插入点"选项组中的"在屏幕上指定"复选框,将各方向的缩放比例设为 1,将旋转角度设为 0。单击对话框中的"确定"按钮,AutoCAD 提示:

指定块的插入点:

在此提示信息下捕捉轴承中心线与右侧第二条垂直线的交点,完成块的插入,结果如图 11-18 所示。

执行 EXPLODE 命令分解块,最后执行 BREAK 命令打断轴承的垂直中心线,即可得到如图 11-17 所示的结果。

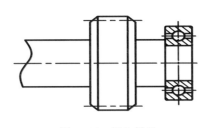

图 11-18 插入轴承

11.6 本 章 小 结

本章主要介绍了 AutoCAD 2020 的块与属性功能。块是图形对象的集合,通常用于绘制复杂、重复的图形。将一组对象定义成块后,就可以根据绘图需要将其插入图中的任意指定位置,将绘图过程变为类似于拼图的操作,从而提高绘图效率。属性是从属于块的文字信息,是块的重要组成部分。用户可以为块定义多个属性,并且可以轻松设置这些属性的可见性。

11.7 习 题

1. 判断题

(1) 插入使用 BLOCK 命令创建的块后，该块属于一个对象，但总可以使用 EXPLODE 命令将其分解。(　　)

(2) 使用 EXPLODE 命令分解块后，可以再使用 BLOCK(或 WBLOCK)命令将分解后的图形创建成块。(　　)

(3) 在 AutoCAD 中，使用 BHATCH 命令填充的图案及用尺寸标注命令标注的各尺寸均属于块对象，可以使用 EXPLODE 命令将其分解。(　　)

(4) 用户可以控制属性的可见性，使其与定义属性时设置的可见性无关。(　　)

(5) 若使用 BLOCK 命令创建有属性的块，在选择组成块的对象时必须选择各个属性标记。(　　)

2. 上机习题

(1) 绘制如图 11-19 所示的螺母(尺寸由读者确定)，并将其定义成块(块名为 NUT，图层设置要求见本书 10.8 节练习 1 中的表 10-1)。之后在当前图形中以不同比例、不同旋转角度插入该螺母块并观察绘图结果。

(2) 定义如图 11-20 所示的基准符号块，要求如下。

块名为 BASE，块的属性标记为 A，属性提示为"输入基准符号"，属性默认值为 A，属性文字样式为第 9 章例 9-2 中定义的"文字 35"，以圆的圆心作为属性插入点，属性文字对齐方式采用"中间"模式，以符号中两条直线的交点作为块的基点。在当前图形中以不同比例、不同旋转角度插入该基准符号块，并观察绘图结果。

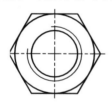

图 11-19　螺母

图 11-20　基准符号块

(3) 试在当前图形中使用 INSERT 命令插入 AutoCAD 提供的某个示例图形(位于 AutoCAD 安装目录下的 Sample 子目录中)。使用 BASE 命令修改此示例图形的基点，并通过 INSERT 命令插入该图形。观察两种插入方式之间的区别。

第12章

高级绘图工具、样板文件、数据查询及图形打印

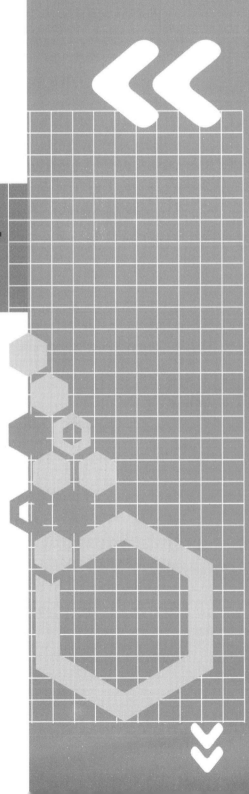

本章要点

本章介绍 AutoCAD 2020 提供的用于提高绘图效率的工具，以及样板文件、数据查询和图形打印等功能。通过本章的学习，读者应掌握以下内容：

- 使用"特性"选项板
- 使用设计中心
- 使用"工具"选项板
- 使用样板文件
- 查询图形信息
- 打印图形

12.1 "特性"选项板

利用 AutoCAD 2020 提供的"特性"选项板，可以浏览或修改已有对象的特性。通过单击"标准"工具栏上的(特性)按钮，或执行"工具"|"选项板"|"特性"或"修改"|"特性"命令，或直接执行 PROPERTIES 命令，均可打开如图 12-1 所示的"特性"选项板。

打开该选项板后，如果没有在绘图窗口中选中图形对象，选项板内将显示绘图环境的特性及其当前设置；如果选择单一对象，选项板内将列出该对象的全部特性及其当前设置；如果选择同一类型的多个对象，选项板内将列出各个对象的共有特性及其当前设置；如果选择不同类型的多个对象，选项板内将列出各个对象的基本特性及其当前设置。

图 12-1   "特性"选项板

说明：

(1) 用户可以通过"特性"选项板修改所选择的某一个或几个对象的可修改特性。例如，选中图形中的尺寸后，AutoCAD 在"特性"选项板中会显示该尺寸的全部特性，此时可以通过"特性"选项板修改尺寸箭头、尺寸文字等设置。

(2) 打开"特性"选项板并选择图形对象后，可以通过按 Esc 键来取消对对象的选择。

12.2 设 计 中 心

设计中心是 AutoCAD 2020 提供的一个直观、高效且与 Windows 资源管理器类似的工具。利用设计中心，不仅可以快速浏览、查找、管理 AutoCAD 图形等资源，还可以通过简单的拖放操作，将位于本地计算机、局域网或互联网上的 AutoCAD 图形、块、图层、文字样式及标注样式等对象轻松便捷地插入当前图形中，从而能够使已有的资源得到再利用和共享，提高图形设计与管理效率。

启用 AutoCAD 设计中心的命令为 ADCENTER，单击"标准"工具栏上的(设计中心)按钮或执行"工具"|"选项板"|"设计中心"命令都可以执行 ADCENTER 命令。

执行 ADCENTER 命令，AutoCAD 将打开设计中心，如图 12-2 所示。下面介绍设计中心的组成及其主要功能。

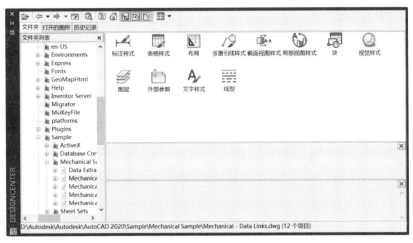

图 12-2　设计中心

12.2.1　设计中心的组成

从图 12-2 中可以看出，设计中心由一些按钮、位于左侧的树状视图区和位于右侧的内容区等元素组成。

1. 树状视图区

树状视图区中显示的是用户计算机上的文件夹、文件和它们之间的层次关系，以及当前已打开的图形文件列表等内容，与 Windows 资源管理器对应区域的功能类似。

2. 内容区

当在树状视图区中选择某个选项时，AutoCAD 会在内容区中显示所选择"容器"中的内容。该容器是能够由设计中心访问的网络、计算机、磁盘或文件等。在树状视图区中选择的对象不同，在内容区中显示的内容也不同，可以是包含图形文件或其他文件的文件夹、图形文件、图形中包含的命名对象(块、图层、标注样式、文字样式和表格样式等均属于命名对象)或由第三方应用程序开发的定制内容等。

3. 按钮

在设计中心的顶部有一行按钮，下面详细介绍各按钮的功能。

1)　"加载"按钮

用于在内容区显示指定图形文件的相关内容。单击该按钮，打开"加载"对话框，通过该对话框选择图形文件后，在树状视图区中将显示该文件的名称并选中该文件，同时在内容区中将显示该图形文件包含的全部命名对象。

2)　"上一页"按钮、"下一页"按钮

"上一页"按钮用于向前返回到上一次显示的内容；"下一页"按钮用于向后连接到下一次显示的内容。

3) "上一级"按钮▣

用于显示所激活容器中的上一级内容，该容器可以是目录，也可以是图形。

4) "搜索"按钮◎

用于快速查找指定的对象。单击该按钮，AutoCAD 将打开"搜索"对话框，可以利用该对话框进行搜索设置并进行搜索。

5) "收藏夹"按钮◎

在内容区中显示收藏夹中的内容。AutoCAD 提供了一种快速访问的方法——Favorites\Autodesk 收藏夹。用户可以将需要经常访问的内容置于收藏夹中。实际上，向收藏夹添加内容时，并未将这些内容真正放入其中，只是创建了其对应的快捷方式。

向收藏夹添加快捷访问路径的操作方法为：在设计中心的树状视图区或内容区中选中要添加快捷路径的内容，右击，从弹出的快捷菜单中选择"添加到收藏夹"命令，即可在收藏夹中建立对应的快捷访问路径。

6) "主页"按钮◎

用于返回到固定的文件夹或文件，即在内容区中显示固定文件夹或文件中的内容。AutoCAD 默认将此文件夹设为 DesignCenter 文件夹。用户可以根据需要指定自己的文件夹或文件为主页。操作方法为：在视图区某个文件夹或文件名上右击，从弹出的快捷菜单中选择"设置为主页"命令即可。

7) "树状图切换"按钮◎

用于显示或隐藏树状视图窗口。单击该按钮可以实现是否显示树状视图窗口之间的切换。

8) "预览"按钮◎

用于实现在内容区中打开或关闭预览窗格(图 12-2 中右侧位于中间位置的窗格)之间的切换。打开预览窗格后，在内容区中选择某个选项且如果其包含预览图像或图标(例如，块中就可能包含预览图标)，将在预览窗格中显示此预览图像或图标。

9) "说明"按钮◎

用于在内容区中实现打开或关闭说明窗格(图 12-2 中右侧最下方的窗格)之间的切换，以确定是否显示说明内容。打开说明窗格后，单击内容区中的某一项，如果该项包含文字描述信息，AutoCAD 则会在说明窗格中显示此文字描述信息。

可以将说明窗格中的描述文字复制到剪贴板，但不能在说明窗格中直接进行修改操作。

10) "视图"按钮◎▾

用于控制在内容区中所显示内容的格式。单击位于按钮右侧的小箭头，将弹出一个列表，该列表中有"大图标""小图标""列表"和"详细信息"4 个选项，分别用于将内容区中的内容以大图标、小图标、列表或详细信息格式进行显示。

4. 选项卡

AutoCAD 设计中心包含"文件夹""打开的图形"和"历史记录"3 个选项卡。其中"文件夹"选项卡用于在设计中心显示文件夹；"打开的图形"选项卡用于在设计中心显示已打开的图形及其相关内容；"历史记录"选项卡用于显示用户最近浏览过的 AutoCAD 图形。

12.2.2 利用设计中心插入对象

利用 AutoCAD 设计中心，可以方便地在当前图形中插入其他图形中的块；能够将其他图形中的图层、线型、文字样式、标注样式及表格样式等命名对象和用户自定义的内容等添加到当前图形。

1. 插入块

通过设计中心插入块的方法通常有两种：一种是插入块时自动换算插入比例；另一种是插入块时由用户确定插入比例和旋转角度。

1) 插入块时自动换算插入比例

操作过程如下。

通过树状视图区找到并选择包含所需块的图形，在内容区中双击"块"图标，然后找到需要插入的块，将其拖至 AutoCAD 绘图窗口(拖动块的操作方法为：将光标置于对应块的上方，按拾取键，移动鼠标，将块拖动到绘图窗口内需要插入的位置后释放拾取键)，即可实现块的插入。此时，AutoCAD 将按在定义块时确定的块单位(详见本书的 11.1.2 节)自动换算插入比例，且插入时的块旋转角度为 0°。

2) 按指定的插入点、插入比例和旋转角度插入块

AutoCAD 允许用户通过设计中心，利用指定插入点、插入比例和旋转角度的方式插入块。具体操作方法如下。

从设计中心的内容区选中需要插入的块，右击，从弹出的快捷菜单中选择"插入块"命令，打开与图 11-3 类似的"插入"对话框。利用该对话框确定插入点、插入比例和旋转角度后，单击"确定"按钮，即可实现块的插入。

说明：

(1) 当其他命令处于激活状态时，不能通过设计中心向当前图形插入块。

(2) 一次操作只能插入一个块。

(3) 插入块后，块定义及其说明部分也会被复制到图形中，即以后可以在当前图形中使用 INSERT 命令插入对应的块。

(4) 可以用前面介绍的方法，将已有图形以块的形式插入当前图形。

本章 12.7 节的练习 1 就演示了使用第一种方法为当前图形复制粗糙度符号块的定义。

2. 在图形中复制图层、线型、文字样式、标注样式及表格样式等

利用设计中心，可以将已有图形中的图层、线型、文字样式、标注样式及表格样式等命名对象通过拖放操作添加到当前图形。具体操作方法为：打开设计中心，在内容区找到对应内容，然后将其拖至当前打开图形的绘图窗口中，即可完成对应内容的添加。

本章 12.7 节的练习 1 就演示了使用此方法为当前图形复制已有的文字样式和标注样式。

说明：

使用 AutoCAD 绘制工程图时，一般应根据需要设置对应的图层、定义文字样式和标注样式等参数。如果每绘制一幅图形均执行这样的设置或定义，需要做大量重复工作，而利用设计中心，则可以方便地将其他图形中的相关设置复制到当前图形，从而极大地提高了绘图效率。

12.3 "工具"选项板

用户可以将常用的块、填充图案、表格等命名对象或 AutoCAD 命令等置于"工具"选项板中，通过它们可方便地执行相应的操作。启用 AutoCAD "工具"选项板的命令为 TOOLPALETTES，单击"标准"工具栏上的 (工具选项板窗口)按钮或选择"工具"|"选项板"|"工具选项板"命令都可以执行 TOOLPALETTES 命令。

执行 TOOLPALETTES 命令，打开"工具"选项板，如图 12-3 所示。

可以看出，在"工具"选项板中有若干个工具选项卡，每个选项卡内包含一些工具，如填充图案、绘图及创建表格命令等。利用"工具"选项板，可以轻松快捷地将选项板上的某一图案填充到指定的封闭区域，实现插入块的操作，创建对应的表格或执行 AutoCAD 命令等。

图 12-3 "工具"选项板

12.3.1 使用"工具"选项板

1. 利用"工具"选项板填充图案

通过"工具"选项板填充图案的方法有两种。

一种是单击"工具"选项板上的某个图标，AutoCAD 提示：

指定插入点：

此时，在绘图窗口需要填充图案的区域中任意拾取一点，即可实现图案的填充。

另一种是通过拖动的方式填充图案，即将"工具"选项板上的某个图案拖至绘图窗口的某一区域中，从而实现填充操作。

2. 利用"工具"选项板插入块、表格

通过"工具"选项板插入块和表格的方法有两种：一种方法是单击"工具"选项板上的

块图标或表格图标，然后根据提示确定插入点等参数；另一种方法是通过拖动的方式插入块或表格，即将"工具"选项板上的块图标或表格图标拖至绘图窗口，从而实现对应块或表格的插入。

3. 利用"工具"选项板执行 AutoCAD 命令

通过"工具"选项板执行 AutoCAD 命令的方法与通过工具栏执行命令的方式相同，即在"工具"选项板上单击对应的图标，然后根据提示进行操作即可。

12.3.2　定制"工具"选项板

1. 为"工具"选项板添加选项卡

为"工具"选项板添加选项卡的操作方法为：打开"工具"选项板，右击，从弹出的快捷菜单中选择"新建选项卡"命令，即可按系统提供的默认名称建立新的选项卡，用户可以为新创建的选项卡指定名称。

2. 为"工具"选项板添加工具

可以使用下面几种方法为"工具"选项板添加工具。

- 选中已有的某些几何对象(如直线、圆和多段线)、标注的尺寸、文字、图案填充、块及表格等，将其拖至"工具"选项板中的选项卡。
- 将块等从设计中心拖至"工具"选项板中的选项卡。
- 使用"剪切""复制"和"粘贴"等功能，将"工具"选项板上某个选项卡中的工具移动或复制到另一个选项卡中。
- 在设计中心的树状图中的文件夹、图形文件或块上右击，从弹出的快捷菜单中选择"创建工具选项板"命令，可创建包含预定义内容的"工具"选项板。

说明：

可以通过"工具"选项板快捷菜单删除选项卡、重命名选项卡或删除工具；可以通过拖动的方式更改选项卡上工具的排列顺序。

本章 12.7 节中的练习 2 将为"工具"选项板定义新选项卡，并添加一些工具。

12.4　样板文件

虽然可以利用设计中心将其他图形中的图层、文字样式、标注样式、表格样式或块等命名对象添加到当前图形，但仍需要利用设计中心进行拖放操作。如果利用样板文件，则可以先在样板文件中定义各种设置，绘图时以样板文件为模板进行绘图即可。

样板文件是扩展名为.dwt 的文件。除包含一些与绘图相关的标准(或通用)设置外, 如图形界限、绘图单位、图层、文字样式、标注样式及表格样式等, 样板文件还包含一些通用和常用的图形对象, 如图框、标题栏及各种符号块等。创建样板文件的一般操作过程如下。

1. 建立新图形

执行 NEW 命令, 建立新图形(也可以打开已有图形, 在此基础上进行修改)。

2. 设置绘图环境

进行基本的绘图设置, 如设置图形界限、绘图单位、图层、栅格显示、栅格捕捉及极轴追踪等。

3. 绘制固定图形

绘制图框和标题栏等(也可以将标题栏定义为含有属性的块)。

4. 定义常用符号块

定义符号块, 如定义粗糙度符号块、基准符号块和常用标准件块等。可以直接通过设计中心从包含这些块的图形中将其复制到当前图形。

5. 定义各种样式

定义样式, 如定义文字样式、标注样式及表格样式等。可以直接通过设计中心从包含这些样式的图形中将其复制到当前图形。

6. 打印设置

设置打印页面、打印设备等(详见 12.6.1 节)。

7. 保存图形

执行 SAVEAS 命令, 将当前图形以 DWT 格式保存。
本章 12.7 节中的练习 3 将为 A4 图幅定义样板文件。

12.5　数据查询

使用 AutoCAD 2020 绘制的每个图形对象都有它们自己的特性。例如, 直线有长度、端点坐标等; 圆有圆心、半径等。此外, 每个对象还具有如图层、颜色及线型等特性。这些特性统称为对象的数据信息。利用 AutoCAD 2020 提供的查询功能, 可以方便、快捷地获取对象的数据信息。

12.5.1 查询距离

1. 功能

查询两点之间的距离及相关数据。

2. 命令调用方式

命令：DIST。工具栏："查询" | (距离)按钮。菜单命令："工具" | "查询" | "距离"。

3. 命令执行方式

执行 DIST 命令，AutoCAD 提示：

> 指定第一个点:(确定第一个点，如输入 100,200 后按 Enter 键)
> 指定第二个点或 [多个点(M)]:(确定另一个点，如输入 300,300 后按 Enter 键。选择"多个点(M)"选项可以连续查询不同点之间的距离)

AutoCAD 显示如下：

> 距离 = 223.6068，XY 面中的倾角 = 27，与 XY 面的夹角 = 0
> X 增量 = 200.0000，Y 增量 = 100.0000，Z 增量 = 0.0000

上面的结果说明：点(100，200)与点(300，300)之间的距离是 223.6068；两个点之间的连线在 XY 平面上的投影与 X 轴正方向的夹角为 27°，该连线与 XY 面的夹角为 0°；两点沿X、Y、Z 轴方向的坐标差分别为 200.0000、100.0000 和 0.0000。

12.5.2 查询面积

1. 功能

计算以若干点为角点构成的多边形区域或由指定对象所围成区域的面积与边长，还可以进行面积的加、减运算。

2. 命令调用方式

命令：AREA。菜单命令："工具" | "查询" | "面积"。

3. 命令执行方式

执行 AREA 命令，AutoCAD 提示：

> 指定第一个角点或 [对象(O)/增加面积(A)/减少面积(S)/退出(x)] <对象(O)>:

下面介绍各选项的功能及其操作方法。

1) 指定第一个角点

计算以指定点为顶点所构成的多边形的面积与周长，为默认选项。执行该选项，

AutoCAD 提示:

> 指定下一个点或 [圆弧(A)/长度(L)/放弃(U)]:

在上述提示下指定一系列点后,在"指定下一个点或 [圆弧(A)/长度(L)/放弃(U)/总计(T)]<
总计>]:"提示信息下按 Enter 键(注意:指定 3 个点后,还会在提示中显示"总计"选项),
AutoCAD 提示:

> 区域 =(计算出的面积),周长 =(相应的周长)

它们分别表示以输入点为顶点所构成的多边形的面积与周长。

在显示"指定下一个点或 [圆弧(A)/长度(L)/放弃(U)]:"提示信息后,可以通过选择"圆
弧(A)"选项指定圆弧参数来确定由圆弧围成的区域;通过选择"长度(L)"选项指定长度尺
寸来确定相应的点。

2) 对象(O)

计算由指定对象所围成区域的面积。执行该选项,AutoCAD 提示:

> 选择对象:

在此提示下选择对象,AutoCAD 将计算并显示对应的面积与周长。

3) 增加面积(A)

进入加入模式,即依次将计算出的新面积加到总面积中。执行该选项,AutoCAD 要求继
续进行面积计算操作并提示:

> 指定第一个角点或 [对象(O)/减少面积(S)]:

此时,可以通过输入点(执行"指定第一个角点"选项)或选择对象(执行"对象(O)"选项)
的方式计算对应的面积,每进行一次计算,AutoCAD 提示:

> 区域 =(最后计算出的面积),周长 =(最后计算出的周长)
> 总面积 =(计算出的总面积)

AutoCAD 继续提示:

> 指定第一个角点或 [对象(O)/减少面积(S)]:

此时,可继续进行计算面积的操作。

4) 减少面积(S)

进入扣除模式,即将新计算的面积从总面积中扣除。执行该选项,AutoCAD 提示:

> 指定第一个角点或 [对象(O)/增加面积(A)]:

此时,若执行"指定第一个角点"或"对象(O)"选项,AutoCAD 则将由后续操作确定
的新区域或指定对象的面积从总面积中扣除。

说明：

利用"特性"选项板可以查询图案填充区域的面积。操作方法为：打开"特性"选项板，在图形中选择要查询面积的填充图案，AutoCAD 将在"特性"选项板中显示对应的面积信息，如图 12-4 所示。

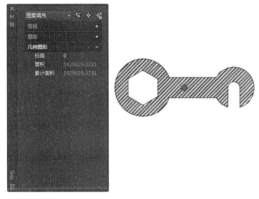

图 12-4　利用"特性"选项板查询面积

12.5.3　查询点的坐标

1. 功能

查询指定点的坐标。

2. 命令调用方式

命令：ID。工具栏："查询" | (定位点)按钮。菜单命令："工具" | "查询" | "点坐标"。

3. 命令执行方式

执行 ID 命令，AutoCAD 提示：

指定点：

在此提示下指定需要查询的点(如捕捉某个特殊点)，AutoCAD 将显示该点的坐标值。

12.5.4　列表显示

1. 功能

以列表形式显示指定对象的数据库信息。

2. 命令调用方式

命令：LIST。工具栏："查询" | (列表)按钮。菜单命令："工具" | "查询" | "列表"。

3. 命令执行方式

执行 LIST 命令，AutoCAD 依次提示：

选择对象:(选择对象)

选择对象:✓(也可以继续选择对象)

执行结果：AutoCAD 切换到文本窗口，并在文本窗口中显示所选择对象的数据库信息。

12.6 打印图形

利用 AutoCAD 完成图形对象的绘制后，通常需要通过绘图仪或打印机将其打印输出。本节将介绍与打印图形有关的内容。

12.6.1 页面设置

1. 功能

设置图纸尺寸及打印设备等。

2. 命令调用方式

命令：PAGESETUP。菜单命令："文件"|"页面设置管理器"。

说明：

为与本书介绍的操作同步，建议读者执行 LIMITS 命令(菜单命令："格式"|"图形界限")将绘图范围设为 210×297。

3. 命令执行方式

执行 PAGESETUP 命令，打开"页面设置管理器"对话框，如图 12-5 所示。

图 12-5 "页面设置管理器"对话框

在"页面设置"选项组的大列表框中会显示当前已有的页面设置，并在"选定页面设置的详细信息"标签框中会显示所指定页面设置的相关信息。该对话框的右侧提供了"置为当前""新建""修改"和"输入"4 个按钮，分别用于将列表框中选中的页面设置设为当前设置、新建页面设置、修改列表框中选中的页面设置，以及从已有图形中导入页面设置。下面介绍新建页面设置的方法。

单击"新建"按钮，打开如图 12-6 所示的"新建页面设置"对话框，在"基础样式"下拉列表中选择基础样式，在"新页面设置名"文本框中输入新页面设置的名称，然后单击"确定"按钮，打开"页面设置"对话框，如图 12-7 所示。

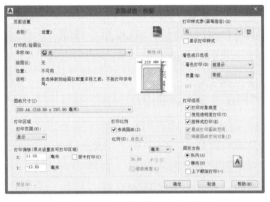

图 12-6　"新建页面设置"对话框　　　　　图 12-7　"页面设置"对话框

下面简要介绍该对话框中各主要选项的功能。

1) "页面设置"选项组

用于显示当前页面设置的名称(如"设置 1")。

2) "打印机/绘图仪"选项组

"名称"下拉列表用于设置打印设备。指定打印设备后，AutoCAD 将在该选项组内显示与该设备对应的信息。

3) "图纸尺寸"下拉列表

通过该下拉列表设置输出图纸的大小。

4) "打印区域"选项组

用于确定图形的打印范围。可以在"打印范围"下拉列表的"窗口""范围""图形界限"和"显示"等选项之间进行选择。其中，选择"窗口"选项，表示打印指定矩形窗口中的图形；选择"范围"选项，表示打印指定区域的图形；选择"图形界限"选项，表示将打印由 LIMITS 命令设置的绘图范围内的全部图形；选择"显示"选项，表示将打印当前显示的图形。

5) "打印偏移"选项组

用于确定打印区域相对于图纸左下角点的偏移量。

6) "打印比例"选项组

用于设置图形的打印比例。可以设置具体的比例值，也可以选中"布满图纸"复选框，使图形布满整张图纸，此时 AutoCAD 将自动确定打印比例。

7) "打印样式表"下拉列表

用于选择、新建和修改打印样式表。可以通过该下拉列表选择已有的样式表，如果选择"新建"选项，则允许新建打印样式表。12.7 节的练习 3 将通过修改已有的打印样式表来满足打印要求。

8) "着色视口选项"选项组

用于设置输出打印三维图形时的打印模式。

9) "打印选项"选项组

用于设置打印图形的方式，即是根据图形的线宽打印图形，还是根据打印样式打印图形。如果在绘图时直接对不同的线型设置了线宽，一般应选择"打印对象线宽"选项；如果需要用不同的颜色表示不同线宽的对象，则应选择"按样式打印"选项。12.7 节的练习 5 将根据打印样式打印图形。

10) "图形方向"选项组

用于确定图形的打印方向，按照需要从中进行选择即可。

完成上述设置后，可以单击"预览"按钮，预览打印效果。单击"确定"按钮，AutoCAD 返回"页面设置管理器"对话框，并将新建立的页面设置显示在列表框中。此时，可以将新样式设为当前样式，然后关闭对话框。至此，已完成页面的设置。

12.6.2　开始打印

1. 功能

通过绘图仪或打印机将图形打印到图纸或输出为文件。

2. 命令调用方式

命令：PLOT。工具栏："快速访问工具栏" | ⬛(打印)按钮；"标准" | ⬛(打印)按钮。菜单命令："文件" | "打印"。

3. 命令执行方式

执行 PLOT 命令，打开"打印"对话框，如图 12-8 所示。

图 12-8　"打印"对话框

在"页面设置"选项组中的"名称"下拉列表中指定页面设置后，会在其中显示与其对应的打印设置，也可以通过对话框中的各选项单独进行设置。

单击"打印"对话框中的"预览"按钮，可预览打印效果。如果预览图形满足打印要求，单击"确定"按钮，即可将图形打印到图纸或输出为文件。

12.7　应用实例

练习 1　利用设计中心，将 9.1 节例 9-2 中定义的文字样式"文字 35"、10.2 节例 10-1 中定义的标注样式"尺寸 35"、10.8 节练习 1 中所绘图形的图层设置(见表 10-1)及 11.4.1 节例 11-1 中定义的粗糙度符号块复制到当前图形。

1) 复制粗糙度符号块定义

通过设计中心选择与例 11-1 对应的图形，如图 12-9 所示。

在内容区双击"块"图标，AutoCAD 会显示对应的块图标，如图 12-10 所示。

图 12-9　通过设计中心选择图形

图 12-10　在内容区显示块图标

将对应的粗糙度块图标拖至当前图形，即可完成块定义的复制(拖入当前图形后，AutoCAD 要求输入属性，用户响应后 AutoCAD 将在图形中显示粗糙度符号，如果图中暂不需要该符号，可执行 ERASE 命令将其删除)。

2) 复制图层、文字样式、标注样式

与复制块定义的操作类似，首先通过设计中心选择与 10.8 节练习 1 对应的图形，在内容区双击"图层"图标，AutoCAD 会显示对应的图层设置，如图 12-11 所示。

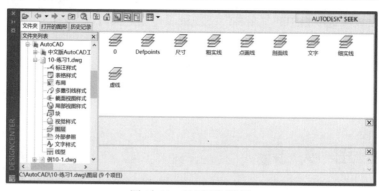

图 12-11　显示图层设置

将设计中心的相关图层设置拖至当前图形，完成图层的复制。

利用设计中心，将 9.1 节例 9-2 中定义的文字样式"文字 35"、10.2 节例 10-1 中定义的标注样式"尺寸 35"拖至当前图形。

最后，将当前图形保存到磁盘(建议文件名为"12-练习 1.dwg")。

练习 2　在练习 1 的基础上创建"工具"选项板的选项卡，要求：将选项卡的名称设置为"常用绘图工具"，选项卡上有粗糙度符号块，以及插入块命令、绘制直线命令和绘制圆命令。

1) 创建"工具"选项板的选项卡

打开"工具"选项板，在其中右击，从弹出的快捷菜单中选择"新建选项卡"命令，然后在新建选项卡的名称文本框中输入"常用绘图工具"，完成工具选项卡的创建。

2) 为新创建的选项卡添加工具

● 添加粗糙度符号块

通过设计中心找到对应的图形，并在内容区显示块图标，如图 12-12 所示。

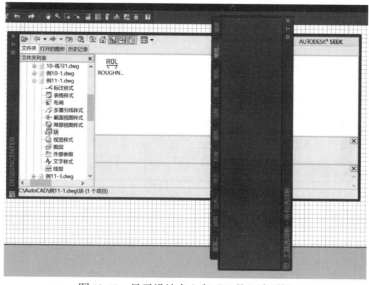

图 12-12　显示设计中心和"工具"选项板

将设计中心中的块图标拖至"工具"选项板，即可为对应的选项卡添加粗糙度符号块。

● 添加其他工具

首先，执行 LINE 命令绘制一条直线，执行 CIRCLE 命令绘制一个圆。选中直线，选择命令"编辑"|"复制"，在新建的"工具"选项板中右击，从弹出的快捷菜单中选择"粘贴"命令，即可将绘制直线图标添加到"工具"选项板。使用同样的操作方法对圆进行处理，将绘制圆图标添加到"工具"选项板，结果如图 12-13 所示。至此，已完成对应"工具"选项板中选项卡的创建。

图 12-13 向"工具"选项板添加命令

练习 3 定义样板文件，主要要求如下。

(1) 文件名：A4.dwt。

(2) 图幅规格：A4(竖装，尺寸为 210×297)。

(3) 图层要求：见 10.8 节中的表 10-1。

(4) 文字样式：见 9.1 节例 9-2 中定义的文字样式"文字 35"。

(5) 标注样式：见 10.2 节例 10-1 中定义的标注样式"尺寸 35"。

(6) 打印样式要求：粗实线线宽为 0.7 mm，其余均为 0.35 mm。

操作步骤如下。

首先，执行 NEW 命令，以文件 acadiso.dwt 为样板创建一个新图形(过程略)。

1) 设置图形界限

执行 LIMITS 命令设置图形界限(参见 2.6.1 节的例 2-1，过程略)。

2) 定义图层

根据表 10-1 定义绘图图层(可利用设计中心复制已有的图层设置，过程略)。

3) 绘制图框

在对应的图层绘制 A4 图幅的图框，绘图尺寸如图 12-14 所示。

4) 绘制标题栏

在图 12-14 所示的图框中，在对应图层绘制标题栏表格并填写对应的文字。标题栏尺寸及内容如图 12-15 所示。

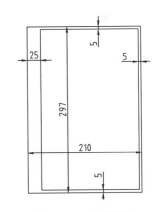

图 12-14 绘制图框

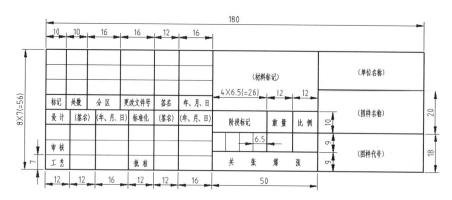

图 12-15　标题栏尺寸及内容

说明:

可以将标题栏定义为含有属性的块并将其插入图框中,从而可通过填写属性值的方式填写标题栏。

5) 定义文字样式和标注样式

定义文字样式为"文字 35"(参见 9.1 节中的例 9-2,也可以利用设计中心复制已有的文字样式);定义标注样式为"尺寸 35"(参见 10.2 节中的例 10-1,也可以利用设计中心复制已有的标注样式)。

6) 设置打印页面

执行 PAGESETUP 命令,打开"页面设置管理器"对话框(参见图 12-5),单击"新建"按钮,打开"新建页面设置"对话框(参见图 12-6),在"新页面设置名"文本框中输入"A4 图纸",单击"确定"按钮,在弹出的"页面设置"对话框中进行相关设置,如图 12-16 所示。

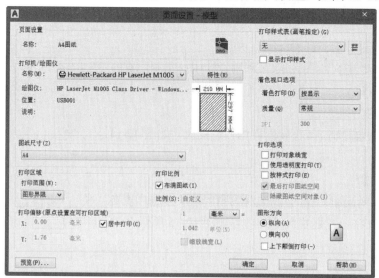

图 12-16　"页面设置"对话框

下面定义打印样式表。在图 12-16 的"打印样式表"选项组(位于对话框的右上角)的下拉列表中选择 acad.ctb 选项,单击右侧的 按钮,打开"打印样式表编辑器"对话框。在"表格视图"选项卡中进行相应的设置,如图 12-17 所示,将"颜色 7"的线宽设为"0.7"mm,将"打印样式"列表框中其他对应项的颜色设为"黑色",并将其线宽设为"0.35"mm。

单击"保存并关闭"按钮,关闭"打印样式表编辑器"对话框,返回"页面设置"对话框。单击"确定"按钮,返回"页面设置管理器"对话框。此时,可看到新建立的页面设置"A4 图纸"显示在列表框中。将该页面设置设为当前设置,关闭对话框,完成页面设置。

至此,已完成样板文件所需内容的绘制与设置。读者还可以继续为其添加其他内容,如定义粗糙度符号块、基准符号块等。

7) 保存图形

执行 SAVEAS 命令,以文件名 A4.dwt 保存图形(注意,应采用 DWT 格式保存图形)。

练习 4　以练习 3 中定义的样板文件 A4.dwt 为样板绘制如图 12-18 所示的图形。

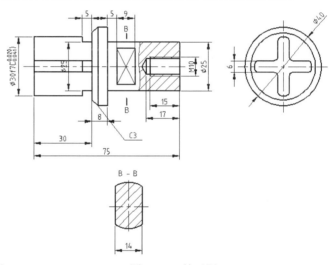

图 12-17　"打印样式表编辑器"对话框　　　　图 12-18　练习图

同时标注以下文字:

技术要求

未注圆角半径 R2

调质 40~45HRC

操作步骤如下。

1) 建立新图形

执行 NEW 命令,以练习 3 中定义的样板文件 A4.dwt 为样板建立新图形(过程略)。

2) 绘制图形

如图 12-18 所示,在各图层绘制图形对象(过程略)。

3) 标注尺寸

在尺寸图层标注各尺寸(过程略)。

4) 标注文字

在文字图层标注对应的文字(过程略)。

5) 填写标题栏

填写标题栏，最终绘制结果如图 12-19 所示(注意，本例标题栏中的部分文字采用了不同的文字高度)。

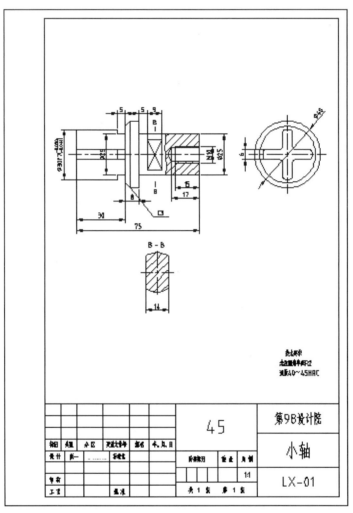

图 12-19　最终图形

练习 5　打印在练习 4 中绘制的图形。

打开对应的图形，执行 PLOT 命令，打开"打印"对话框，如图 12-20 所示(单击"打印"对话框中右下角的小箭头，可以选择是否显示对话框的右侧部分)。

图 12-20　"打印"对话框

在打印之前，可以通过"预览"按钮预览打印效果，或进行其他设置。单击"确定"按钮，即可打印图形。

12.8　本章小结

本章介绍了 AutoCAD 2020 的"特性"选项板、设计中心、"工具"选项板、样板文件、数据查询及图形打印等功能。利用"特性"选项板，可以快速浏览图形对象的特性，修改图形对象；利用设计中心，不仅可以浏览相关信息，还可以将其他图形中的块、图层及各种样式之类的命名对象添加到当前图形，从而提高绘图效率；利用"工具"选项板，可以将常用命令、块及填充图案等置于"工具"选项板中，使操作更为方便；用户可以在样板文件中定义各种绘图设置、绘制图框和标题栏等，绘图时以样板文件为模板进行绘图，可以避免大量重复性的工作；利用数据查询功能，能够快速查询已绘图形的相关信息；完成图形的绘制后，能够将其通过绘图仪或打印机输出到图纸，还可以根据需要进行不同的页面设置，如设置不同的图纸尺寸、打印设备及打印比例等。

至此，已完成 AutoCAD 2020 的二维绘图功能的介绍。从第 13 章起，将介绍 AutoCAD 2020 的三维绘图功能。

12.9　习　　题

1. 判断题

(1) 利用"特性"选项板可以修改图形，如修改圆的圆心位置和半径，修改直线的端点坐标等。（　　）

(2) AutoCAD 设计中心与 Windows 资源管理器类似,可用于浏览本地计算机、局域网或国际互联网上的相关信息。(　　)

(3) 用户可以通过与"工具"选项板对应的快捷菜单删除"工具"选项板上的工具。(　　)

(4) 只能将 AutoCAD 样板文件保存在 AutoCAD 安装目录下的 Template 文件夹中。(　　)

(5) 利用 AutoCAD 2020,可以计算平面图形的总面积。(　　)

(6) 在一幅图形中可以有不同的页面设置,以满足不同的打印要求。(　　)

(7) 对于通过颜色确定线宽的 AutoCAD 图形,应通过打印样式表来设置打印线宽。(　　)

2. 上机习题

(1) 为"工具"选项板添加新选项卡,设置该选项卡的名称为"练习",选项卡上的工具包括 11.4.1 节例 11-1 中定义的粗糙度符号块、11.7 节上机习题中定义的螺母块和基准符号块及 AutoCAD 绘制正多边形的命令。

(2) 绘制如图 12-21 所示的图形(尺寸由读者确定),然后分别利用查询功能和"特性"选项板计算图中剖面线区域的面积。

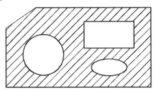

图 12-21　上机绘图练习 1

提示:

执行 AREA 命令计算对应的面积时,应首先使用 PEDIT 命令将图形的外轮廓合并成一条封闭多段线。

(3) 定义 A3 图幅的样板文件,要求:文件名为 A3.dwt;图幅尺寸为 420×297;其余设置与 12.7 节中练习 3 的要求相同。

(4) 以 12.7 节练习 3 中定义的文件 A4.dwt 为样板,绘制如图 12-22 所示的图形(未注尺寸由读者确定),并标注尺寸、填写标题栏(由读者确定填写内容)。最后,将图形打印到 A4 图纸上。

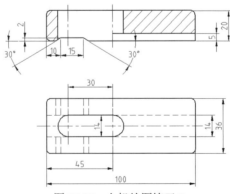

图 12-22　上机绘图练习 2

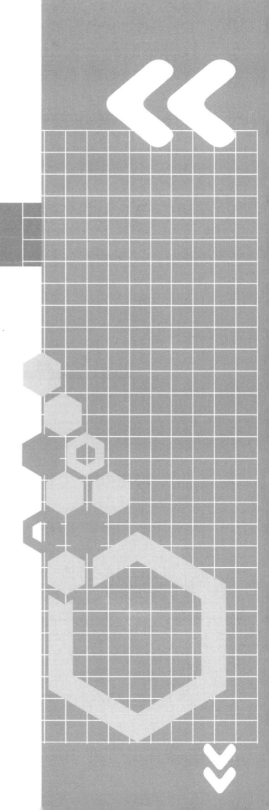

第 *13* 章

三维绘图基础

本章要点

本章介绍使用 AutoCAD 2020 进行三维绘图时要用到的一些基本概念与基本操作。通过本章的学习，读者应掌握以下内容：

- 三维绘图工作界面
- 视觉样式
- 用户坐标系
- 视点
- 绘制简单三维图形

13.1　三维绘图工作界面

在本书的第 2 章中介绍了 AutoCAD 2020 的二维绘图工作界面(如图 2-3 所示)，此外，AutoCAD 2020 还提供了专门用于三维绘图的工作界面，即三维建模工作空间。

通过单击切换工作空间界面下拉列表中的"三维建模"项(参见图 2-4)，可进入三维绘图工作界面。用于三维绘图的三维建模界面如图 13-1 所示。

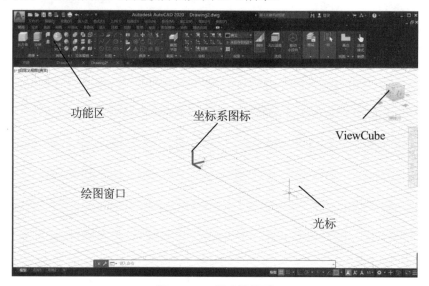

图 13-1　三维建模界面

从图 13-1 中可以看出，AutoCAD 2020 的三维建模工作空间除了包括菜单浏览器，还包括功能区等。下面主要介绍其与二维绘图工作界面的不同之处。

1. 坐标系图标

坐标系图标显示为三维图标，且默认显示在当前坐标系的坐标原点位置。

2. 光标

在如图 13-1 所示的三维建模工作空间中，光标显示了 Z 轴。此外，用户可以单独控制是否在十字光标中显示 Z 轴及坐标轴标签。

3. 功能区

功能区中包含"常用""实体""曲面""网格""可视化""参数化""插入""注释""视图""管理"及"输出"等选项卡，每个选项卡中又包含一些面板，每个面板提供了一些对应的命令按钮。单击选项卡标签，可显示对应的面板。例如，图 13-1 所示的工作界面中显示了"常用"选项卡及其面板,其中包含"建模""网格""实体编辑""绘图""修改""截面""坐标""视图"等面板。利用功能区,可以方便地执行对应的命令。同样,将光标放在面板的命令按钮上时,可以显示对应的工具提示或展开的工具提示。

同样,对于有小黑三角的面板或按钮,单击对应的三角图标后,可将面板或按钮展开。图 13-2(a)所示为展开的"建模"面板上的"长方体"按钮,图 13-2(b)所示为展开的"绘图"面板。

(a) 展开"长方体"按钮　　　　　(b) 展开"绘图"面板

图 13-2　展开按钮或展开面板

4. ViewCube

ViewCube 是一个三维导航工具,利用该工具可以方便地将视图按不同的方位显示。

说明:

单击快速访问工具栏中右侧的小箭头，会弹出一个下拉列表,如图 13-3 所示。用户可通过该下拉列表中的"显示菜单栏"选项在三维绘图界面的标题栏下显示菜单栏。

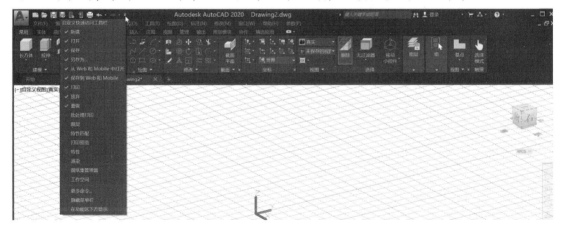

图 13-3　通过下拉列表在三维绘图环境中显示菜单栏

通过选择与下拉菜单"工具"|"工具栏"|AutoCAD 对应的子菜单命令,可以打开 AutoCAD 的各个工具栏。

13.2 视 觉 样 式

视觉样式用于设置三维模型的显示方式。设置视觉样式的命令为 VSCURRENT，利用"视觉样式"界面、"视觉样式"菜单等，可以方便地设置视觉样式。单击"视图"选项卡中的"视觉样式"按钮 视觉 样式，显示出视觉样式管理器，如图 13-4 所示。图 13-5 所示为"视觉样式"菜单(位于"视图"下拉菜单)。

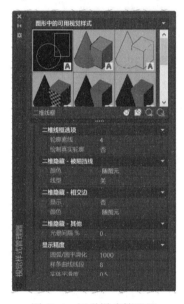

图 13-4　视觉样式管理器

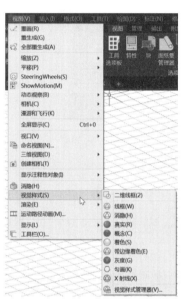

图 13-5　"视觉样式"菜单

假设当前有如图 13-6 所示的楔体和圆柱体，下面介绍该实体在各种视觉样式设置下的显示效果。

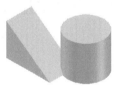

图 13-6　三维实体

1. 二维线框视觉样式

将三维模型通过表示模型边界的直线和曲线，以二维线框视觉样式显示。与图 13-6 对应的二维线框如图 13-7 所示。

2. 三维线框视觉样式

将三维模型以三维线框模式显示。与图 13-6 对应的三维线框视觉样式如图 13-8 所示(从视觉效果看，三维线框视觉样式与二维线框视觉样式相同)。

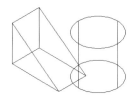

图 13-7　二维线框

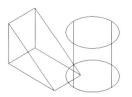

图 13-8　三维线框

3. 三维隐藏视觉样式

将三维模型以三维线框模式显示，且不显示隐藏线。与图 13-6 对应的三维隐藏视觉样式如图 13-9 所示。

4. 概念视觉样式

将三维模型以概念形式显示。图 13-6 所示为以概念视觉样式显示的模型。

5. 真实视觉样式

将模型实体着色，并显示三维线框。图 13-10 所示为真实视觉样式。

图 13-9　三维隐藏视觉样式

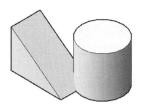

图 13-10　真实视觉样式

6. 着色视觉样式

将模型着色。

7. 带边框着色视觉样式

将模型着色，并显示线框。

8. 灰度着色视觉样式

利用单色面颜色模式形成灰度效果。

9. 勾画视觉样式

形成人工绘制的草图效果。

10. X 射线视觉样式

更改各表面的透明性，使对应的表面具有透明效果。

13.3 用户坐标系

当用 AutoCAD 绘制二维图形时，通常是在一个固定坐标系，即世界坐标系(world coordinate system，WCS)中完成的。世界坐标系又称通用坐标系或绝对坐标系，其原点及各坐标轴的方向固定不变。对于 AutoCAD 的二维绘图来说，世界坐标系即可满足绘图要求。

为了便于绘制三维图形，AutoCAD 允许用户定义自己的坐标系，此类坐标系被称为用户坐标系(user coordinate system，UCS)。此外，通过执行菜单命令"视图"|"显示"|"UCS 图标"，可以设置是否显示坐标系图标及其显示位置。如果将 UCS 设置为显示在坐标系的原点位置，当新建一个 UCS 或对图形进行某些操作后，如果坐标系图标位于绘图窗口之外，或者部分图标位于绘图窗口之外，AutoCAD 会将其显示在绘图窗口的左下角。

图 13-11　UCS 管理面板

用于定义 UCS 的命令为 UCS。但在实际绘图中，利用 AutoCAD 2020 提供的下拉菜单或面板可以方便地创建 UCS。图 13-11 所示为用于创建 UCS 的面板(位于"常用"选项卡中)。

下面介绍创建 UCS 的几种常用方法。

1. 根据三点创建 UCS

根据三点创建 UCS 是最常用的 UCS 创建方法之一，该方法根据 UCS 的原点及其 X、Y 轴正方向上的点来新建 UCS。执行菜单命令"工具"|"新建 UCS"|"三点"或单击功能区中的"常用"|"坐标"| ⬛(三点)按钮都可实现该操作。单击菜单命令或按钮，AutoCAD 提示：

> 指定新原点:(指定新 UCS 的坐标原点位置)
> 在正 X 轴范围上指定点:(指定新 UCS 的 X 轴正方向上的任意一点)
> 在 UCS XY 面的正 Y 轴范围上指定点:(指定新 UCS 的 Y 轴正方向上的任意一点)

2. 通过改变原坐标系的原点位置新建 UCS

可以通过将原坐标系随其原点平移到某一位置的方式来新建 UCS。由此方法得到的新 UCS 的各坐标轴方向与原 UCS 的坐标轴方向一致。执行菜单命令"工具"|"新建 UCS"|"原点"或单击功能区中的"常用"|"坐标"| ⬛(原点)按钮可实现该操作。完成操作后，AutoCAD 提示：

> 指定新原点 <0,0,0>:

在此提示下指定 UCS 的新原点位置，即可创建对应的 UCS。

3. 将原坐标系绕某一条坐标轴旋转一定的角度来新建 UCS

可以将原坐标系绕其某一条坐标轴旋转一定的角度来新建 UCS。执行菜单命令"工具"|"新建 UCS"|X(或 Y、Z)或单击功能区中的"常用"|"坐标"| (X)(或 (Y)、 (Z))按钮，都可以将原 UCS 绕 X 轴(或绕 Y 轴或 Z 轴)旋转。例如，选择菜单命令"工具"|"新建 UCS"|Z，AutoCAD 提示：

> 指定绕 Z 轴的旋转角度：

在此提示下输入对应的角度值，然后按 Enter 键，即可创建对应的 UCS。

4. 返回到上一个 UCS 设置

执行菜单命令"工具"|"新建 UCS"|"上一个"，或单击功能区中的"常用"|"坐标"| (上一个)按钮，都可以将 UCS 返回到上一个 UCS 设置。

5. 创建 XY 平面与计算机屏幕平行的 UCS

执行菜单命令"工具"|"新建 UCS"|"视图"，或单击功能区中的"常用"|"坐标"| (视图)按钮，可以创建 XY 平面与计算机屏幕平行的 UCS。进行三维绘图时，若需要在当前视图进行标注文字等操作，一般应先创建此类 UCS。

6. 恢复到 WCS

执行菜单命令"工具"|"新建 UCS"|"世界"，或单击功能区中的"常用"|"坐标"| (世界)按钮，可以将当前坐标系恢复到 WCS。

13.4　视　　点

用户可以从任意方向观察用 AutoCAD 2020 创建的三维模型。AutoCAD 通过视点确定观察三维对象的方向。当用户指定视点后，AutoCAD 将该点与坐标原点的连线方向作为观察方向，并在屏幕上显示图形沿此方向的投影。图 13-12 所示的 3 个图形为同一个三维图形在不同视点下的显示效果。

图 13-12　从不同视点观察图形(三维线框视觉样式)

13.4.1　设置视点

1. 功能

设置观察视点。

2. 命令调用方式

命令：-VPOINT。菜单命令："视图" | "三维视图" | "视点"。

3. 命令执行方式

执行-VPOINT 命令，AutoCAD 提示：

指定视点或 [旋转(R)]<显示指南针和三轴架>:

下面介绍该提示中各选项的含义及其操作方法。

1) 指定视点

用于指定一点为视点方向，为默认选项。确定视点位置后(可以通过坐标或其他方式确定)，AutoCAD 将该点与坐标系原点的连线方向作为观察方向，并在屏幕上按该方向显示图形的投影。

2) 旋转(R)

用于根据两个角度确定视点方向。执行该选项，AutoCAD 提示：

输入 XY 面中与 X 轴的夹角:(输入视点方向在 XY 面内的投影与 X 轴正方向的夹角)

输入与 XY 面的夹角:(输入视点方向与其在 XY 面上投影之间的夹角)

3) <显示指南针和三轴架>

用于根据指南针和三轴架确定视点。在"指定视点或 [旋转(R)]<显示指南针和三轴架>:"提示下直接按 Enter 键，即执行"<显示指南针和三轴架>"命令，AutoCAD 会显示如图 13-13 所示的指南针和三轴架。

如果拖动鼠标，使光标在指南针范围内移动，三轴架的 X 轴、Y 轴也将绕 Z 轴转动。三轴架转动的角度与光标所在指南针上的位置相对应。光标在指南针上的位置不同，对应的视点也不同。

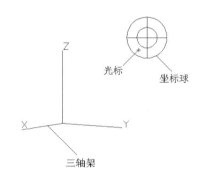

图 13-13　指南针与三轴架

指南针实际上是球体的俯视投影图，其中心点为北极(0,0,n)，相当于视点位于 Z 轴正方向；内环为赤道(n,n,0)；整个外环为南极(0,0,-n)。当光标位于内环内时，表示视点位于上半球体；当光标位于内环与外环之间时，表示视点位于下半球体。随着光标的移动，三轴架也会发生变化，即视点位置发生改变。通过移动鼠标确定视点的位置后单击，AutoCAD 将按该视点显示图形。

需要注意的是，视点只用于确定观察方向，没有距离的含义，即在视点与坐标系原点连线及其延长线上选择任意一点作为新视点，得到的观察效果均相同。

13.4.2　设置 UCS 平面视图

UCS 的平面视图是指用视点(0,0,1)观察图形时得到的效果，使对应的 UCS 的 XY 面与绘图屏幕平行。三维绘图一般是在当前 UCS 的 XY 面或与 XY 面平行的平面上进行的，因此平面视图在三维绘图中很重要。当根据需要创建新的 UCS 后，利用平面视图，可以方便地进行绘图操作(参考本书 15.4 节中图 15-22 和图 15-23 对应的操作)。

除可以通过执行-VPOINT 命令，并用 0,0,1 响应来设置平面视图外，还可以使用命令 PLAN 来设置平面视图。执行 PLAN 命令，AutoCAD 提示：

> 输入选项 [当前 UCS(C)/UCS(U)/世界(W)]<当前 UCS>:

其中，选择"当前 UCS(C)"选项，表示生成相对于当前 UCS 的平面视图；选择 UCS(U) 选项，表示恢复已命名保存的 UCS 的平面视图；选择"世界(W)"选项，表示生成相对于 WCS 的平面视图。

此外，也可以使用与菜单命令"视图"|"三维视图"|"平面视图"对应的子菜单来设置对应的平面视图。

13.4.3　利用对话框设置视点

通过"视点预设"对话框，可以形象、直观地设置视点。打开"视点预设"对话框的命令为 DDVPOINT，执行菜单命令"视图"|"三维视图"|"视点预设"也可以启动 VPOINT 命令。执行该命令，可以打开"视点预设"对话框，如图 13-14 所示。

在该对话框中，"绝对于 WCS"和"相对于 UCS"两个单选按钮分别用于确定是相对于 WCS 还是相对于 UCS 来设置视点。在"视点预设"对话框的两个图像框中，左侧类似于钟表的图像，用于确定视点与坐标系原点之间的连线在

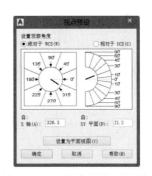

图 13-14　"视点预设"对话框

XY 面的投影与 X 轴正方向的夹角；右侧的半圆形图像用于设置该连线与投影线之间的夹角。用户在需要设置的角度位置处单击即可。此外，也可以在"X 轴"和"XY 面"文本框中输入对应的角度值。"设置为平面视图"按钮用于设置对应的平面视图。通过"视点预设"对话框确定视点后，单击"确定"按钮，AutoCAD 将按该视点显示图形。

13.4.4 快速设置特殊视点

利用如图 13-15 所示的"视图"|"三维视图"下拉菜单中位于第二栏和第三栏中的各命令，可以快速设置一些特殊视点。

图 13-15 设置特殊视点菜单

13.5 绘制简单三维对象

简单三维对象是指位于三维空间的点、线段、射线、构造线、三维多段线及三维样条曲线等。绘制方法与二维对象的绘制方法类似，只是当 AutoCAD 提示用户确定点的位置时，一般应确定位于三维空间的点的位置。

13.5.1 绘制、编辑三维多段线

1. 绘制三维多段线

用于绘制三维多段线的命令为 3DPOLY，通过执行菜单命令"绘图"|"三维多段线"可启动 3DPOLY 命令。执行该命令，AutoCAD 提示：

> 指定多段线的起点:(确定起始点位置)
> 指定直线的端点或 [放弃(U)]:(确定多段线的下一个端点位置)
> 指定直线的端点或 [放弃(U)]:(确定多段线的下一个端点位置)
> 指定直线的端点或 [闭合(C)/放弃(U)]:

此时，可以继续确定多段线的端点位置或选择"闭合(C)"选项封闭三维多段线；选择"放弃(U)"选项可以放弃上次的操作；如果按 Enter 键，则表示结束命令的执行。

2. 编辑三维多段线

使用 PEDIT 命令可以编辑三维多段线。执行 PEDIT 命令，AutoCAD 提示：

> 选择多段线 或[多条(M)]:(选择三维多段线)
> 输入选项 [闭合(C)/合并(J)/编辑顶点(E)/样条曲线(S)/非曲线化(D)/反转(R)/放弃(U)]:

该提示中各选项的含义与使用 PEDIT 命令编辑二维多段线时给出的同名选项的含义相同。"闭合(C)"选项用于封闭三维多段线，如果多段线是封闭的，该选项将更改为"打开(O)"，即允许用户打开封闭的多段线；"合并(J)"选项用于将非封闭的多段线与已有直线或多段线等合并为一条多段线对象；"编辑顶点(E)"选项用于编辑三维多段线的顶点；"样条曲线(S)"选项用于对三维多段线进行样条曲线拟合；"非曲线化(D)"选项用于反拟合；"反转(R)"选项用于改变多段线上的顶点顺序；"放弃(U)"选项用于放弃上次的操作。

由以上内容可知，对三维多段线只能进行样条曲线拟合。

13.5.2　绘制、编辑三维样条曲线

用于绘制三维样条曲线的命令为 SPLINE。执行该命令，AutoCAD 提示：

> 指定第一个点或 [方式(M)/节点(K)/对象(O)]:

在此提示下的操作与绘制二维样条曲线的操作方法类似，此处不再赘述。

同样，也可以使用 SPLINEDIT 命令编辑三维样条曲线。

13.5.3　绘制螺旋线

用于绘制螺旋线的命令为 HELIX。通过选择菜单命令"绘图"|"螺旋"或单击功能区中的"常用"|"绘图"| ▓(螺旋)按钮可以启动该命令。

执行 HELIX 命令，AutoCAD 提示：

> 圈数 =3.0000　　扭曲=CCW (表示螺旋线的当前设置)
> 指定底面的中心点:(指定螺旋线底面的中心点)
> 指定底面半径或 [直径(D)]:(输入螺旋线的底面半径或选择"直径(D)"选项输入直径)
> 指定顶面半径或 [直径(D)]:(输入螺旋线的顶面半径或选择"直径(D)"选项输入直径)
> 指定螺旋高度或 [轴端点(A)/圈数(T)/圈高(H)/扭曲(W)]:

下面介绍最后一行提示中各选项的含义及操作方法。

1. 指定螺旋高度

指定螺旋线的高度。执行该选项，即可绘制出对应的螺旋线。

2. 轴端点(A)

指定螺旋线轴另一个端点的位置。执行该选项，AutoCAD 提示：

指定轴端点：

在此提示下指定轴端点的位置，即可绘制出螺旋线。

3. 圈数(T)

设置螺旋线的圈数(默认值为 3，最大值为 500)。执行该选项，AutoCAD 提示：

输入圈数：

在此提示下输入圈数值即可。

4. 圈高(H)

指定螺旋线一圈的高度(即圈间距，又称节距，指螺旋线旋转一圈后，沿轴线方向移动的距离)。执行该选项，AutoCAD 提示：

指定圈间距：

用户根据提示进行响应即可。

5. 扭曲(W)

指定螺旋线的旋转方向(即旋向)。执行该选项，AutoCAD 提示：

输入螺旋的扭曲方向 [顺时针(CW)/逆时针(CCW)] <CCW>：

用户根据提示进行响应即可。

13.5.4 绘制其他图形

1. 在三维空间绘制点、线段、射线和构造线

在三维空间绘制点、线段、射线及构造线的命令与在二维空间绘制点、线段、射线、构造线的命令相同，分别为 POINT、LINE、RAY 和 XLINE，只是启动对应的命令后，一般应根据提示输入(或捕捉)三维空间的点。

2. 在三维空间绘制二维图形

在绘制三维图形的过程中，经常需要在三维空间绘制二维图形，如绘制圆、圆弧和等边多边形等图形对象。操作方法为：首先建立 UCS，使 UCS 的 XY 面与绘制二维图形的绘图面重合，然后执行对应的二维绘图命令绘制二维图形。为了使绘图操作方便，还可以建立对应的平面视图，使当前 UCS 的 XY 面与计算机屏幕重合。

13.6　应用实例

练习　绘制螺旋线。要求：底面半径为 60；顶面半径为 40；螺旋高度为 100。

执行 HELIX 命令，AutoCAD 提示如下：

> 指定底面的中心点:(在绘图屏幕的适当位置指定一点)
> 指定底面半径或 [直径(D)]: 60✓
> 指定顶面半径或 [直径(D)]: 40✓
> 指定螺旋高度或 [轴端点(A)/圈数(T)/圈高(H)/扭曲(W)]: 100✓

选择菜单命令"视图"|"三维视图"|"东北等轴测"改变视点，绘制结果如图 13-16 所示(注意坐标系图标)。

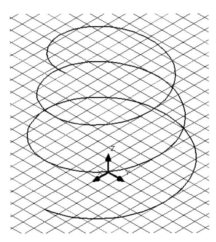

图 13-16　绘制螺旋线

13.7　本章小结

本章介绍了 AutoCAD 2020 在三维绘图方面的基本概念与操作。AutoCAD 2020 专门提供了用于三维绘图的工作界面，便于用户进行三维绘图操作。用户能够指定三维模型的视觉样式，即设置模型的显示效果。UCS 是三维绘图的基础，利用 UCS，用户可以方便地在空间的任意位置绘制各种二维或三维图形。对于三维模型，通过设置不同的视点，可以从不同的角度观看模型。

13.8 习　题

1. 判断题

(1) 用户可以在三维空间的任意位置建立沿任意方向的 UCS。(　　)

(2) AutoCAD 绘图环境中只有一个 WCS。(　　)

(3) 用于确定视点位置的坐标表示将在该坐标点观看图形。(　　)

2. 上机习题

(1) 试执行 UCS 命令建立不同的 UCS，并观察 UCS 图标的变化情况。

(2) 试通过菜单命令"视图"|"三维视图"中的各命令设置特殊视点，并观察 UCS 图标的变化情况。

(3) 打开 AutoCAD 2020 提供的某三维示例图形(位于 AutoCAD 2020 安装目录下的 Sample 文件夹)，对其执行以下操作。

- 使用不同视觉样式观看图形。
- 执行 VPOINT 命令，设置不同的视点观察结果；利用指南针和三轴架设置视点，观察结果。
- 通过菜单命令"视图"|"三维视图"中的各命令设置特殊视点并观察结果。

第14章

创建曲面模型与实体模型

本章要点

本章介绍 AutoCAD 2020 创建曲面模型和实体模型的功能和操作技巧。通过本章的学习，读者应掌握以下内容：

- 创建曲面模型，如平面曲面、三维面、旋转曲面、平移曲面、直纹曲面和边界曲面等
- 创建实体模型，如长方体、楔体、球体、圆柱体、圆锥体和圆环体等
- 通过旋转、拉伸和扫掠二维对象创建实体，通过在二维对象之间放样创建实体

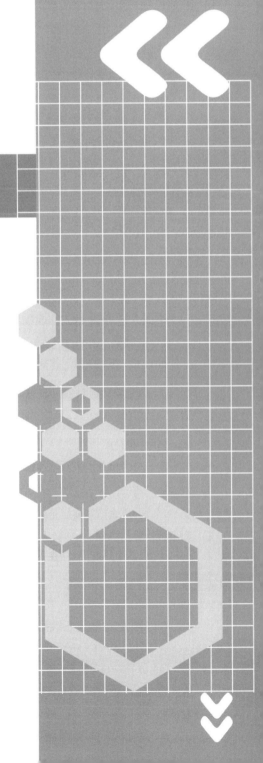

14.1 创 建 曲 面

AutoCAD 2020 允许用户创建各种形式的曲面模型，也可以通过改变视点从不同角度观看曲面模型，对曲面模型消隐及利用夹点功能编辑构成曲面模型的网格。

14.1.1 创建平面曲面

1. 功能

创建平面曲面或将已有对象转换为平面对象。

2. 命令调用方式

命令：PLANESURF。功能区："曲面"|"创建"| ◼ 平面(平面曲面)。工具栏："曲面创建"| ◼(平面曲面)。菜单命令："绘图"|"建模"|"曲面"|"平面"。

3. 命令执行方式

执行 PLANESURF 命令，AutoCAD 提示：

> 指定第一个角点或 [对象(O)] <对象>:

下面介绍该提示中各选项的含义及其操作方法。

1) 指定第一个角点

通过指定对角点创建矩形平面对象。执行该选项，AutoCAD 提示：

> 指定其他角点:

在该提示下指定另一个角点即可。

2) 对象(O)

将指定的平面封闭曲线转换为平面对象。执行该选项，AutoCAD 提示：

> 选择对象:(选择平面封闭曲线)
> 选择对象:✓(也可以选择对象)

14.1.2 创建三维面

1. 功能

在三维空间创建三维面或四维面。

2. 命令调用方式

命令：3DFACE。菜单命令："绘图" | "建模" | "网格" | "三维面"。

3. 命令执行方式

执行 3DFACE 命令，AutoCAD 依次提示：

> 指定第一点或 [不可见(I)]:(确定三维面上的第一个点)
> 指定第二点或 [不可见(I)]:(确定三维面上的第二个点)
> 指定第三点或 [不可见(I)]<退出>:(确定三维面上的第三个点)
> 指定第四点或 [不可见(I)]<创建三侧面>:(确定三维面上的第四个点，创建由四条边构成的面，或按 Enter 键创建由三条边构成的面)
> 指定第三点或 [不可见(I)]<退出>:(确定三维面上的第三个点，或按 Enter 键结束命令的执行)
> 指定第四点或 [不可见(I)]<创建三侧面>:(确定三维面上的第四个点，创建由四条边构成的面，或按 Enter 键创建由三条边构成的面)
> ……

执行结果：AutoCAD 将创建三维面。

在上面所示的执行过程中，"不可见(I)"选项用于设置是否显示面上的对应边。

使用 3DFACE 命令创建的三维面的各个顶点既可以共面，又可以不共面。在创建三维面的过程中，AutoCAD 总是将所创建的前一个面上的第三点、第四点分别作为下一个面的第一点、第二点，因此 AutoCAD 重复提示指定第三点、第四点，以便继续创建其他面。如果在"指定第四点或 [不可见(I)]<创建三侧面>:"提示下直接按 Enter 键，AutoCAD 会将第三点和第四点合为一点，创建由三条边构成的面。

说明：

使用 3DFACE 命令创建的各三维面分别是独立的对象。使用 EDGE 命令可以编辑由 3DFACE 命令所创建的三维面的边的可见性。

14.1.3　创建旋转曲面

1. 功能

旋转曲面指将曲线绕旋转轴旋转一定的角度而形成的曲面(网格面)，如图 14-1 所示。

(a) 旋转曲线与旋转轴

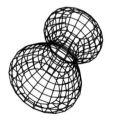

(b) 旋转曲面

图 14-1　旋转曲面

2. 命令调用方式

命令：REVSURF。功能区："网格"|"图元"|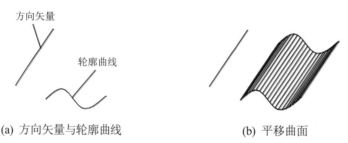(旋转曲面)。菜单命令："绘图"|"建模"|"网格"|"旋转网格"。

3. 命令执行方式

执行 REVSURF 命令，AutoCAD 提示：

> 选择要旋转的对象:(选择旋转对象)
> 选择定义旋转轴的对象:(选择作为旋转轴的对象)
> 指定起点角度:(输入旋转起始角度)
> 指定夹角(+=逆时针，-=顺时针)<360>:(输入旋转曲面的包含角。如果输入的角度值以符号+为前缀或没有前缀，则绕旋转轴以逆时针方向旋转；如果以符号-为前缀，则绕旋转轴以顺时针方向旋转。默认旋转角度为360°)

执行结果：AutoCAD 将创建旋转曲面。

创建旋转曲面时，首先应绘制旋转对象和旋转轴。旋转对象可以是直线段、圆弧、圆、样条曲线、二维多段线或三维多段线等；旋转轴可以是直线段、二维多段线或三维多段线等。如果将多段线作为旋转对象，其首尾端点的连线将作为旋转轴。

当 AutoCAD 提示"选择定义旋转轴的对象:"时，选择旋转轴对象时的拾取点位置将影响对象的旋转方向，该方向通过右手法则判断。判断方法为：使拇指沿旋转轴指向远离拾取点处的旋转轴端点，弯曲四指，四指所指的方向即为对象的旋转方向。

4. 说明

在创建的旋转网格中，沿旋转方向的网格线数由系统变量 SURFTAB1 决定；沿旋转轴方向的网格线数由系统变量 SURFTAB2 决定，其默认值均为6(操作时应先设置系统变量，再创建旋转曲面)。

14.1.4　创建平移曲面

1. 功能

平移曲面指将轮廓曲线沿方向矢量平移后构成的曲面(网格面)，如图 14-2 所示。

方向矢量

轮廓曲线

(a) 方向矢量与轮廓曲线　　　　　　(b) 平移曲面

图 14-2　平移曲面

2. 命令调用方式

命令：TABSURF。功能区："网格"|"图元"| **§**(平移曲面)。菜单命令："绘图"|"建模"|"网格"|"平移网格"。

3. 命令执行方式

执行 TABSURF 命令，AutoCAD 提示：

> 选择用作轮廓曲线的对象:(选择对应的曲线对象)
> 选择用作方向矢量的对象:(选择对应的方向矢量)

执行结果：AutoCAD 将创建平移曲面。

创建平移曲面时，首先必须绘制出作为轮廓曲线和方向矢量的对象。作为轮廓曲线的对象可以是直线段、圆弧、圆、样条曲线、二维多段线和三维多段线等；作为方向矢量的对象可以是直线段、非闭合的二维多段线和三维多段线等。

4. 说明

在创建的平移网格中，沿方向矢量方向的网格线数一般为 2；沿另一个方向的网格线数由系统变量 SURFTAB1 决定。

14.1.5　创建直纹曲面

1. 功能

直纹曲面指在两条曲线之间构成的曲面(网格面)，如图 14-3 所示。

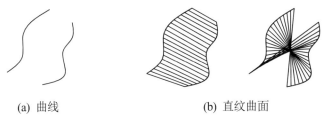

(a) 曲线　　　　　　　　(b) 直纹曲面

图 14-3　直纹曲面

2. 命令调用方式

命令：RULESURF。功能区："网格"|"图元"| **◣**(直纹曲面)。菜单命令："绘图"|"建模"|"网格"|"直纹网格"。

3. 命令执行方式

执行 RULESURF 命令，AutoCAD 提示：

> 选择第一条定义曲线:(选择第一条曲线)
> 选择第二条定义曲线:(选择第二条曲线)

执行结果：AutoCAD 将创建直纹曲面。

创建直纹曲面时，首先应绘制用于创建直纹曲面的曲线，这些曲线可以是直线段、点、圆弧、圆、样条曲线、二维多段线及三维多段线等对象。对于构成直纹曲面的两条曲线来说，如果其中一条曲线封闭，另一条曲线也必须封闭或者是一个点。

4. 说明

AutoCAD 默认从定义曲线上离拾取点近的一端开始创建直纹曲面。因此，对于同样的两条定义曲线，在选择定义曲线的提示下，选择曲线时的选择位置不同，绘制出的曲面也不同，如图 14-3(b)所示。此外，直纹网格沿已有曲线方向的网格线数由系统变量 SURFTAB1 决定。

14.1.6　创建边界曲面

1. 功能

边界曲面指由 4 条首尾相连的边界构成的三维多边形网格面，如图 14-4 所示。

(a) 4 条边　　　　　　　　　　　　(b) 边界曲面

图 14-4　边界曲面

2. 命令调用方式

命令：EDGESURF。功能区："网格"|"图元"|█(边界曲面)。菜单命令："绘图"|"建模"|"网格"|"边界网格"。

3. 命令执行方式

执行 EDGESURF 命令，AutoCAD 提示：

> 选择用作曲面边界的对象 1：
> 选择用作曲面边界的对象 2：
> 选择用作曲面边界的对象 3：
> 选择用作曲面边界的对象 4：

依次选择作为曲面边界的多个对象后，即可创建边界曲面。

创建边界曲面时，首先必须绘制用于创建曲面边界的各个对象，这些对象一般为直线段、圆弧、样条曲线、二维多段线或三维多段线等，且必须彼此首尾相连。

4. 说明

AutoCAD 默认将选择的第一个对象所在的方向作为边界曲面的 M 方向；将其邻边方向作为边界曲面的 N 方向。系统变量 SURFTAB1 用于设置边界曲面沿 M 方向的网格线数；系统变量 SURFTAB2 用于设置边界曲面沿 N 方向的网格线数。

14.2 创建实体模型

实体是具有质量、体积、重心、惯性矩和回转半径等特征的三维对象。利用 AutoCAD 2020，可以创建各种类型的实体模型。

14.2.1 创建长方体

1. 功能

创建指定尺寸的长方体实体，如图 14-5 所示。

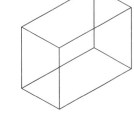

图 14-5 长方体

2. 命令调用方式

命令：BOX。功能区："常用"|"建模"| ▣(长方体)。工具栏："建模"| ▣(长方体)。菜单命令："绘图"|"建模"|"长方体"。

3. 命令执行方式

执行 BOX 命令，AutoCAD 提示：

> 指定第一个角点或 [中心(C)]:

下面介绍该提示中各选项的含义及其操作方法。

1) 指定第一个角点

根据长方体一个角点的位置创建长方体，为默认选项。执行该选项，即确定一个角点的位置后，AutoCAD 提示：

> 指定其他角点或 [立方体(C)/长度(L)]:

● 指定其他角点

根据另一个角点的位置创建长方体，为默认选项。用户响应后，如果该角点与第一个角点的 Z 坐标不同，则 AutoCAD 以这两个角点作为长方体的对角点创建长方体；如果第二个角点与第一个角点位于同一高度，即这两个角点具有相同的 Z 坐标，则 AutoCAD 提示：

> 指定高度或 [两点(2P)]:

在此提示下输入长方体的高度值,或通过指定两点,以两点间的距离值作为高度创建长方体。

- 立方体(C)

创建立方体。执行该选项,AutoCAD 提示:

指定长度:(输入立方体的边长)

- 长度(L)

根据长方体的长、宽和高创建长方体。执行该选项,AutoCAD 提示:

指定长度:(输入长度值)
指定宽度:(输入宽度值)
指定高度或 [两点(2P)]:(输入高度值)

2) 中心(C)

根据长方体的中心点位置创建长方体。执行该选项,AutoCAD 提示:

指定中心:(确定中心点的位置)
指定角点或 [立方体(C)/长度(L)]:

- 指定角点

确定长方体的另一个角点位置,为默认选项。用户响应后,如果该角点与中心点的 Z 坐标不同,AutoCAD 将以两个点为长方体的对角点创建长方体;如果该角点与中心点有相同的 Z 坐标,则 AutoCAD 提示:

指定高度或[两点(2P)]:(输入高度值)

- 立方体(C)

创建立方体。执行该选项,AutoCAD 提示:

指定长度:(输入立方体的边长)

- 长度(L)

根据长方体的长、宽和高创建长方体。执行该选项,AutoCAD 提示:

指定长度:(输入长度值)
指定宽度:(输入宽度值)
指定高度或[两点(2P)]:(确定高度)

14.2.2　创建楔体

1. 功能

创建指定尺寸的楔体实体,如图 14-6 所示。

图 14-6　楔体

2. 命令调用方式

命令：WEDGE。功能区："常用" | "建模" | ◣(楔体)。工具栏："建模" | ◣(楔体)。菜单命令："绘图" | "建模" | "楔体"。

3. 命令执行方式

执行 WEDGE 命令，AutoCAD 提示：

> 指定第一个角点或 [中心(C)]:

下面介绍该提示中各选项的含义及其操作方法。

1) 指定第一个角点

根据楔体上的角点位置创建楔体，为默认选项。确定楔体的一个角点位置后，AutoCAD 提示：

> 指定其他角点或 [立方体(C)/长度(L)]:

与创建长方体相同，此时可以通过执行默认选项"指定其他角点"指定另一个角点的位置来创建楔体；通过选择"立方体(C)"选项可以创建两个直角边及宽均相等的楔体；通过选择"长度(L)"选项可以按指定的长、宽和高创建楔体。

2) 中心(C)

按指定的中心点位置创建楔体，此中心点指楔体斜面上的中心点。执行该选项，AutoCAD 提示：

> 指定中心:

此提示要求确定中心点的位置。用户响应后，AutoCAD 提示：

> 指定角点或 [立方体(C)/长度(L)]:

与创建长方体相同，此时可以通过执行默认选项"指定角点"指定一个角点的位置来创建楔体；通过选择"立方体(C)"选项可以创建两个直角边及宽均相等的楔体；通过选择"长度(L)"选项可以按指定的长、宽和高创建楔体。

14.2.3　创建球体

1. 功能

创建指定尺寸的球体实体，如图 14-7 所示。

图 14-7　球体

2. 命令调用方式

命令：SPHERE。功能区："常用" | "建模" | ⬤(球体)。工具栏："建模" | ⬤(球体)。菜单命令："绘图" | "建模" | "球体"。

3. 命令执行方式

执行 SPHERE 命令，AutoCAD 提示：

> 指定中心点或 [三点(3P)/两点(2P)/切点、切点、半径(T)]:

下面介绍该提示中各选项的含义及其操作方法。

1) 指定中心点

确定球心位置，为默认选项。执行该选项，AutoCAD 提示：

> 指定半径或 [直径(D)]:(输入球体的半径，或通过选择"直径(D)"选项确定直径)

2) 三点(3P)

通过指定球体上某一条圆周上的三个点来创建球体。执行该选项，AutoCAD 提示：

> 指定第一点:
> 指定第二点:
> 指定第三点:

依次指定三点后(三点即可确定一个圆)，AutoCAD 将创建对应的球体。

3) 两点(2P)

通过指定球体上某一条直径的两个端点来创建球体。执行该选项，AutoCAD 提示：

> 指定直径的第一个端点:
> 指定直径的第二个端点:

依次指定两点后，AutoCAD 将创建对应的球体。

4) 切点、切点、半径(T)

创建与已有两个对象相切，且半径为指定值的球体，其中两个对象必须是位于同一平面上的圆弧、圆或直线。执行该选项，AutoCAD 提示：

> 指定对象的第一个切点:
> 指定对象的第二个切点:
> 指定圆的半径:

在此提示下，用户依次响应 AutoCAD 的提示即可绘制出对应的球体。

14.2.4 创建圆柱体

1. 功能

创建指定尺寸的圆柱体实体，如图 14-8 所示。

图 14-8 圆柱体

2. 命令调用方式

命令：CYLINDER。功能区："常用"|"建模"| (圆柱体)。工具栏："建模"| (圆柱体)。菜单命令："绘图"|"建模"|"圆柱体"。

3. 命令执行方式

执行 CYLINDER 命令，AutoCAD 提示：

> 指定底面的中心点或 [三点(3P)/两点(2P)/切点、切点、半径(T)/椭圆(E)]:

下面介绍提示中各选项的含义及其操作方法。

1) 指定底面的中心点

确定圆柱体底面的中心点位置，为默认选项。执行该选项，AutoCAD 提示：

> 指定底面半径或 [直径(D)]:(输入圆柱体的底面半径或执行"直径(D)"选项输入直径)
> 指定高度或 [两点(2P)/轴端点(A)]:

● 指定高度

根据高度创建圆柱体，为默认选项。用户响应后，创建出圆柱体，且圆柱体的两个端面与当前 UCS 的 XY 面平行。

● 两点(2P)

指定两点，以两点之间的距离为圆柱体的高度。执行该选项，AutoCAD 提示：

> 指定第一点:
> 指定第二点:

在此提示下，用户依次进行响应即可。

● 轴端点(A)

根据圆柱体另一个端面上的圆心位置创建圆柱体。执行该选项，AutoCAD 提示：

> 指定轴端点:

此提示要求指定圆柱体的另一个轴端点，即另一个端面上的圆心位置，用户进行响应后，AutoCAD 将创建圆柱体。利用该方法，可以创建沿任意方向放置的圆柱体。

2) 三点(3P)；两点(2P)；切点、切点、半径(T)

"三点(3P)""两点(2P)"和"切点、切点、半径(T)"3 个选项分别用于以不同方式确定圆柱体的底面圆，其操作过程与使用 CIRCLE 命令绘制圆的过程相同。确定圆柱体的底面圆后，AutoCAD 提示：

> 指定高度或 [两点(2P)/轴端点(A)]:

在此提示下，用户进行响应即可绘制出相应的圆柱体。

3) 椭圆(E)

创建椭圆柱体，即横截面是椭圆的圆柱体。执行该选项，AutoCAD 提示：

指定第一个轴的端点或 [中心(C)]:

此提示要求确定椭圆柱体的底面椭圆,其操作过程与使用 ELLIPSE 命令绘制椭圆的过程相似。确定椭圆柱体的底面椭圆后,AutoCAD 提示:

指定高度或 [两点(2P)/轴端点(A)]:

用户进行响应即可绘制出相应的椭圆柱体。

14.2.5　创建圆锥体

1. 功能

创建指定尺寸的圆锥体实体,如图 14-9 所示。

2. 命令调用方式

图 14-9　圆锥体

命令:CONE。功能区:"常用"|"建模"|▲(圆锥体)。工具栏:"建模"|▲(圆锥体)。菜单命令:"绘图"|"建模"|"圆锥体"。

3. 命令执行方式

执行 CONE 命令,AutoCAD 提示:

指定底面的中心点或 [三点(3P)/两点(2P)/切点、切点、半径(T)/椭圆(E)]:

下面介绍该提示中各选项的含义及其操作方法。

1) 指定底面的中心点

确定圆锥体底面的中心点位置,为默认选项。执行该选项,AutoCAD 提示:

指定底面半径或 [直径(D)]:(输入圆锥体底面的半径或执行"直径(D)"选项输入直径)
指定高度或 [两点(2P)/轴端点(A)/顶面半径(T)]:

● 指定高度

用于指定圆锥体的高度。用户输入圆锥体的高度值,按 Enter 键后,AutoCAD 将按指定高度创建出圆锥体,且该圆锥体的中心线与当前 UCS 的 Z 轴平行。

● 两点(2P)

用于指定两点,并以这两点之间的距离作为圆锥体的高度。执行该选项,AutoCAD 提示:

指定第一点:
指定第二点:

用户依次进行响应即可。

● 轴端点(A)

用于指定圆锥体的轴端点位置。执行该选项,AutoCAD 提示:

> 指定轴端点:

在此提示下确定锥顶点(即轴端点)位置后，AutoCAD 将创建相应的圆锥体。利用该方法，可以创建沿任意方向放置的圆锥体。

- 顶面半径(T)

用于创建圆台。执行该选项，AutoCAD 提示:

> 指定顶面半径:(指定顶面半径)
> 指定高度或 [两点(2P)/轴端点(A)] >:(响应某一个选项即可)

2) 三点(3P)；两点(2P)；切点、切点、半径(T)

"三点(3P)""两点(2P)"和"切点、切点、半径(T)"3 个选项分别用于以不同的方式确定圆锥体的底面圆，其操作过程与使用 CIRCLE 命令绘制圆的过程相同。确定圆锥体的底面圆后，AutoCAD 提示:

> 指定高度或 [两点(2P)/轴端点(A)/顶面半径(T)]:

在此提示下，用户进行响应即可绘制出相应的圆锥体。

3) 椭圆(E)

用于创建椭圆锥体，即横截面为椭圆的锥体。执行该选项，AutoCAD 提示:

> 指定第一个轴的端点或 [中心(C)]:

此提示要求确定圆锥体的底面椭圆，其操作过程与使用 ELLIPSE 命令绘制椭圆的过程类似。确定椭圆锥体的底面椭圆后，AutoCAD 提示:

> 指定高度或 [两点(2P)/轴端点(A)/顶面半径(T)]:

在此提示下，用户进行响应即可绘制出相应的椭圆锥体。

14.2.6　创建圆环体

1. 功能

创建指定尺寸的圆环体实体，如图 14-10 所示。

图 14-10　圆环体

2. 命令调用方式

命令：TORUS。功能区："常用"|"建模"| (圆环体)。工具栏："建模"| ■(圆环体)。菜单命令："绘图"|"建模"|"圆环体"命令。

3. 命令执行方式

执行 TORUS 命令，AutoCAD 提示:

> 指定中心点或 [三点(3P)/两点(2P)/切点、切点、半径(T)]:

下面介绍该提示中各选项的含义及其操作方法。

1) 指定中心点

指定圆环体的中心点位置，为默认选项。执行该选项，AutoCAD 提示：

> 指定半径或 [直径(D)]:(输入圆环体的半径，或执行"直径(D)"选项输入直径)
> 指定圆管半径或 [两点(2P)/直径(D)]:(输入圆管的半径，或执行"两点(2P)""直径(D)"选项输入直径)

2) 三点(3P)；两点(2P)；切点、切点、半径(T)

"三点(3P)""两点(2P)"和"切点、切点、半径(T)"3 个选项分别用于以不同的方式确定圆环体的中心线圆，其操作过程与使用 CIRCLE 命令绘制圆的过程相同。确定圆环体的中心线圆后，AutoCAD 提示：

> 指定圆管半径或 [两点(2P)/直径(D)]:

用户根据需要进行响应即可。

14.2.7　创建多段体

1. 功能

创建三维多段体。多段体是具有矩形截面的实体，如图 14-11 所示，类似于有宽度和高度的多段线。

图 14-11　多段体

2. 命令调用方式

命令：POLYSOLID。功能区："常用"|"建模"|　(多段体)。工具栏："建模"|　(多段体)。菜单命令："绘图"|"建模"|"多段体"命令。

3. 命令执行方式

执行 POLYSOLID 命令，AutoCAD 提示：

> 指定起点或 [对象(O)/高度(H)/宽度(W)/对正(J)] <对象>:

1) 指定起点

指定多段体的起点。用户进行响应后，AutoCAD 提示：

> 指定下一个点或 [圆弧(A)/放弃(U)]:

- 指定下一个点

继续指定多段体的端点，执行该选项，AutoCAD 提示：

> 指定下一个点或 [圆弧(A)/放弃(U)]:(指定下一个点，或执行"圆弧(A)"选项切换到绘制圆弧操作(见下面的介绍)，或执行"放弃(U)"选项放弃操作)
> 指定下一个点或 [圆弧(A)/闭合(C)/放弃(U)]:(指定下一个点，或执行"圆弧(A)"选项切换到绘制圆弧操作，或执行"闭合(C)"选项封闭多段体，或执行"放弃(U)"选项放弃操作)
> 指定下一个点或 [圆弧(A)/闭合(C)/放弃(U)]:✓(也可以继续执行)

● 圆弧(A)

切换到绘制圆弧模式。执行该选项，AutoCAD 提示：

指定圆弧的端点或 [方向(D)/直线(L)/第二点(S)/放弃(U)]:

其中，"指定圆弧的端点"选项用于指定圆弧的另一个端点；"方向(D)"选项用于指定圆弧在起点处的切线方向；"直线(L)"选项用于切换到绘制直线模式；"第二点(S)"选项用于指定圆弧的第二个点；"放弃(U)"选项用于放弃上一次的操作。用户根据提示进行响应即可。

2) 对象(O)

将二维对象转换为多段体。执行该选项，AutoCAD 提示：

选择对象:

在此提示下选择对应的对象，AutoCAD 将按当前的宽度和高度设置将所选对象转换为多段体。使用 LINE 命令绘制的直线、使用 CIRCLE 命令绘制的圆、使用 PLINE 命令绘制的多段线和使用 ARC 命令绘制的圆弧都可以转换为多段体。

3) 高度(H)、宽度(W)

设置多段体的高度和宽度，执行"高度(H)"或"宽度(W)"选项后，根据提示进行设置即可。

4) 对正(J)

设置创建多段体时多段体相对于光标的位置，即设置多段体上的哪条边(从上向下观察)将随光标移动。执行该选项，AutoCAD 提示：

输入对正方式 [左对正(L)/居中(C)/右对正(R)] <居中>:

● 左对正(L)

表示当从左向右绘制多段体时，多段体的上边随光标移动。

● 居中(C)

表示当绘制多段体时，多段体的中心线(该线不显示)随光标移动。

● 右对正(R)

表示当从左向右绘制多段体时，多段体的下边随光标移动。

14.2.8　旋转

1. 功能

通过绕旋转轴旋转封闭二维对象来创建三维实体(或创建曲面)，如图 14-12 所示。

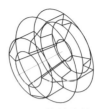

(a) 封闭对象与旋转轴　　　　　　　　　　(b) 旋转实体

图 14-12　通过旋转创建实体

2. 命令调用方式

命令：REVOLVE。功能区："常用"|"建模"| (旋转)。工具栏："建模"| (旋转)。
菜单命令："绘图"|"建模"|"旋转"。

3. 命令执行方式

执行 REVOLVE 命令，AutoCAD 提示：

> 选择要旋转的对象或 [模式(MO)]:

1) 模式(MO)
设置通过旋转创建实体还是曲面。执行该选项，AutoCAD 提示：

> 闭合轮廓创建模式 [实体(SO)/曲面(SU)] <实体>:

该提示中，选择"实体(SO)"选项可以创建实体，选择"曲面(SU)"选项可以创建曲面。
选择"实体(SO)"选项后，AutoCAD 继续提示：

> 选择要旋转的对象或 [模式(MO)]:

2) 选择要旋转的对象
选择对象进行旋转。如果创建旋转实体，此时应选择二维封闭对象。执行该选项，
AutoCAD 提示：

> 选择要旋转的对象或 [模式(MO)]:✓(可以继续选择对象)
> 指定轴起点或根据以下选项之一定义轴 [对象(O)/X/Y/Z] <对象>:

(1) 指定轴起点。
通过指定旋转轴的两个端点位置来确定旋转轴的起点，为默认项。执行该选项，AutoCAD
提示：

> 指定轴端点:(指定旋转轴的另一个端点位置)
> 指定旋转角度或 [起点角度(ST)/反转(R)/表达式(EX)] <360>:

- 指定旋转角度

确定旋转角度，为默认选项。用户进行响应后，按 Enter 键，AutoCAD 会将选择的对象
按指定的角度进行旋转，创建出对应的旋转实体(默认角度为 360°)。

- 起点角度(ST)

指定旋转的起点角度。执行该选项，AutoCAD 提示：

> 指定起点角度:(输入旋转的起点角度后按 Enter 键)
> 指定旋转角度或 [起点角度(ST)/表达式(EX)] <360>:(输入旋转角度后按 Enter 键)

- 反转(R)

改变旋转方向，用户直接进行响应即可。

- 表达式(EX)

通过表达式或公式来设置旋转角度。

(2) 对象(O)。

绕指定的对象旋转。执行该选项，AutoCAD 提示：

> 选择对象:

此提示要求用户选择作为旋转轴的对象，此时只能选择使用 LINE 命令绘制的直线或使用 PLINE 命令绘制的多段线。在选择多段线时，如果拾取的多段线是直线段，则旋转对象将绕该线段旋转；如果拾取的多线段是圆弧段，则以该圆弧两个端点的连线作为旋转轴进行旋转。确定旋转轴对象后，AutoCAD 提示：

> 指定旋转角度或 [起点角度(ST)/反转(R)/表达式(EX)] <360>: (输入旋转角度值后按 Enter 键，默认旋转角度为 360°，或通过其他选项进行设置)

(3) X、Y、Z。

分别绕 X 轴、Y 轴或 Z 轴旋转而成的实体。执行某一选项后，AutoCAD 提示：

> 指定旋转角度或 [起点角度(ST)/反转(R)/表达式(EX)] <360>:

用户根据提示进行响应即可。

14.2.9　拉伸

1. 功能

通过拉伸指定高度或路径的二维封闭对象来创建三维实体(或创建曲面)，如图 14-13 所示。

(a) 已有对象　　　　　　(b) 拉伸实体

图 14-13　通过拉伸创建实体

2. 命令调用方式

命令：EXTRUDE。功能区："常用"|"建模"| ▧(拉伸)。工具栏："建模"| ▧(拉伸)。菜单命令："绘图"|"建模"|"拉伸"。

3. 命令执行方式

执行 EXTRUDE 命令，AutoCAD 提示：

> 选择要拉伸的对象或 [模式(MO)]:

1) 模式(MO)

设置通过拉伸是创建实体还是创建曲面。执行该选项，AutoCAD 提示：

> 闭合轮廓创建模式 [实体(SO)/曲面(SU)] <实体>:

在该提示中，选择"实体(SO)"选项可以创建实体；选择"曲面(SU)"选项可以创建曲面。选择"实体(SO)"选项后，AutoCAD 继续提示：

> 选择要拉伸的对象或 [模式(MO)]:

2) 选择要拉伸的对象

选择对象进行拉伸。如果创建拉伸实体，则应选择二维封闭对象。执行该选项，AutoCAD 提示：

> 选择要拉伸的对象或 [模式(MO)]:↙(可以继续选择对象)
> 指定拉伸的高度或 [方向(D)/路径(P)/倾斜角(T)/表达式(E)]:

- 指定拉伸的高度

设置拉伸的高度，使对象按该高度进行拉伸，为默认选项。用户进行响应后，按 Enter 键，即可创建对应的拉伸实体。

- 方向(D)

设置拉伸方向。执行该选项，AutoCAD 提示：

> 指定方向的起点:
> 指定方向的端点:

用户依次进行响应后，AutoCAD 将以指定两点之间的距离为拉伸高度，以两点之间的连接方向为拉伸方向创建拉伸对象。

- 路径(P)

按路径拉伸。执行该选项，AutoCAD 提示：

> 选择拉伸路径或 [倾斜角(T)]:

用于选择拉伸路径，为默认选项，用户直接选择路径即可。用于拉伸的路径可以是直线、圆、圆弧、椭圆、椭圆弧、二维多段线、三维多段线及二维样条曲线等对象，且作为拉伸路径的对象可以封闭，也可以不封闭。

- 倾斜角(T)

设置拉伸倾斜角。执行该选项，AutoCAD 提示：

指定拉伸的倾斜角度或 [表达式(E)] <0>:

此提示要求指定拉伸的倾斜角度。如果以0(即 0°)响应，AutoCAD 将把二维对象按指定的高度拉伸成柱体；如果输入角度值，拉伸后实体截面将沿拉伸方向按此角度变化，也可以通过表达式确定倾斜角度。

- 表达式(E)

通过表达式确定拉伸角度。

14.2.10 扫掠

1. 功能

将二维封闭对象按指定的路径扫掠，从而创建三维实体(或创建曲面)，如图 14-14 所示。

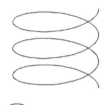 

(a) 已有对象(圆和螺旋线)　　　　　　(b) 扫掠结果

图 14-14　扫掠

2. 命令调用方式

命令：SWEEP。功能区："常用"|"建模"|(扫掠)。工具栏："建模"|(扫掠)。菜单命令："绘图"|"建模"|"扫掠"。

3. 命令执行方式

执行 SWEEP 命令，AutoCAD 提示：

选择要扫掠的对象或 [模式(MO)]:

1) 模式(MO)

设置通过扫掠是创建实体还是创建曲面。执行该选项，AutoCAD 提示：

闭合轮廓创建模式 [实体(SO)/曲面(SU)] <实体>:

在上述提示中，选择"实体(SO)"选项可以创建实体；选择"曲面(SU)"选项可以创建曲面。选择"实体(SO)"选项后，AutoCAD 提示：

选择要扫掠的对象或 [模式(MO)]:(选择要扫掠的对象)

2) 选择要扫掠的对象

选择对象进行扫掠。执行该选项，AutoCAD 提示：

> 选择要扫掠的对象或 [模式(MO)]:✓(可以继续选择对象)
> 选择扫掠路径或 [对齐(A)/基点(B)/比例(S)/扭曲(T)]:

● 选择扫掠路径

选择路径进行扫掠，为默认选项。执行该选项，即选择路径后，AutoCAD 将创建对应对象。

● 对齐(A)

执行该选项，AutoCAD 提示：

> 扫掠前对齐垂直于路径的扫掠对象 [是(Y)/否(N)] <是>:

此提示询问用户在扫掠前是否先将用于扫掠的对象垂直对齐于路径，然后进行扫掠。用户根据需要进行选择即可。

● 基点(B)

指定扫掠基点，即扫掠对象上(或对象外)沿扫掠路径移动的那一点。执行该选项，AutoCAD 提示：

> 指定基点:(指定基点)
> 选择扫掠路径或 [对齐(A)/基点(B)/比例(S)/扭曲(T)]:(选择扫掠路径或进行其他操作)

● 比例(S)

指定扫掠的比例因子，使从起点到终点的扫掠按此比例均匀放大或缩小。执行该选项，AutoCAD 提示：

> 输入比例因子或 [参照(R)/表达式(E)]:(输入比例因子或通过选择"参照(R)""表达式(E)"选项设置比例)
> 选择扫掠路径或 [对齐(A)/基点(B)/比例(S)/扭曲(T)]:(选择扫掠路径或进行其他操作)

● 扭曲(T)

指定扭曲角度或倾斜角度，使在扫掠的同时，从起点到终点按给定的角度扭曲或倾斜。执行此选项，AutoCAD 提示：

> 输入扭曲角度或允许非平面扫掠路径倾斜 [倾斜(B)/表达式(EX)]:(输入扭曲角度，也可以通过选择"倾斜(B)"或"表达式(EX)"选项输入倾斜角度)
> 选择扫掠路径或 [对齐(A)/基点(B)/比例(S)/扭曲(T)]:(选择扫掠路径或进行其他操作)

14.2.11 放样

1. 功能

通过一系列封闭曲线(称为横截面轮廓)创建三维实体(或创建曲面)。

2. 命令调用方式

命令：LOFT。功能区："常用" | "建模" | (放样)。工具栏："建模" | (放样)。菜单命令："绘图" | "建模" | "放样"。

3. 命令执行方式

执行 LOFT 命令，AutoCAD 提示：

> 按放样次序选择横截面或 [点(PO)/合并多条边(J)/模式(MO)]:

1) 模式(MO)

设置通过放样是创建实体还是创建曲面。执行该选项，AutoCAD 提示：

> 闭合轮廓创建模式 [实体(SO)/曲面(SU)] <实体>:

在上述提示中，选择"实体(SO)"选项可以创建实体，选择"曲面(SU)"选项可以创建曲面。选择"实体(SO)"选项后，AutoCAD 继续提示：

> 按放样次序选择横截面或 [点(PO)/合并多条边(J)/模式(MO)]:

2) 按放样次序选择横截面

按放样次序选择用于创建实体的对象。此时，至少需要选择两条曲线。执行该选项，即选择两条曲线后，AutoCAD 提示：

> 按放样次序选择横截面或 [点(PO)/合并多条边(J)/模式(MO)]:↙
> 输入选项 [导向(G)/路径(P)/仅横截面(C)/设置(S)]:

* 导向(G)

指定用于创建放样对象的导向曲线。导向曲线可以是直线，也可以是曲线。利用导向曲线能够以添加线框信息的方式进一步定义放样对象的形状。导向曲线应满足以下要求：要与每一个截面相交，起始于第一个截面并结束于最后一个截面。

执行"导向(G)"选项，AutoCAD 提示：

> 选择导向轮廓或 [合并多条边(J)]:(选择导向轮廓，或通过选择"合并多条边(J)"选项合并多条边)
> 选择导向曲线[合并多条边(J)]:↙(也可以继续选择导向曲线等)

* 路径(P)

指定用于创建放样对象的路径。此路径曲线必须与所有截面相交。执行"路径(P)"选项，AutoCAD 提示：

> 选择路径轮廓:(选择路径轮廓)

* 仅横截面(C)

该选项表示只通过指定的横截面创建放样曲面，不使用导向和路径。

● 设置(S)

通过对话框进行放样设置。

3) 点(PO)

通过一点和指定的截面创建放样对象,此点可以是放样对象的起点,也可以是终点,但另一个截面要求必须是封闭曲线。

4) 合并多条边(J)

表示将多条首尾相连的曲线作为一个截面来创建放样曲面。

14.3 应 用 实 例

练习 1 创建如图 14-15 所示的套的实体模型。

1) 切换到平面视图

选择菜单命令"视图"|"三维视图"|"平面视图"|"当前 UCS",切换到平面视图。

2) 绘制截面轮廓和旋转轴

根据图 14-15 绘制套的二维截面轮廓和旋转轴,绘图结果及相关尺寸如图 14-16 所示。执行 PEDIT 命令,将截面轮廓合并为一条多段线。

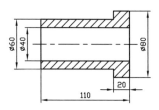

图 14-15 套的实体模型

3) 旋转

单击功能区中的 "常用"|"建模"| [旋转图标](旋转)按钮,即执行 REVOLVE 命令,AutoCAD 提示:

```
选择要旋转的对象或 [模式(MO)]:(选择截面轮廓)
选择要旋转的对象或 [模式(MO)]:↙
指定轴起点或根据以下选项之一定义轴 [对象(O)/X/Y/Z] <对象>:(捕捉旋转轴上的一个端点)
指定轴端点:(捕捉旋转轴的另一个端点)
指定旋转角度或 [起点角度(ST)/反转(R)/表达式(EX)]:↙
```

执行结果如图 14-17 所示。

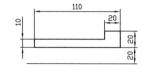

图 14-16 绘制二维截面轮廓和旋转轴

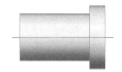

图 14-17 创建的旋转实体

4) 删除

执行 ERASE 命令,删除中心线(过程略)。

5）改变视点

执行菜单命令"视图"|"三维视图"|"西南等轴测"，改变视点，得到的结果如图 14-18 所示。

练习 2　根据如图 14-19 所示的图形创建槽轮盘实体，其中实体的厚度为 20。

1）绘制截面轮廓

根据图 14-19 绘制槽轮盘的截面轮廓，并执行 PEDIT 命令将该轮廓合并为一条多段线。

图 14-18　改变视点后的结果

2）拉伸成实体

执行 EXTRUDE 命令，AutoCAD 提示：

> 选择要拉伸的对象或 [模式(MO)]:(选择已绘制的轮廓)
> 选择要拉伸的对象或 [模式(MO)]:↙
> 指定拉伸的高度或 [方向(D)/路径(P)/倾斜角(T)/表达式(E)]: 20↙

执行结果如图 14-20 所示。

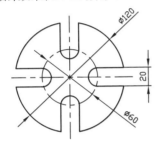

图 14-19　槽轮盘平面图

图 14-20　槽轮盘实体

14.4　本章小结

本章介绍了利用 AutoCAD 2020 创建基本曲面模型、基本实体模型的功能等内容。与绘制二维基本对象类似，本章介绍的基本模型通常不能满足实际绘图的需要。例如，虽然在 14.3 节介绍了创建套实体和槽轮盘实体的操作方法，但仍无法为其创建孔、键槽等特征。在创建曲面模型和实体模型时，只有与三维编辑功能相结合，才能创建出各种复杂的模型，如创建轴承实体、有键槽等特征的轴、齿轮实体等模型。本书的第 15 章将详细介绍 AutoCAD 2020 的三维编辑功能，并介绍如何利用这些编辑功能，通过基本模型来创建复杂的三维模型。

14.5 习　题

1. 判断题

(1) 可以利用夹点功能编辑曲面模型的网格。(　　)

(2) 虽然执行一次 3DFACE 命令能够创建任意数量的三维面，但各个三维面均是有三条边或四条边的独立对象。(　　)

(3) AutoCAD 可以创建椭圆柱体。(　　)

(4) AutoCAD 通过拉伸得到的实体不能是锥体。(　　)

(5) 当选择 EXTRUDE 命令的"指定拉伸的高度"选项创建拉伸实体时，其拉伸方向总是沿当前 UCS 的 Z 坐标轴方向。(　　)

2. 上机习题

(1) 练习创建曲面模型和实体模型的各项命令，掌握命令中各个选项的含义及操作方法。

(2) 使用 REVOLVE 命令创建本书第 4 章中图 4-34 所示的轴的实体模型，并通过不同视点观察该实体。

(3) 对于本书第 7 章中图 7-22 所示的两个轮廓图，分别使用 EXTRUDE 命令创建与它们对应的拉伸实体，拉伸高度均为 50。

第 *15* 章

三维编辑、创建复杂实体模型

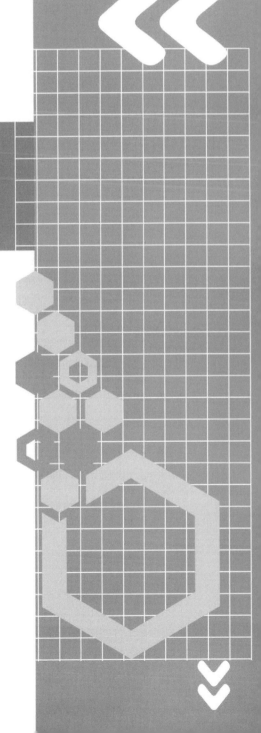

本章要点

本章介绍 AutoCAD 2020 的三维编辑等功能。通过本章的学习，读者应掌握以下内容：

- 三维编辑
- 创建复杂实体模型

15.1 三 维 编 辑

本书第 4 章介绍的许多编辑命令也适用于三维编辑,如移动、复制及删除等命令。本节将介绍专门用于三维编辑的一些命令及其操作方法和技巧。

15.1.1 三维旋转

1. 功能

将选定的对象绕空间轴旋转指定的角度。

2. 命令调用方式

命令:3DROTATE。功能区:"常用"|"修改"| ⚙(三维旋转)。工具栏:"建模"| ⚙(三维旋转)。菜单命令:"修改"|"三维操作"|"三维旋转"。

3. 命令执行方式

执行 3DROTATE 命令,AutoCAD 提示:

选择对象:(选择旋转对象)
选择对象:✓(可以继续选择对象)
指定基点:

AutoCAD 在显示"指定基点:"提示的同时,会显示随光标一起移动的三维旋转图标,如图 15-1 所示。

在该提示下指定旋转基点,AutoCAD 会将如图 15-1 所示的图标固定在旋转基点位置(图标中心点与基点重合),并提示:

拾取旋转轴:

在此提示下,将光标置于图 15-1 所示图标的某一个椭圆上,此时该椭圆将以黄色显示,并显示与该椭圆所在平面垂直且通过图标中心的一条线,此线即为对应的旋转轴,如图 15-2 所示。

图 15-1 三维旋转图标

图 15-2 显示旋转轴

确定旋转轴后，单击，AutoCAD 提示：

> 指定角的起点或键入角度:(指定一点作为角的起点，或直接输入角度)
> 指定角的端点:(指定一点作为角的终点)

15.1.2　三维镜像

1. 功能

将选定的对象在三维空间相对于某一个平面镜像复制。

2. 命令调用方式

命令：MIRROR3D。功能区："常用" | "修改" | (三维镜像)。菜单命令："修改" | "三维操作" | "三维镜像"。

3. 命令执行方式

执行 MIRROR3D 命令，AutoCAD 提示：

> 选择对象:(选择镜像对象)
> 选择对象:✓(可以继续选择对象)
> 指定镜像平面(三点)的第一个点或
> [对象(O)/最近的(L)/Z 轴(Z)/视图(V)/XY 面(XY)/YZ 面(YZ)/ZX 面(ZX)/三点(3)] <三点>:

此提示要求用户指定镜像平面。下面介绍该提示中各选项的含义及其操作方法。

1) 指定镜像平面(三点)的第一个点

通过三点确定镜像面，为默认选项。执行该选项，AutoCAD 继续提示：

> 在镜像平面上指定第二点:(确定镜像面上的第二点)
> 在镜像平面上指定第三点:(确定镜像面上的第三点)
> 是否删除源对象？[是(Y)/否(N)]<否>:(确定镜像后是否删除源对象)

2) 对象(O)

以指定对象所在的平面作为镜像面。执行该选项，AutoCAD 提示：

> 选择圆、圆弧或二维多段线线段:

在此提示下选择圆、圆弧或二维多段线线段后，AutoCAD 继续提示：

> 是否删除源对象？[是(Y)/否(N)]<否>:(确定镜像后是否删除源对象)

3) 最近的(L)

以最近一次定义的镜像面作为当前镜像面。执行该选项，AutoCAD 提示：

> 是否删除源对象？[是(Y)/否(N)]<否>:(确定镜像后是否删除源对象)

4) Z 轴(Z)

通过确定平面上一点和该平面法线上的一点来定义镜像面。执行该选项,AutoCAD 提示:

在镜像平面上指定点:(确定镜像面上的任意一点)
在镜像平面的 Z 轴(法向)上指定点:(确定镜像面法线上的任意一点)
是否删除源对象? [是(Y)/否(N)]<否>:(确定镜像后是否删除源对象)

5) 视图(V)

以与当前视图平面(即计算机屏幕)平行的面作为镜像面。执行该选项,AutoCAD 提示:

在视图平面上指定点:(确定视图面上的任意一点)
是否删除源对象? [是(Y)/否(N)]<否>:(确定镜像后是否删除源对象)

6) XY 面(XY)、YZ 面(YZ)、ZX 面(ZX)

三个选项分别表示以与当前 UCS 的 XY、YZ 或 ZX 面平行的平面作为镜像面。执行其中某一个选项(如执行"XY 面(XY)"选项),AutoCAD 提示:

指定 XY 面上的点:(确定对应点)
是否删除源对象? [是(Y)/否(N)]<否>:(确定镜像后是否删除源对象)

7) 三点(3)

通过指定三点来确定镜像面,其操作与默认选项的操作相同。

15.1.3 三维阵列

1. 功能

将选定的对象在三维空间阵列。

2. 命令调用方式

命令:3DARRAY。菜单命令:"修改"|"三维操作"|"三维阵列"。

3. 命令执行方式

执行 3DARRAY 命令,AutoCAD 提示:

选择对象:(选择阵列对象)
选择对象:↙(可以继续选择对象)
输入阵列类型 [矩形(R)/环形(P)]:

此提示要求确定阵列的类型,AutoCAD 提供了矩形阵列和环形阵列两种方式可供选择,下面分别进行介绍。

1) 矩形阵列

"矩形(R)"选项用于矩形阵列,执行该选项,AutoCAD 提示:

> 输入行数(---):(输入阵列的行数)
> 输入列数(‖‖):(输入阵列的列数)
> 输入层数(...):(输入阵列的层数)
> 指定行间距(---):(输入行间距)
> 指定列间距(‖‖):(输入列间距)
> 指定层间距(...):(输入层间距)

执行结果：将所选择的对象按指定的行、列和层阵列。

说明：

在矩形阵列中，行、列和层的阵列方向分别沿当前 UCS 的 X、Y 和 Z 轴方向。AutoCAD 会提示用户输入沿某方向的间距值，此时直接输入正值或负值即可。正值表示将沿对应坐标轴的正方向阵列；负值表示沿对应坐标轴的负方向阵列。

2) 环形阵列

在"输入阵列类型 [矩形(R)/环形(P)]:"提示下执行"环形(P)"选项，表示将进行环形阵列，AutoCAD 提示：

> 输入阵列中的项目数目:(输入阵列的项目个数)
> 指定要填充的角度(+=逆时针, -=顺时针) <360>:(输入环形阵列的填充角度)
> 旋转阵列对象？[是(Y)/否(N)]:

该提示要求用户确定阵列指定对象时是否使对象发生对应的旋转(与二维阵列时的效果类似)。用户响应该提示后，AutoCAD 继续提示：

> 指定阵列的中心点:(指定阵列的中心点位置)
> 指定旋转轴上的第二点:(确定阵列旋转轴上的另一个点，阵列中心点为阵列旋转轴上的一个点)

15.1.4　创建倒角

利用 AutoCAD 2020 创建倒角的功能，可以切去实体的外角(凸边)或填充实体的内角(凹边)，如图 15-3 所示。

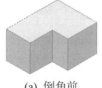
(a) 倒角前

(b) 倒角后

图 15-3　倒角功能示例

为实体创建倒角的命令与执行二维倒角的命令相同，即 CHAMFER 命令。执行该命令，AutoCAD 提示：

> 选择第一条直线或 [放弃(U)/多段线(P)/距离(D)/角度(A)/修剪(T)/方式(E)/多个(M)]:

在此提示下选择实体上要倒角的边，AutoCAD 会自动识别该实体，并将选择边所在的某一个面亮显，同时提示：

> 基面选择...
> 输入曲面选择选项 [下一个(N)/当前(OK)]<当前>:

此提示要求选择用于倒角的基面。基面指构成选择边的两个面中的某一个面。如果选择以当前的亮显面为基面，直接按 Enter 键即可(即执行"当前(OK)"选项)；如果执行"下一个(N)"选项，则另一个面亮显，表示以该面为倒角基面。确定基面后，AutoCAD 继续提示如下：

> 指定基面的倒角距离或 [表达式(E)]:(输入在基面上的倒角距离)
> 指定其他曲面倒角距离或 [表达式(E)]:(输入与基面相邻的另一个面上的倒角距离)
> 选择边或 [环(L)]:

最后一行提示中各选项的含义如下。

1) 选择边

对基面上指定的边进行倒角操作，为默认选项。指定各边后，即可对它们进行倒角。

2) 环(L)

对基面上的各边均进行倒角操作。执行该选项，AutoCAD 提示：

> 选择环或 [边(E)]:

在此提示下选择基面上需要倒角的边后，AutoCAD 将对它们创建倒角。

15.1.5 创建圆角

创建圆角是指对三维实体的凸边或凹边切出或添加圆角，如图 15-4 所示。

(a) 创建圆角前　　　　　　　　　(b) 创建圆角后

图 15-4　创建圆角示例

为三维实体创建圆角的命令与为二维图形创建圆角的命令相同，均为 FILLET 命令。执行该命令，AutoCAD 提示：

> 选择第一个对象或 [放弃(U)/多段线(P)/半径(R)/修剪(T)/多个(M)]:

在此提示下选择三维实体上需要创建圆角的边，AutoCAD 会自动识别出该实体，同时提示：

> 输入圆角半径或 [表达式(E)]:(输入圆角半径)
> 选择边或 [链(C)/环(L)/半径(R)]:

在此提示下选择需要创建圆角的各条边,确定后即可对它们创建圆角。

15.2 布尔操作

布尔操作指对实体进行并集、差集或交集等操作,同样属于编辑操作。

15.2.1 并集操作

1. 功能

将多个实体组合成一个实体,效果如图 15-5 所示(注意二者的区别)。

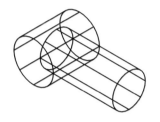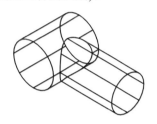

(a) 并集操作前   (b) 并集操作后

图 15-5 并集操作示例(三维线框视觉样式)

2. 命令调用方式

命令:UNION。功能区:"常用" | "实体编辑" | ▨(并集)。工具栏:"建模" | ▨(并集)。菜单命令:"修改" | "实体编辑" | "并集"。

3. 命令执行方式

执行 UNION 命令,AutoCAD 提示:

> 选择对象:(选择要进行并集操作的实体对象)
> 选择对象:(继续选择实体对象)
> …
> 选择对象:✓

执行结果:组合后形成一个新实体。

说明:

执行 UNION 命令时,当在"选择对象:"提示下选择各个实体对象后,如果各个实体彼此不接触或不重叠,AutoCAD 仍会对这些实体进行并集操作,使其形成一个组合体。

15.2.2 差集操作

1. 功能

从一些实体中去掉另一些实体，从而得到新实体，效果如图 15-6 所示。

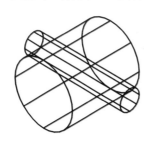
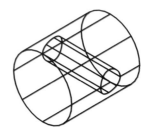

(a) 差集操作前　　　　　　　　　　(b) 差集操作后

图 15-6　差集操作示例(三维线框视觉样式)

2. 命令调用方式

命令：SUBTRACT。功能区："常用"|"实体编辑"|▣(实体，差集)。工具栏："建模"|▣(差集)。菜单命令："修改"|"实体编辑"|"差集"。

3. 命令执行方式

执行 SUBTRACT 命令，AutoCAD 提示：

```
选择要从中减去的实体、曲面和面域...
选择对象:(选择对应的实体对象)
选择对象:✓(可以继续选择对象)
选择要减去的实体、曲面和面域...
选择对象:(选择对应的实体对象)
选择对象:✓(可以继续选择对象)
```

执行结果：创建一个执行差集操作后的新实体。

15.2.3 交集操作

1. 功能

由各实体的公共部分所创建的新实体。

2. 命令调用方式

命令：INTERSECT。功能区："常用"|"实体编辑"|▣(实体，交集)。工具栏："建模"|▣(交集)。菜单命令："修改"|"实体编辑"|"交集"。

3. 命令执行方式

执行 INTERSECT 命令，AutoCAD 提示：

选择对象:(选择进行交集操作的实体对象)

选择对象:(继续选择对象)

…

选择对象:↙

执行结果：创建一个执行交集操作后的新实体。

15.3　创建复杂实体模型

利用本章及第 13 章、第 14 章介绍的功能，可以创建复杂的实体模型。本节将通过实例说明创建复杂实体模型的过程。15.4 节还将创建更多的实体模型。

【例 15-1】创建如图 15-7 所示的阀门实体模型。

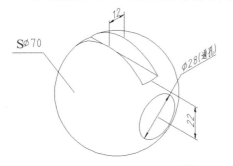

图 15-7　阀门

该例需要通过建立不同的 UCS 来创建模型。首先，执行 NEW 命令，以文件 acadiso3d.dwt 为样板建立新图形。其他操作步骤如下。

1）创建球体

执行 SPHERE 命令，AutoCAD 提示：

指定中心点或 [三点(3P)/两点(2P)/相切、相切、半径(T)]: 0,0,0↙(也可以选择其他点作为球心)

指定半径或 [直径(D)]: 35↙

结果如图 15-8 所示(注意 UCS 图标)。

2）创建圆孔

● 建立 UCS

使原 UCS 绕 Y 轴旋转 90°，选择菜单命令"工具" | "新建 UCS" | Y 命令，AutoCAD 提示：

指定绕 Y 轴的旋转角度 <90>:↙

执行结果如图 15-9 所示(注意 UCS 图标)。

图 15-8　球体

图 15-9　建立 UCS

● 创建圆柱体

执行 CYLINDER 命令，AutoCAD 提示：

> 指定底面的中心点或 [三点(3P)/两点(2P)/相切、相切、半径(T)/椭圆(E)]: 0,0,-50↙
> 指定底面半径或 [直径(D)]: 14↙
> 指定高度或 [两点(2P)/轴端点(A)]: 100↙

执行结果如图 15-10 所示(该图为三维线框图，也可以以点(0，0，0)作为圆柱体底面的中心点创建圆柱体，然后将圆柱体沿 Z 轴负方向移动指定的距离)。

● 差集操作

执行 SUBTRACT 命令，AutoCAD 提示：

> 选择要从中减去的实体、曲面和面域...
> 选择对象:(选择图 15-10 中的球体)
> 选择对象:↙
> 选择要减去的实体、曲面和面域...
> 选择对象:(选择图 15-10 中的圆柱体)
> 选择对象:↙

执行结果如图 15-11 所示。

图 15-10　创建圆柱体(三维线框视觉样式)

图 15-11　差集结果(真实视觉样式)

3) 创建凹槽

● 建立 UCS

将原 UCS 沿其 X 轴方向移动-22。

● 创建长方体

执行 BOX 命令，AutoCAD 提示：

指定第一个角点或 [中心(C)]: 0,6,-35↙

指定其他角点或 [立方体(C)/长度(L)]: @-20,-12,70↙

执行结果如图 15-12 所示。

- 差集操作

执行 SUBTRACT 命令，AutoCAD 提示：

选择要从中减去的实体、曲面和面域...

选择对象:(选择图 15-12 中的球体)

选择对象:↙

选择要减去的实体、曲面和面域...

选择对象:(选择图 15-12 中的长方体)

选择对象:↙

执行结果如图 15-13 所示。

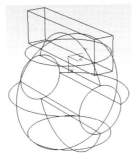

图 15-12 创建长方体(三维线框视觉样式)

图 15-13 差集结果(真实视觉样式)

通过本例可以看出，当创建复杂实体模型时，需要频繁地使用布尔操作等编辑功能，同时还要建立不同的 UCS。

15.4 应 用 实 例

练习 创建如图 15-14 所示的轴的三维实体模型。

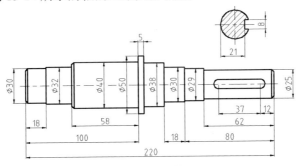

图 15-14 轴

1) 绘制轮廓

绘制轴的半轮廓图，如图 15-15 所示。

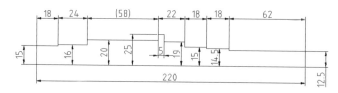

图 15-15　轴的半轮廓图

2) 合并

执行 PEDIT 命令，将图 15-15 所示的轮廓合并为一条多段线。

3) 旋转成实体

执行 REVOLVE 命令，AutoCAD 提示：

> 选择要旋转的对象或 [模式(MO)]: (选择已有的轮廓)
> 选择要旋转的对象或 [模式(MO)]: ↙
> 指定轴起点或根据以下选项之一定义轴 [对象(O)/X/Y/Z] <对象>: (在图 15-15 中，捕捉轮廓的左下角点)
> 指定轴端点: (在图 15-15 中，捕捉轮廓的右下角点)
> 指定旋转角度或 [起点角度(ST)] <360>: ↙

4) 改变视点

执行菜单命令 "视图" | "三维视图" | "东北等轴测"，得到如图 15-16 所示的结果。

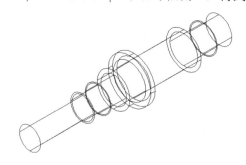

图 15-16　旋转实体并改变视点(三维线框视觉样式)

5) 创建倒角

执行 CHAMFER 命令，AutoCAD 提示：

> 选择第一条直线或 [放弃(U)/多段线(P)/距离(D)/角度(A)/修剪(T)/方式(E)/多个(M)]: (在图 15-16 中，拾取左端面的棱边，即图中位于最左面的圆)
> 基面选择...
> 输入曲面选择选项 [下一个(N)/当前(OK)] <当前>: ↙
> 指定基面的倒角距离或 [表达式(E)] 2↙
> 指定其他曲面的倒角距离或 [表达式(E)]: 2↙

选择边或 [环(L)]:(拾取图 15-16 中左端面的棱边)
选择边或 [环(L)]:✓

执行结果如图 15-17 所示。

使用同样的操作方法，在另外两条棱边处创建倒角，得到的结果如图 15-18 所示。

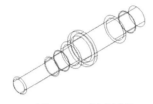
图 15-17　创建倒角 1

图 15-18　创建倒角 2

6) 创建键槽

● 新建 UCS

执行菜单命令"工具"|"新建 UCS"|"原点"，AutoCAD 提示：

指定新原点 <0,0,0>:

在此提示下捕捉图 15-18 中左端面的圆心，得到的结果如图 15-19 所示，即左端面的圆心为新 UCS 的原点。

图 15-19 中的坐标系图标说明了当前坐标系的原点位置和坐标方向。

● 继续新建 UCS

执行菜单命令 "工具"|"新建 UCS"|"原点"，AutoCAD 提示：

指定新原点 <0,0,0>:-12,0,8.5✓ (因为键槽底面与中心线所在平面的距离是 8.5,键槽中一半圆的圆心与相邻端面的距离是 12, 即新 UCS 的 XY 面是键槽的底面，原点是键槽中一半圆的圆心)

执行结果如图 15-20 所示。

图 15-19　新建 UCS 1

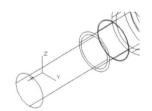
图 15-20　新建 UCS 2

● 切换到平面视图

执行菜单命令"视图"|"三维视图"|"平面视图"|"当前 UCS"，得到如图 15-21 所示的结果。此时，UCS 的 XY 面与计算机屏幕平行。

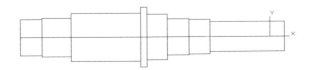
图 15-21　以平面视图形式显示图形

如果此时使用绘制二维图形的命令绘图，则需要在当前 UCS 的 XY 面上绘图。

- 绘制键槽轮廓

利用图 15-14 中给出的尺寸绘制键槽的二维轮廓，结果如图 15-22 所示(过程略)。

- 合并

执行 PEDIT 命令，将图 15-22 中的键槽轮廓合并为一条多段线。

执行菜单命令"视图"|"三维视图"|"东北等轴测"改变视点，得到如图 15-23 所示的结果。其中的键槽轮廓是位于当前 UCS 的 XY 面上的一条封闭多段线。

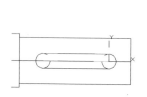

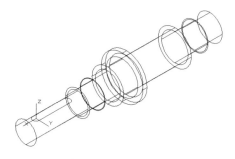

图 15-22 键槽轮廓   图 15-23 改变视点后的结果

- 拉伸

执行 EXTRUDE 命令，拉伸键槽轮廓曲线，AutoCAD 提示：

```
选择要拉伸的对象或 [模式(MO)]:(选择图 15-23 中表示键槽轮廓的曲线)
选择要拉伸的对象或 [模式(MO)]:↙
指定拉伸的高度或 [方向(D)/路径(P)/倾斜角(T)/表达式(E)]: 20↙
```

执行结果如图 15-24 所示。

- 差集操作

执行 SUBTRACT 命令，对多个对象执行差集操作，AutoCAD 提示：

```
选择要从中减去的实体、曲面和面域...
选择对象:(选择图 15-24 中的轴实体)
选择对象:↙
选择要减去的实体、曲面和面域...
选择对象:(选择图 15-24 中的拉伸实体)
选择对象: ↙
```

执行结果如图 15-25 所示。

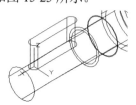

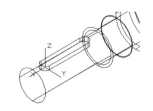

图 15-24 拉伸结果   图 15-25 执行差集操作后的结果

至此，已完成轴实体的创建。读者还可以将该轴以不同的视觉样式显示，并对其进行渲染。

15.5 本章小结

本章详细介绍了 AutoCAD 2020 的三维编辑功能，如三维旋转、三维镜像及三维阵列等。只有将三维编辑命令与 AutoCAD 2020 的其他功能相结合，才能够通过基本三维实体创建出各种复杂实体。

15.6 习 题

1. 判断题

(1) 可以绕空间任意轴旋转指定的对象。( )

(2) 执行 FILLET 命令或 CHAMFER 命令并选择三维实体的边后，AutoCAD 能自动识别出该对象属于实体模型，并给出用于为实体创建圆角或倒角的对应提示。( )

(3) 如果对一个实体和另一个未与其相交的实体执行差集操作，执行结果为删除另一个实体。( )

(4) 只有彼此重叠的实体才能进行并集操作。( )

(5) 如果对几个互不重叠的对象进行交集操作，则执行结果为删除这些实体。( )

2. 上机习题

分别创建如图 15-26 所示的各个实体(图中给出了主要尺寸，其余尺寸由读者确定)。

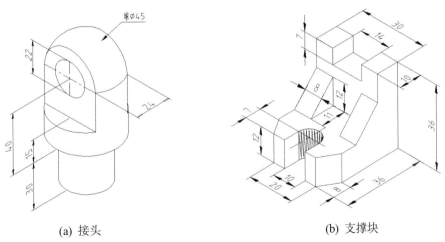

(a) 接头   (b) 支撑块

图 15-26 上机绘图练习

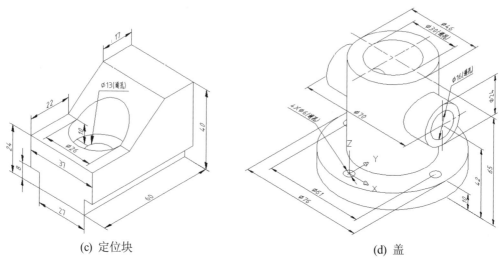

(c) 定位块　　　　　　　　　　　　　(d) 盖

图 15-26　上机绘图练习(续)